东特提斯喜马拉雅中生代大陆边缘裂谷盆地
DONGTETISI XIMALAYA ZHONGSHENGDAI DALU BIANYUAN LIEGU PENDI

吴青松　吕晓春　等著

内容摘要

1∶25万区域地质调查在特提斯喜马拉雅发现多层位火山岩,其中东特提斯喜马拉雅中生代火山岩因规模大、层位多引发了很多学者的关注,地幔柱成因和大火山岩省概念相继提出。2011—2018年对东特提斯喜马拉雅1∶5万19幅区域地质联测获取了这一区域最翔实的调查资料,以此次调查资料为基础的《东特提斯喜马拉雅中生代大陆边缘裂谷盆地》一书在大量实测剖面分析基础上,探讨盆地的火山-沉积充填样式和过程,结合火山成因机制分析重建了东特提斯喜马拉雅中生代大陆边缘裂谷盆地演化史,为中生代冈瓦纳大陆裂解和雅鲁藏布洋形成过程的相关沉积盆地响应研究提供了新资料和新思路。

本书可供从事青藏高原区域地质调查和盆地分析研究的人员参考。

图书在版编目(CIP)数据

东特提斯喜马拉雅中生代大陆边缘裂谷盆地/吴青松等著.—武汉:中国地质大学出版社,2025.1.
ISBN 978-7-5625-6144-6

Ⅰ.P544

中国国家版本馆CIP数据核字第2025E5Y104号

东特提斯喜马拉雅中生代大陆边缘裂谷盆地   吴青松 吕晓春 等著

责任编辑:舒立霞   选题策划:江广长 毕克成 段 勇   责任校对:何澍语

出版发行:中国地质大学出版社(武汉市洪山区鲁磨路388号)   邮编:430074
电   话:(027)67883511   传   真:(027)67883580   E-mail:cbb@cug.edu.cn
经   销:全国新华书店   http://cugp.cug.edu.cn

开本:880mm×1230mm 1/16   字数:396千字   印张:12.5
版次:2025年1月第1版   印次:2025年1月第1次印刷
印刷:湖北睿智印务有限公司

ISBN 978-7-5625-6144-6   定价:198.00元

如有印装质量问题请与印刷厂联系调换

《东特提斯喜马拉雅中生代大陆边缘裂谷盆地》编委会

主　　编：吴青松　吕晓春

编写人员：刘陇强　严松涛　朱利东　陈泽太　阳　鹏
　　　　　付小虎　周　豫　杨　斌　张志翔　尹志强
　　　　　廖　驾　李　楠　刘　锐　解　龙　麦源君
　　　　　罗　男　白遵诚　谢　鑫　范鹏程　刘　庆
　　　　　彭　杰　朱　瞳　李俞杰　陈芷若　李洪梁

序

特提斯喜马拉雅北邻青藏高原雅鲁藏布结合带，南接全球最高山脉——喜马拉雅山脉，大地构造上属于印度板块北缘喜马拉雅地块。地块内以前寒武纪变质岩和发育厚达 10km 从奥陶纪至古近纪基本连续的海相地层为特色，并以定日-岗巴断裂为界，其北为拉轨岗日被动陆缘盆地，南为北喜马拉雅碳酸盐岩台地。21 世纪初期，通过 1∶25 万区域地质调查和综合研究发现该区发育二叠纪—白垩纪共 11 个层位火山岩夹层，并据此提出特提斯喜马拉雅处于相对活动的火山裂陷型大陆边缘的观点。此后，一些学者通过对火山岩形成机制的研究提出地幔柱成因观点。

2011—2018 年的 7 年间，武警黄金部队对特提斯喜马拉雅东部地区分三批、四项实施了中国地质调查局 1∶5 万区域地质、矿产地质调查项目，投入资金 8200 万元，共 300 余名技术干部与官兵参加，本着神圣的使命感和强烈的事业心，发扬"特别能吃苦、特别能战斗、特别能奉献"的青藏精神，脚踏喜马拉雅-拉轨岗日，挑战生命极限，攀登地质科学高峰。他们迎着刺骨的寒风，克服高山反应，用生命丈量着每一条地质路线，谱写了一曲曲时代英雄乐章，用鲜血和汗水换来了丰硕的成果。完成了洛扎至隆子一带 19 幅 1∶5 万区域地质调查与矿产地质调查工作，其中 14 幅获优秀级。《东特提斯喜马拉雅中生代大陆边缘裂谷盆地》一书以特提斯喜马拉雅东部广泛分布且连续出露的中生代火山-沉积地层为对象，以 1∶5 万区域地质调查成果为基础，集成近年国内外新资料撰写而成。

前人依据洛扎-隆子中生代盆地（简称隆子盆地）发育巨厚的晚三叠世复理石沉积，结合其北邻雅鲁藏布蛇绿混杂岩及区域大地构造的认识提出盆地属性为被动大陆边缘盆地。隆子盆地因火山岩十分发育（发育火山岩层位主要为遮拉组和桑秀组，两个组火山岩的厚度超过 3000m，其他的中生代沉积地层中也多见火山岩夹层出现），且这些中生代火山岩具有双峰式特征，因此盆地也具有裂谷盆地属性。

在区域上，特提斯喜马拉雅西部二叠纪火山岩与近年揭示的"直孔-松多"结合带及雅鲁藏布结合带零星出露"洋岛"的地质年代相同，而特提斯喜马拉雅东部盆地的中生代火山-沉积记录中火山岩的年代与北侧的雅鲁藏布结合带内主要蛇绿岩年代高度一致，说明特提斯喜马拉雅大陆边缘裂谷盆地与其北侧的同期特提斯洋的发育存在着相关性，即伴随着冈底斯地块与冈瓦纳大陆分离，和其间的雅鲁藏布洋的发育，特提斯喜马拉雅发生了同期的陆缘裂谷作用，这一现象是传统板块学说中未曾提及的，这一类型盆地的研究无疑对丰富盆地分析理论和深化大陆裂解过程中火山-沉积响应关系研究具有重大科学意义。

前人对火山-沉积盆地的分析多注重火山作用和火山活动机制的探讨。《东特提斯喜马拉雅中生代大陆边缘裂谷盆地》一书在大量实测剖面的整理与分析基础上，归纳和总结了火山岩的层位、规模，探讨了火山机制；通过盆地的火山-沉积充填过程分析，重建了盆地构造（火山）-沉积演化历史，提出火山中心带与张性裂谷成因断裂密切相关，且影响或约束了古地理的展布；探讨了隆子中生代盆地与区域构造演化的响应模式。

武警黄金部队是 2011 年开始进入区域地质调查行业的新军，《东特提斯喜马拉雅中生代大陆边缘裂谷盆地》一书是这支队伍在西藏地区首次开展1∶5万区域地质调查的综合成果，是作者团队在前人工作的基础上对最新资料的集成和深化，折射出作者团队在区域地质调查领域，在特提斯与青藏高原研究领域孜孜以求、勇于探索的过程。专著中的新资料、新思维无疑会对从事冈瓦纳大陆裂解和特提斯洋演化研究领域的同仁有所启迪，对特提斯喜马拉雅地质调查和盆地分析具有参考意义，为喜马拉雅区域资源勘查、国土规划、环境保护、重大工程规划建设及地质科学深化研究等提供了重要基础图件和科技支撑。

2025年2月8日

目 录

第一章　绪　论 ……………………………………………………………………………………（1）
　第一节　特提斯与特提斯喜马拉雅 ……………………………………………………………（2）
　第二节　特提斯喜马拉雅基底 …………………………………………………………………（5）
　第三节　冈瓦纳大陆解体与特提斯喜马拉雅火山记录 ………………………………………（6）
　第四节　东特提斯喜马拉雅中生代裂谷盆地研究现状与存在问题 …………………………（7）

第二章　区域地层 …………………………………………………………………………………（9）
　第一节　概　述 …………………………………………………………………………………（9）
　　一、地层分区 …………………………………………………………………………………（9）
　　二、地层单元划分 ……………………………………………………………………………（10）
　第二节　前寒武系岩石地层 ……………………………………………………………………（11）
　　一、亚堆扎拉岩群（AnЄY.）…………………………………………………………………（11）
　　二、拉轨岗日岩群（AnCL.）…………………………………………………………………（14）
　　三、时代讨论 …………………………………………………………………………………（16）
　第三节　古生界 …………………………………………………………………………………（17）
　　一、曲德贡岩组（Pzq.）………………………………………………………………………（17）
　　二、洛扎岩组（Pzl.）…………………………………………………………………………（20）
　　三、时代讨论 …………………………………………………………………………………（22）
　第四节　中生界 …………………………………………………………………………………（23）
　　一、中—下三叠统吕村组（$T_{1-2}l$）…………………………………………………………（23）
　　二、上三叠统涅如组（T_3n）…………………………………………………………………（25）
　　三、下侏罗统日当组（J_1r）…………………………………………………………………（37）
　　四、中—下侏罗统陆热组（$J_{1-2}l$）…………………………………………………………（45）
　　五、中侏罗统遮拉组（J_2z）…………………………………………………………………（50）
　　六、上侏罗统维美组（J_3w）…………………………………………………………………（59）
　　七、上侏罗统—下白垩统桑秀组（J_3K_1s）………………………………………………（64）
　　八、下白垩统甲不拉组（K_1j）………………………………………………………………（67）
　　九、上白垩统宗卓组（K_2z）…………………………………………………………………（68）
　　十、生物地层与年代地层 ……………………………………………………………………（71）

第三章　岩浆岩 ……………………………………………………………………………………（75）
　第一节　晚寒武世—早奥陶世岩浆岩 …………………………………………………………（75）
　　一、岩石学特征 ………………………………………………………………………………（75）
　　二、岩石地球化学特征 ………………………………………………………………………（77）
　　三、锆石 U-Pb 年代学特征 …………………………………………………………………（80）
　　四、岩石成因 …………………………………………………………………………………（81）

第二节　晚三叠世火山岩 … (82)
　　一、岩石学特征 … (82)
　　二、岩石地球化学特征 … (83)
　　三、岩石成因 … (87)
第三节　早—中侏罗世火山岩 … (88)
　　一、岩石学特征 … (89)
　　二、岩石地球化学特征 … (90)
　　三、岩石成因 … (94)
第四节　早白垩世岩浆岩 … (95)
　　一、岩石学特征 … (96)
　　二、岩石地球化学特征 … (98)
　　三、锆石U-Pb年代学特征 … (105)
　　四、岩石成因 … (106)
第五节　中生代岩浆岩构造背景 … (108)

第四章　区域构造 … (110)
　第一节　雅拉香波-达拉核杂岩带 … (112)
　　一、雅拉香波核杂岩 … (112)
　　二、达拉核杂岩 … (113)
　第二节　朗拉日-卓木日-俗坡下冲断带 … (113)
　　一、冲断带内褶皱与断裂特征 … (114)
　　二、陆哥拉-古堆-隆子断裂(LGLF) … (115)
　第三节　洞加-松多-日当褶冲带 … (117)
　　一、褶冲带内褶皱与断裂特征 … (117)
　　二、措美-扎西康断裂(CZF) … (119)
　第四节　推瓦-吉日-甲坞-多日褶皱带 … (120)
　第五节　拉隆-库拉岗日核杂岩带 … (121)

第五章　中生代沉积盆地充填 … (123)
　第一节　涅如组(T_3n)沉积充填特征 … (123)
　第二节　日当组(J_1r)沉积充填特征 … (124)
　第三节　陆热组($J_{1-2}l$)沉积充填特征 … (126)
　第四节　遮拉组(J_2z)沉积充填特征 … (127)
　第五节　维美组(J_3w)沉积充填特征 … (129)
　第六节　桑秀组(J_3K_1s)沉积充填特征 … (130)

第六章　中生代沉积盆地物源 … (133)
　第一节　碎屑锆石年代学特征 … (133)
　　一、分析结果 … (134)
　　二、碎屑锆石谱系区域对比 … (160)
　第二节　碎屑铬尖晶石矿物化学特征 … (162)
　　一、分析结果 … (162)
　　二、碎屑铬尖晶石母岩分析 … (162)
　第三节　中生代盆地物源讨论 … (165)

第七章　中生代盆地构造-沉积演化 ··· (166)
　第一节　中生代盆地大地构造背景 ··· (166)
　　一、区域基底属性分析 ··· (167)
　　二、区域裂谷岩浆活动记录 ··· (167)
　第二节　中生代裂谷火山活动特征 ·· (168)
　　一、盆地裂谷-火山活动响应关系 ·· (168)
　　二、盆地裂谷-火山活动趋势演变 ·· (168)
　第三节　盆地构造-沉积演化 ··· (170)
　　一、早—中三叠世(吕村组，$T_{1-2}l$)沉积特征 ··· (170)
　　二、晚三叠世(涅如组，T_3n)沉积特征 ·· (170)
　　三、早侏罗世早期(日当组，J_1r)沉积特征 ··· (171)
　　四、早侏罗世晚期—中侏罗世早期(陆热组，$J_{1-2}l$)沉积特征 ···················· (172)
　　五、中侏罗世晚期(遮拉组，J_2z)沉积特征 ··· (173)
　　六、晚侏罗世早期(维美组，J_3w)沉积特征 ·· (173)
　　七、晚侏罗世晚期—早白垩世早期(桑秀组，J_3K_1s)沉积特征 ···················· (174)
　　八、早白垩世晚期(甲不拉组，K_1j)沉积特征 ··· (175)
　　九、晚白垩世(宗卓组，K_2z)沉积特征 ·· (175)
　第四节　中生代盆地构造-沉积演化模式 ··· (175)
　　一、早—中三叠世坳陷盆地阶段(T_{1-2}) ·· (175)
　　二、晚三叠世—早白垩世裂谷盆地阶段(T_3—K_1) ································· (175)
　　三、晚白垩世海沟斜坡盆地阶段(K_2) ·· (176)
主要参考文献 ·· (177)

第一章 绪 论

《东特提斯喜马拉雅中生代大陆边缘裂谷盆地》集藏南地区 19 幅 1∶5 万区域地质矿产调查成果而成,以特提斯喜马拉雅东部洛扎—隆子一带(E90°30′—E92°30′,N28°20′—N28°50′)中生代地质记录为对象,研究和探讨中生代大陆边缘裂谷盆地的充填样式与充填过程。

研究区行政区划归属西藏自治区山南市,洛扎县、措美县和隆子县分布于区内。区内公路有国道 219、国道 560 和省道 202,各乡之间有简易公路相通,大部分地区人烟稀少,交通不畅(图 1-1)。研究区属高原山区,平均海拔 4800m,最高峰为洛扎县与措美县交界的打拉日,海拔 6785m。研究区南邻喜马拉雅主脊带,北接藏南低分水岭,区内主要河流有布拉马普特拉河支流西巴霞曲之源头河段隆子雄曲、库鲁河上游洛扎雄曲,雅鲁藏布支流四曲哪妈。区内分布的湖泊有哲古错、普姆雍错,羊卓雍错分布于研究区的西北侧,拿日雍错位于研究区南侧。

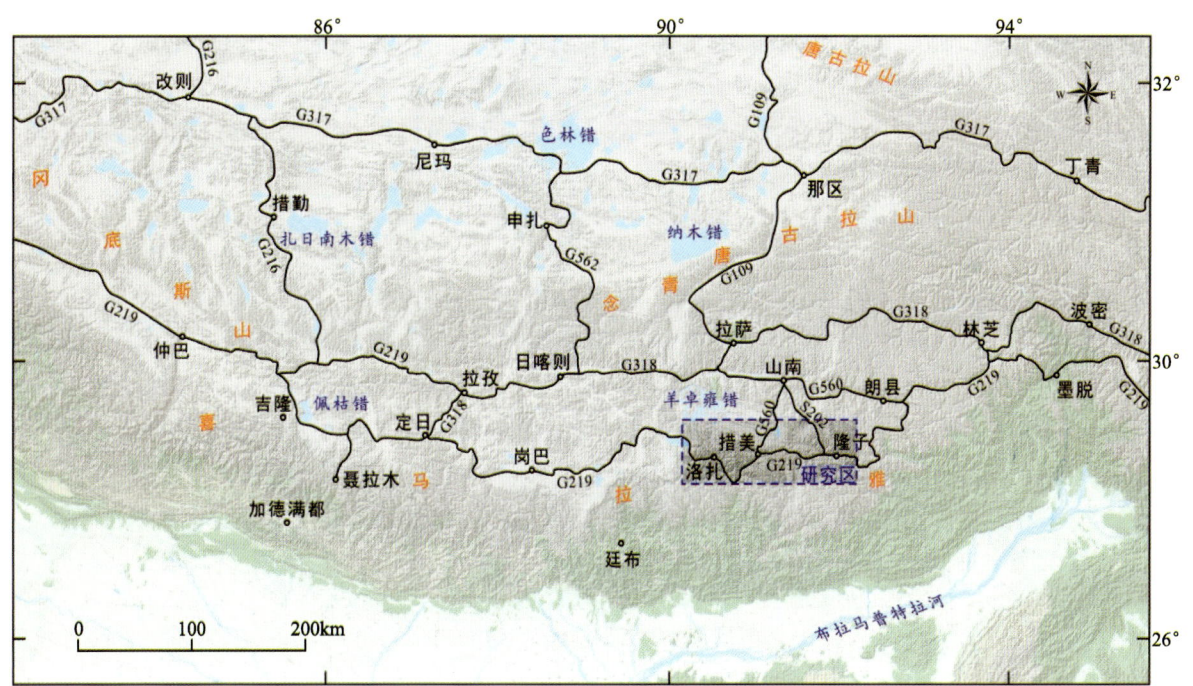

图 1-1 研究区位置图

东特提斯喜马拉雅中生代大陆边缘裂谷盆地的研究涉及特提斯和冈瓦纳大陆两个领域,拉萨微板块与冈瓦纳大陆分离、印度河-雅鲁藏布洋形成和演化的过程与其相伴发生,保存有冈瓦纳大陆北缘中生代裂解过程连续性最好和最为完整的地质记录。

第一节　特提斯与特提斯喜马拉雅

特提斯喜马拉雅北与青藏高原最年轻大洋记录——印度河-雅鲁藏布结合带相邻，南接世界最新和最高山链——喜马拉雅，特提斯喜马拉雅记录了对区域乃至全球地质发展具有重要影响的两个事件：印度河-雅鲁藏布洋的演化与喜马拉雅山脉的崛起。特提斯喜马拉雅因其独特的大地构造位置而长期被国内外众多学者关注。

特提斯这一术语由Suess(1893)创建，其含义为欧亚大陆与其南侧非洲南部、印度半岛、马达加斯加广泛发育冈瓦纳植物群的"冈瓦纳大陆"之间的中生代宽阔海相沉积带。

特提斯的地质演化是冈瓦纳大陆不断裂解、分离的地块向北漂移，并与Laurentia(劳伦)、Laurussia(劳俄)、Laurasia(劳亚)大陆持续聚合的过程。而地块单向裂解与聚合的驱动力可能来自洋脊俯冲和被动大陆边缘的裂解(万博等，2019；Zhong and Li，2019，2020)。

中元古代全球范围内的格林威尔期造山作用(发生于13亿～10亿年前)形成Rodinia超大陆，而新元古代开始的Rodinia裂解已进入原特提斯洋起始阶段(潘桂棠等，1997，2002，2015)。从早古生代开始，可划分为原(Proto-)、古(Paleo-)、新(Neo-)3个特提斯演化阶段(Stöcklin，1968；吴福元等，2020；耿全如等，2021)。

原特提斯洋(Proto-Tethys Ocean)由原劳亚大陆(Proto Laurasia)(包括Laurentia、Baltica和西伯利亚)从Pannotia[①]超大陆裂解出来而形成。原特提斯洋在寒武纪扩张，晚奥陶世至志留纪中期达到顶峰。志留纪晚期华北和华南板块向北移动，远离冈瓦纳大陆，原特提斯洋开始萎缩。泥盆纪晚期，哈萨克斯坦微大陆与西伯利亚板块发生碰撞，石炭纪华北克拉通与西伯利亚-哈萨克斯坦大陆的碰撞标志原特提斯洋闭合与古特提斯洋的扩张。

"原特提斯"一词在古特提斯洋的几个概念中使用不一致。Raumer和Stampfli(2008)认为原特提斯将华北大陆、巴尔蒂卡(Baltica)大陆与冈瓦纳大陆分开，Iapetus洋和Tornquist洋构成原特提斯洋的西部，550Ma的Cadomia造山事件对应原特提斯洋东段对冈瓦纳大陆北缘的俯冲。早奥陶世(500～480Ma)原特提斯洋作为Chamrousse弧后盆地被俯冲于Cadomia之下。Torsvik和Cocks(2009)使用了"Ran Ocean"一名代表将Baltica与冈瓦纳大陆分隔的寒武纪—奥陶纪大洋。

古特提斯洋(Paleo-Tethys Ocean)位于冈瓦纳大陆和匈奴地体(Hunic terranes[②])之间，奥陶纪晚期的弧后扩张将欧洲-匈奴地体与冈瓦纳大陆分开并向北部欧亚大陆移动时，古特提斯洋形成。早泥盆世，包括华北和华南微大陆在内的亚欧大陆(Asiatic Hunic terranes)向北移动，古特提斯东部打开。早侏罗世的阿尔卑斯运动使古特提斯洋壳俯冲于基梅里(Cimmerian)板块(今土耳其、伊朗、中国西藏和东南亚部分地区)之下(Stampfli et al.，2002)。

新特提斯洋(Neo-Tethys Ocean)起始于二叠纪晚期，狭长的基梅里(Cimmerian)板块从冈瓦纳大陆分离。在基梅里大陆的南部，新特提斯洋形成。冈瓦纳大陆在约100Ma的裂解导致非洲和印度板块的分离以及印度洋的形成。

特提斯在亚洲大陆的演化也存在古特提斯(泥盆纪—三叠纪)、中特提斯(早二叠世晚期—白垩纪晚期)和新特提斯(三叠纪晚期—新生代)的方案(Metcalfe，2013)。

[①] Pannotia(来自希腊语：pan-，"all"，-nótos，"south"；意思是"所有南方的陆地")，也称为Vendian超大陆、大冈瓦纳大陆和泛非超大陆，是一个相对短暂的新元古代超大陆，形成于前寒武纪末。

[②] 匈奴地体现附属于欧洲和亚洲的地体。在奥陶纪末或志留纪初与冈瓦纳大陆分离，并在石炭纪初海西造山运动时并入劳亚大陆(Stampfli et al.，2002)。

黄汲清和陈炳蔚(1987)将中国及邻区的特提斯划分为南、北两主缝合带及其间的互换构造域：南主缝合带(SMS)对应于印度河-雅鲁藏布缝合带，北主缝合带(NMS)对应于龙木错-玉树缝合带(图1-2)。互换构造域包括拉萨块体和羌塘块体，互换构造域与Sengör(1984)提出的"基梅里(Cimmeria)大陆"区域一致，但强调演化历史由早期冈瓦纳大陆北缘裂解，后又欧亚大陆拼合的转换过程，是南、北两个超级大陆之间的互换对象。

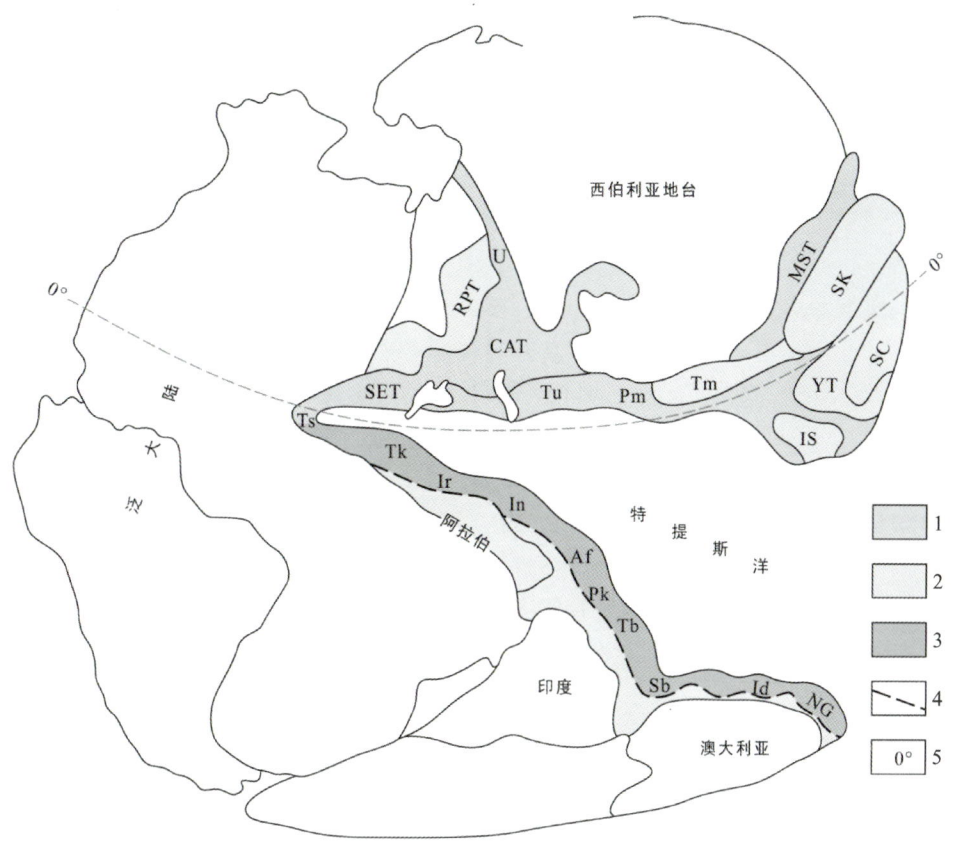

1.地槽或次稳定地区沉积；2.前震旦纪地台及地块沉积；3.将来的互换构造域内沉积；4.互换构造域界线；5.假定的二叠纪赤道位置。北特提斯：RPT.俄罗斯地台特提斯；U.乌拉尔冒地槽；SET.南欧特提斯；CAT.中亚特提斯；Tu.图兰；Pm.北帕米尔；Tm.塔里木特提斯；MST.蒙古-锡霍特特提斯；SK.中朝准地台；YT.扬子特提斯；SC.华南特提斯(加里东褶皱之上)；IS.印支地块；南特提斯：Ts.突尼斯；Tk.土耳其；Ir.伊拉克；In.伊朗；Af.阿富汗；Pk.巴基斯坦；Tb.西藏；Sb.中缅地块；Id.印度尼西亚；NG.新几内亚。

图1-2 早二叠世时期特提斯分布略图(据黄汲清和陈炳蔚，1987)

特提斯喜马拉雅(Tethys Himalaya)构造归属印度和亚洲大陆之间的碰撞造山带——喜马拉雅造山带(Himalaya Orogen)。喜马拉雅造山带由主要向北倾斜的5条断裂所分隔的4个构造带组成，从南到北为：主前缘逆冲断裂(MFT)、亚喜马拉雅带(Subhimalaya Zone)(又称西瓦利克)、主边界逆冲断裂(MBT)、小喜马拉雅序列(LHS)、主中央逆冲断裂(MCT)、大喜马拉雅结晶杂岩带(GHC)、藏南拆离系(STD)和特提斯喜马拉雅序列(THS)和印度河-雅鲁藏布结合带(ISZ)(Heim and Gansser, 1939; Gansser, 1964; Lefort, 1975; Hodges, 2000; DeCelles et al., 2001; DiPietro and Pogue, 2004; Yin, 2006)(图1-3)。

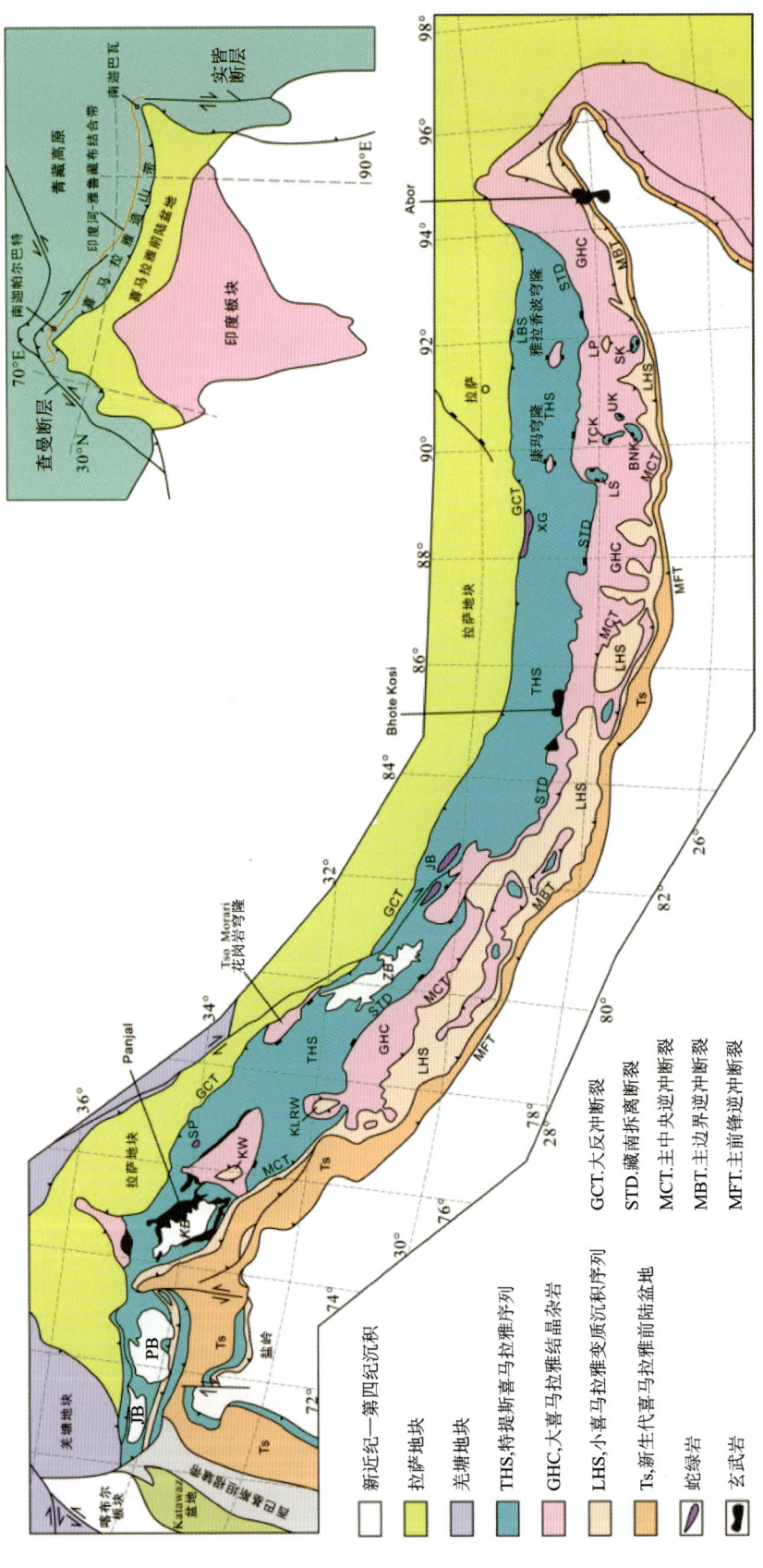

图1-3 喜马拉雅区域地质图(据尹安，2006; Shellnutt et al.,2011)

蛇绿岩: JB.仲巴蛇绿岩; LBS.罗布莎蛇绿岩; SP.Spongtan蛇绿岩; XG.日喀则蛇绿岩; STD.飞米峰; TC.Tang Chu飞米峰; UK.Ura飞米峰; SK.Sakiteng飞米峰; LS.Linshi飞米峰; MCT构造窗: KLRW.Kullu-Largi-Rampur构造窗; KW.Kishtwar构造窗; LW.Lumpla构造窗; ZB.扎达盆地; KB.Kashmir盆地; PB.Peshawar盆地; JB.Jalalabad盆地。

第二节 特提斯喜马拉雅基底

特提斯喜马拉雅与高喜马拉雅都具有前寒武纪结晶基底。茅燕石等(1984)认为喜马拉雅基底变质岩的形成时代存在两个阶段：660～640Ma 和 20～10Ma，前者对应泛非造山运动(Pan-African orogeny)。

泛非造山运动是新元古代的一系列重大造山事件，与大约6亿年前冈瓦纳大陆和潘诺蒂亚(Pannotia)大陆的形成有关，也被称为泛冈瓦纳(Pan-Gondwanan)或萨尔达尼亚(Saldanian)造山运动，和格伦维尔造山运动是地球上已知的最大造山运动系统(Meert，2003；Kröner and Stern，2004；Rino et al.，2008；Hinsbergen，2011)。泛非运动现泛指新元古代至最早古生代的构造、岩浆和变质活动，尤其是曾经属于冈瓦纳大陆的地壳，是一个长期的造山循环而非单一的造山运动，泛非事件最终形成了新元古代晚期的冈瓦纳超大陆，包括归属前古生代冈瓦纳大陆的土耳其、伊朗和巴基斯坦等地(Kusky et al.，2003；Kröner and Stern，2004)(图1-4)。

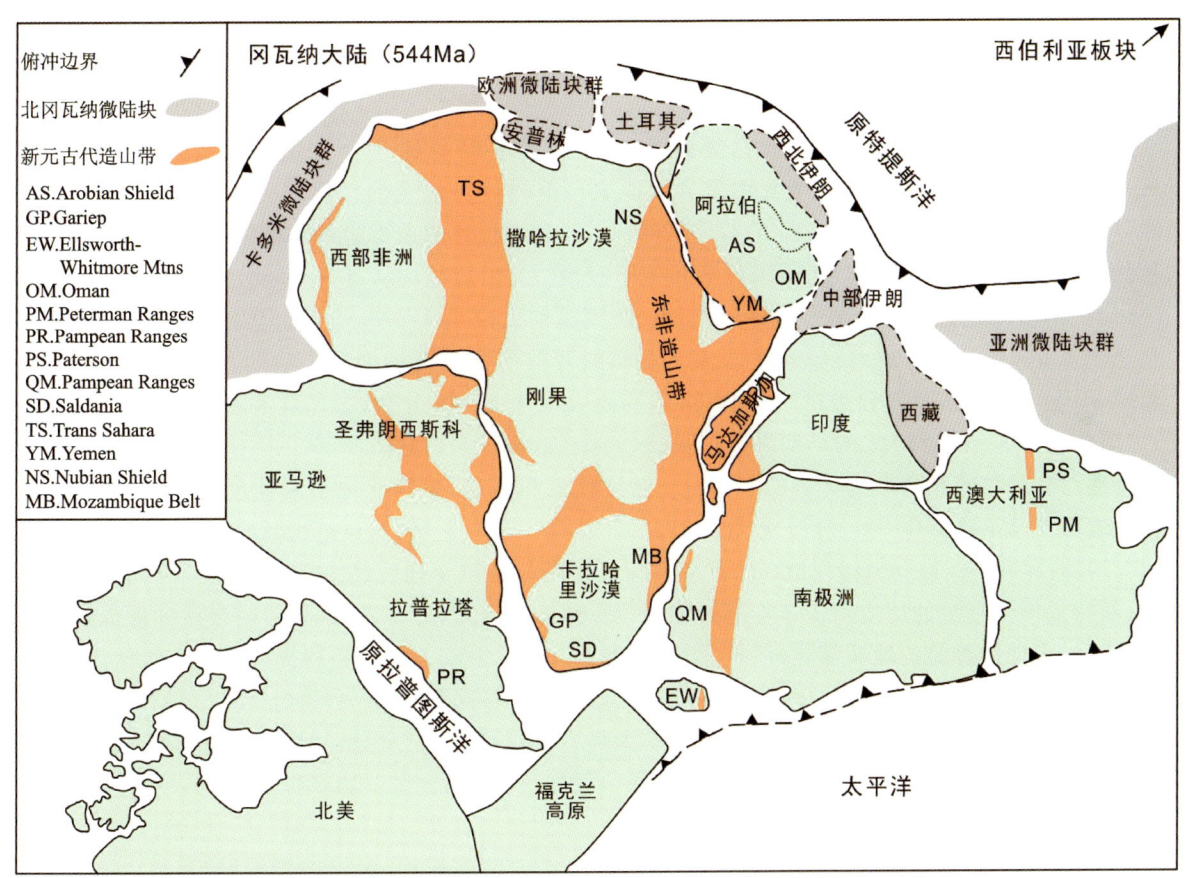

图1-4 新元古代末期(约540Ma)冈瓦纳大陆与泛非造山带(据Kusky et al.，2003)

王立全等(2013)将喜马拉雅区域地层划分为康马-隆子分区，北喜马拉雅分区、高喜马拉雅分区和低喜马拉雅分区，基底地层分别对应拉轨岗日岩群、南迦巴瓦岩群、聂拉木岩群和 Vaikria system。郭亮等(2014)认为南迦巴瓦岩群为 Arunachal 喜马拉雅中大喜马拉雅的东北延伸部分，原岩为印度大陆北缘连续的被动大陆边缘盆地沉积。Miller 等(2001)在西北印度小喜马拉雅 Larji-Kullu-Rampur 构造窗内 Rampur 变玄武岩获得1800Ma单锆石年龄，认为其代表岩浆作用的最小年龄，是与小喜马拉雅花岗岩同源于1.84Ga之前的大陆地壳。

特提斯喜马拉雅地区的奥陶系底部角度不整合广泛存在,是泛非运动存在于该地区的直接证据。在印度 Zanskar 及相邻的 Lahul 地区位于高喜马拉雅结晶岩系之上的奥陶系 Thaple 组角度不整合于 Karsha 组白云岩之上(Baud et al.,1984)。奥陶系底部不整合在小喜马拉雅的 Simla、大喜马拉雅的 Spiti 与北喜马拉雅的 Nimaling 剖面均有发育(Brookfield,1993)。特提斯喜马拉雅广泛发育 550~470Ma 花岗岩侵入元古宙—寒武纪 Haimanta 群(Frank et al.,1995;尹安,2006)。

第三节 冈瓦纳大陆解体与特提斯喜马拉雅火山记录

冈瓦纳大陆(或称冈瓦纳)最早由 Medlicott 和 Blanford(1879)命名,包括南美洲、非洲、马达加斯加、印度、阿拉伯、南极洲东部和澳大利亚西部的大部分地区(Torsvik and Cocks,2013)。冈瓦纳大陆是经新元古代末至古生代初的泛非运动而形成的超级大陆,包括南美洲、非洲、澳大利亚、南极洲以及印度半岛和阿拉伯半岛,也包含中南欧和中国的喜马拉雅与冈底斯(Lawver and Scotese,1987;陆松年,2001;Svensen et al.,2017)。

冈瓦纳大陆古生代的分裂主要集中在其北部和西缘,中生代到古新世的裂谷完全分裂了冈瓦纳大陆,形成了从西班牙到中国以阿尔卑斯-喜马拉雅山脉为界的北方大陆(Eagles and Konig,2008;Blakey,2008)。

冈瓦纳大陆从寒武纪的形成到白垩纪的最终解体过程受到几个大型火山岩省(LIPs,Large Igneous Provinces)的影响。这些大火山岩省可能来自地幔柱对地壳的作用。冈瓦纳大陆解体的重要事件包括:①新特提斯洋的打开时间在 275~260Ma,冈瓦纳板块的东部边缘的微大陆和地体,如厄尔布尔和萨南德(伊朗)、卢特、阿富汗、中国拉萨和羌塘(西藏)及中缅地块从盘古大陆分离;②中央大西洋约 195Ma 打开,佛罗里达与冈瓦纳大陆分离;③东、西冈瓦纳大陆约 170Ma 分离,印度与南极洲东部和澳大利亚于 136~126Ma 分离,134Ma 左右南大西洋的开放使西冈瓦纳裂解。后冈瓦纳裂解作用包括:①84Ma 印度与马达加斯加分裂;②东部南极洲和澳大利亚 85Ma 分裂;③印度和塞舌尔 63~62Ma 分离;④阿拉伯与非洲于 26Ma 的早期海底扩张(Svensen et al.,2017)(图 1-5)。

特提斯喜马拉雅出露较为完整的寒武纪—新生代沉积盖层,奥陶纪地层以角度不整合覆于寒武系和基底岩石之上,晚古生代—白垩纪为大陆边缘沉积-火山序列(Yin and Harrison,2000;Aikman et al.,2008;Webb et al.,2013;Zhu et al.,2013)。喜马拉雅位于冈瓦纳大陆边缘,与北冈瓦纳微大陆相邻,新特提斯洋形成的历史对应于喜马拉雅与拉萨地体的分离,即印度河-雅鲁藏布洋的形成过程,记录了冈瓦纳大陆边缘带的地质演化(潘桂棠等,1996,1997)。尹安(2006)将特提斯喜马拉雅地层序列划分为对应 4 个构造演化阶段的层序:①元古宙—泥盆纪前裂谷层序(pre-rift sequence);②石炭纪—早侏罗世裂谷和后裂谷层序;③侏罗—白垩纪被动大陆边缘层序;④白垩纪—始新世碰撞期层序。Liu 和 Einsele(1994)认为特提斯喜马拉雅在经历了陆缘阶段之后,晚二叠世—始新世沉积记录对应了新特提斯演化的完整威尔士旋回。

晚古生代(300~252Ma)全球范围的 5 次大规模玄武岩喷发作用(大火山岩省)的多数(Skagerrak、塔里木、峨眉山、西伯利亚)与大陆裂解无关,但沿冈瓦纳大陆特提斯边缘喷发的除外(Shellnutt,2018;Manu et al.,2022)。喜马拉雅地区晚古生代火山岩主要发育于 3 个地区:西部 Panjal、中部 Bhote Kosi 和东部 Abor(图 1-3)。喜马拉雅地区的火山活动记录表明至少自前寒武纪晚期以来,一直存在南北向的拉张构造背景。喜马拉雅东部 Abor 火山活动与西部 Panjal 火山活动同时发生,Abor 玄武岩的化学特征表明板块内裂谷的构造背景(Bhat,1984)。藏南吉隆早二叠世晚期 Bhote Kosi 玄武岩为亚碱性拉斑玄武岩,地球化学特征与喜马拉雅山脉西部 Panjal 和东部 Abor 玄武岩相似。特提斯喜马拉雅裂谷火山活动始于石炭纪早期,尼泊尔中北部石炭纪地层的厚度在 40~50km 范围内从 0 到超过 700m 的快

第一章 绪 论

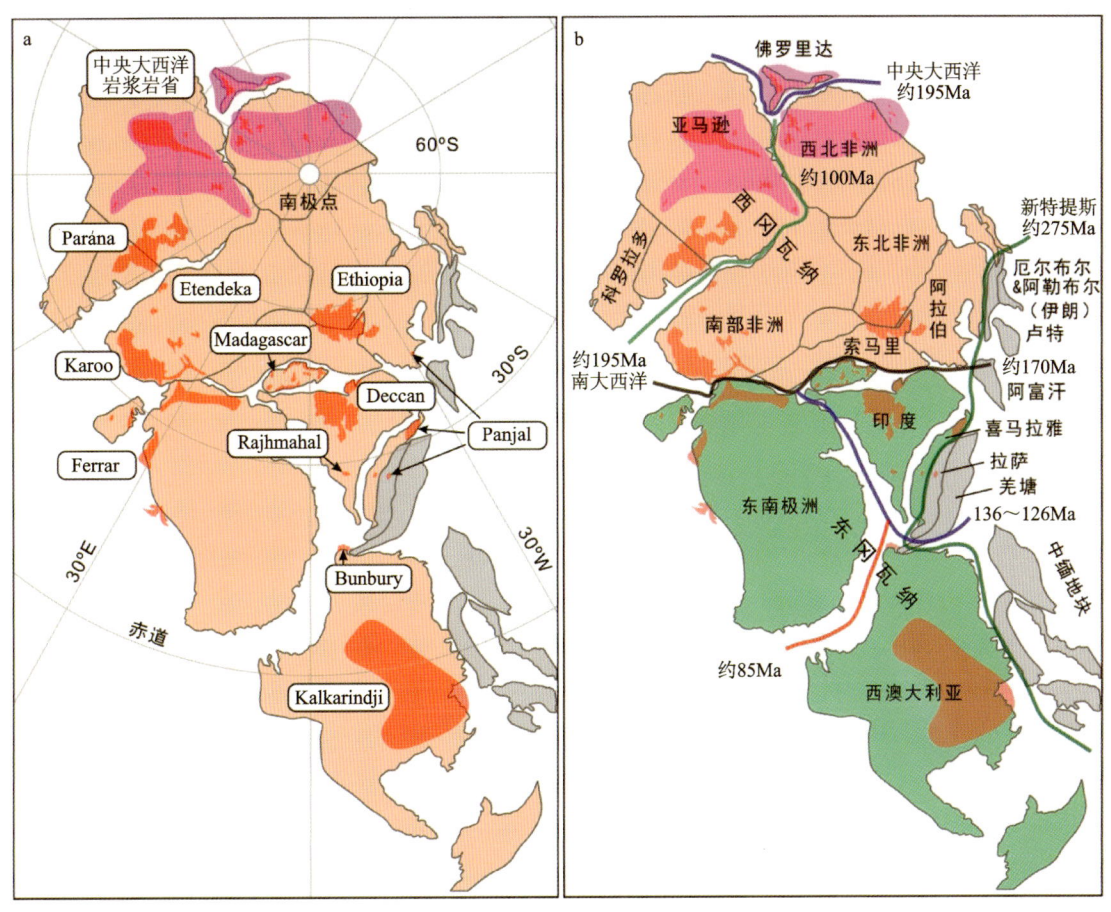

图 1-5 冈瓦纳大陆(510Ma)大火山岩省分布(a)及重要裂解事件(b)(据 Svensen et al.,2017)

速变化代表了区域裂谷活动的沉积响应关系(Garzanti,1999)。喜马拉雅的二叠纪岩浆岩新特提斯洋的打开与基梅里大陆的演化相关(Wopfner and Jin,2009;Zhu et al.,2010;Shellnutt et al.,2011;Yeh and Shellnutt,2016;Zhang and Zhang,2017;Dan et al.,2021;Chen et al.,2023)。

中生代特提斯喜马拉雅沉积盖层分布广泛,潘桂棠等(2016)将其划分为冈瓦纳大陆的北部被动大陆边缘盆地(T_3),并依据裂谷火山活动分布进一步划分为东部的错咎-隆子大陆边缘裂谷盆地(TJ)和中西部喜马拉雅边缘海(TJ)盆地。特提斯喜马拉雅东部的中生代火山岩近年受到关注,其活动时间主要在 136~130Ma 之间(Jiang et al.,2006;朱弟成等,2005a,2005b;Zhu et al.,2008a,2009b),峰期在 132Ma 左右(朱弟成等,2013),大地构造背景与特提斯洋在晚侏罗世—早白垩世的大规模扩张有关(Jiang et al.,2006;童劲松等,2007;江思宏等,2007),Zhu 等(2009a)提出青藏高原南部特提斯喜马拉雅带内的白垩纪火成岩(主要分布于措美周边地区)和澳大利亚的 Bunbury 玄武岩源自同一个大火成岩省,即 Comei-Bunbury 大火成岩省,Comei-Bunbury 大火成岩省的形成与 Kerguelen 地幔柱的活动有关。

特提斯喜马拉雅东部中生代沉积-火山序列相伴其北部印度河-雅鲁藏布洋的形成与演化,中生代地层发育完整、连续,对探讨冈瓦纳大陆边缘带盆地与北冈瓦纳微板块(基梅里大陆)裂解的响应关系,或更广泛的冈瓦纳大陆裂解过程的认识都具有重要意义。

第四节 东特提斯喜马拉雅中生代裂谷盆地研究现状与存在问题

国内外学者在特提斯喜马拉雅地区的火山岩、沉积学和物源等方面作过研究(刘宝珺等,1983b,

1993；余光明等，1989；余光明和王成善，1990；徐强等，1993a，1993b；王成善等，2000；江新胜等，2003a，2003b；夏军等，2005；万晓樵等，2005；朱弟成等，2004，2005a，2005b，2006；Zhu et al.，2007；陈曦等，2008；徐文礼等，2011；李祥辉等，2000，2003，2004，2011；李娟和胡修棉，2013；张朝凯，2016；程俊等，2016；Liu and Einsele，1994；Jadoul et al.，1998；Dai et al.，2008；Garzanti et al.，1998；Garzanti，1999；Li et al.，2010，2014；Sciunnach and Garzanti，2012；Webb et al.，2013；Cai et al.，2016；Li et al.，2016；Wang et al.，2016)，但对特提斯喜马拉雅东段洛扎—隆子一带中生代盆地系统研究还属空白。前人的研究大多集中在特提斯喜马拉雅中西段或东段南亚带或东段北亚带的江孜—浪卡子—琼结等地，同时对中生代的某些关键问题的认识还存在很大的差异。

余光明等(1989)、余光明和王成善(1990)对包括洛扎—隆子地区在内的特提斯喜马拉雅中生代盆地作过较为详细的沉积学研究，但火山岩和物源方面的研究非常匮乏。余光明等(1989)、余光明和王成善(1990)、李祥辉等(2000)和夏军等(2005)认为维美组总体为一套次深海-深海沉积，但江新胜等(2003a)和万晓樵等(2005)认为维美组为一套滨浅海沉积。

朱弟成等(2003，2004，2005a，2005b，2006)对藏南二叠纪—白垩纪的火山岩夹层作过较为详细的地球化学和同位素研究，但对火山岩展布范围和层位未作约束。

涅如组和朗杰学群是一套基本同期的等时沉积体，部分学者根据沉积学、古生物化石、地球化学和物源分析方面的研究认为它们可能是同物异名或前者是后者的一个组级单元(Li et al.，2010；李祥辉等，2011；张朝凯，2016)，但是涅如组和朗杰学群在沉积充填特征及物源方面存在显著差异(朱同兴等，2013；张朝凯，2016；程俊等，2016)。关于晚三叠世新特提斯洋盆边缘的古地理的认识存在争议，根据晚三叠世地层的沉积学和物源研究，目前已提出7种不同的模型用于解释涅如组和朗杰学群的物源(Liu and Einsele，1994；Dai et al.，2008；Li et al.，2010，2014；Webb et al.，2013；Cai et al.，2016；Li et al.，2016；Wang et al.，2016)，这些争议在一定程度上严重制约了对特提斯喜马拉雅东段晚三叠世盆地性质的认识，且这些物源方面的研究几乎没有涉及之后的侏罗纪地层，因此，在晚三叠世地层和侏罗纪地层之间是否存在物源转变不得而知。

本书以1:5万区调资料为基础，在系统总结前人资料的基础上，从9000余千米野外调查路线和近百条实测剖面的认识出发，系统探讨特提斯喜马拉雅东段洛扎—隆子地区中生代盆地的基底、地层序列、盆地充填样式与过程，以碎屑锆石谱系分析为主要手段探讨盆地物源，结合火山岩年代学与地球化学分析探讨东特提斯喜马拉雅中生代裂谷盆地的演化。

第二章　区域地层

研究区地层时代跨度从前寒武纪至中生代末期,地层的空间展布呈现广泛分布的中生代未变质地层及围绕变质核杂岩构造分布的前中生代变质地层的特征,中生代火山岩广泛分布是研究区的一个重要特征,与正常沉积地层共同记录了这一区域中生代构造-沉积发展的历史。

第一节　概　述

一、地层分区

研究区位于雅鲁藏布江缝合带(YS)以南,藏南拆离系(STDS)以北,地处喜马拉雅特提斯造山带中东部,构造归属喜马拉雅地块。根据《青藏高原及邻区地质图及说明书(1∶500 000)》(王立全等,2013)的综合地层分区方案,研究区归属冈底斯-喜马拉雅地层大区(Ⅶ)、喜马拉雅地层区(Ⅶ₄)中的康马-隆子地层分区(Ⅶ₄₋₁)(图2-1)。

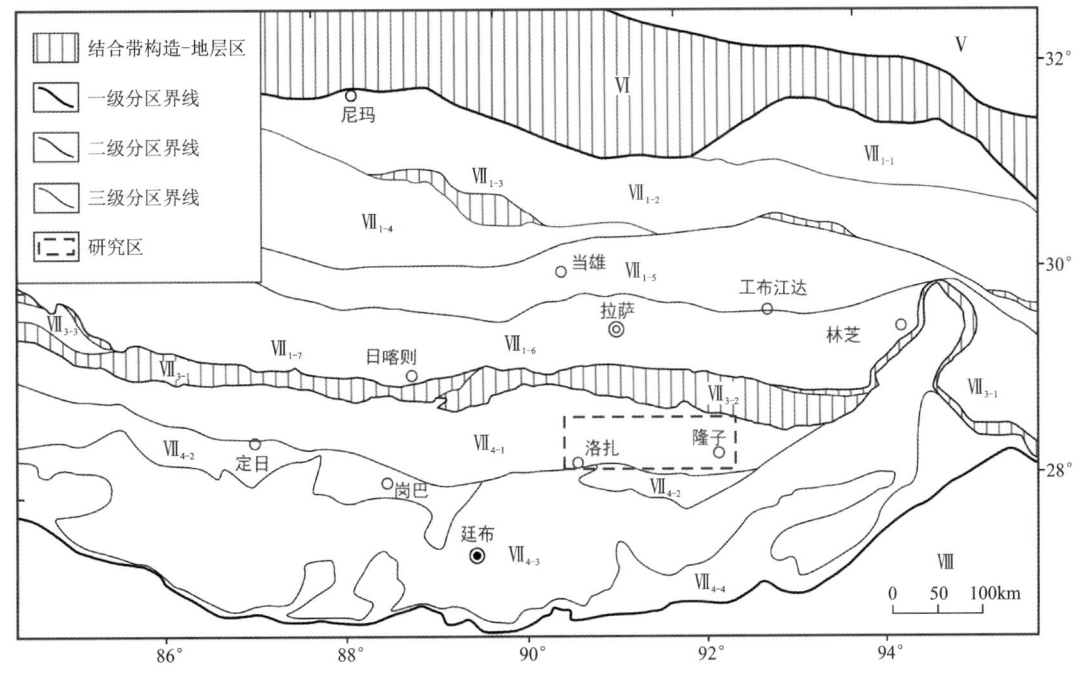

V.羌塘-三江地层大区;Ⅵ.班公湖-双湖-怒江-昌宁构造地层大区;Ⅶ.冈底斯-喜马拉雅地层大区;Ⅶ₁.冈底斯-腾冲地层区;Ⅶ₁₋₁.那曲-洛隆地层分区;Ⅶ₁₋₂.班戈-八宿地层分区;Ⅶ₁₋₃.狮泉河-申扎-嘉黎构造地层分区;Ⅶ₁₋₄.措勤-申扎地层分区;Ⅶ₁₋₅.隆格尔-南木林地层分区;Ⅶ₁₋₆.拉萨-察隅地层分区;Ⅶ₁₋₇.日喀则地层分区;Ⅶ₃.印度河-雅鲁藏布江构造地层区;Ⅶ₃₋₁.萨嘎-白朗构造地层分区;Ⅶ₃₋₂.仲巴-扎达地层分区;Ⅶ₃₋₃.仁布-曲松构造地层分区;Ⅶ₄.喜马拉雅地层区;Ⅶ₄₋₁.康马-隆子地层分区;Ⅶ₄₋₂.北喜马拉雅地层分区;Ⅶ₄₋₃.高喜马拉雅地层分区;Ⅶ₄₋₄.低喜马拉雅地层分区;Ⅷ.印度地层区。

图2-1　青藏高原西藏地区综合地层区划图(据王立全等,2013,修改)

二、地层单元划分

康马-隆子地层分区主要出露有前寒武系、上古生界、中生界(三叠系、侏罗系、白垩系)及第四系,各时代地层的分布很不均匀,前寒武系与上古生界分布在与核杂岩构造相关的拆离系内,发生较强烈变质变形,中生界分布于核杂岩构造外拆离断裂之上,除靠近强构造带和岩体的岩石有弱变质作用影响外,主体为未变质地层,在研究区广泛分布。本次工作采用岩石地层方法将研究区划分出 2 个群级、11 个组级和 21 个段级岩石地层单位。前寒武系分为两个岩群:拉轨岗日岩群($An\in L.$)和亚堆扎拉岩群($An\in Y.$);上古生界划分出洛扎岩组($Pz_2l.$)和曲德贡岩组($Pz_2q.$)两个岩组;中生界划分为中—下三叠统吕村组($T_{1-2}lc$)、上三叠统涅如组(T_3n)、下侏罗统日当组(J_1r)、中—下侏罗统陆热组($J_{1-2}l$)、中侏罗统遮拉组(J_2z)、上侏罗统维美组(J_3w)、上侏罗统—下白垩统桑秀组(J_3K_1s)、下白垩统甲不拉组(K_1j)和上白垩统宗卓组(K_2z)。地层划分方案及各地层单元主要岩石组合见表 2-1。

表 2-1 研究区岩石地层划分简表

年代地层			岩石地层		代号	主要岩性组合描述
界	系	统	组	段		
中生界	白垩系	上统	宗卓组	二段	K_2z^2	黄绿色、灰黑色泥质粉砂岩、钙质页岩、细砂岩及中砂岩夹硅质页岩
				一段	K_2z^1	黄绿色钙质页岩、硅质页岩、细砂岩与泥灰岩夹含灰岩角砾砂岩
		下统	甲不拉组		K_1j	黄绿色页岩、石英砂岩夹微晶灰岩,底部为细砾岩、杂砂岩
			桑秀组	三段	$J_3K_1s^3$	灰绿—深灰色英安岩、玄武岩、安山质玄武岩夹灰色泥质粉砂岩及黄褐色长石石英砂岩
				二段	$J_3K_1s^2$	灰黑色泥质粉砂岩、页岩夹灰绿色安山质玄武岩、玄武质火山角砾岩
				一段	$J_3K_1s^1$	灰黑色泥质粉砂岩、页岩与灰绿色安山质玄武岩、英安岩、玄武质火山角砾岩夹少量中层状长石石英砂岩
	侏罗系	上统	维美组	二段	J_3w^2	灰黑色粉砂岩夹薄层长石英质杂砂岩,见少量薄层石英砂岩,偶见火山岩
				一段	J_3w^1	灰黑色泥质粉砂岩夹厚—巨厚层灰白色含砾石英砂岩
		中统	遮拉组	三段	J_2z^3	粉砂质泥岩、黑色页岩、薄—中层泥质粉砂岩夹薄层细砂岩,偶见薄—中层泥灰岩
				二段	J_2z^2	泥质粉砂岩、粉砂质泥岩、细砂岩与玄武岩、玄武质凝灰岩夹硅质页岩
				一段	J_2z^1	薄—中薄层泥质粉砂岩、粉砂质泥岩夹细砂岩,偶夹薄透镜状泥灰岩
			陆热组	三段	$J_{1-2}l^3$	浅灰—深灰色中—厚层泥灰岩、灰岩与薄层钙质泥页岩、钙质粉砂岩互层
				二段	$J_{1-2}l^2$	深灰色中—薄层钙质页岩、泥质粉砂岩夹薄层泥灰岩、灰岩
				一段	$J_{1-2}l^1$	浅灰—深灰色中—厚层泥灰岩、灰岩与薄层钙质泥页岩、钙质粉砂岩互层
		下统	日当组	二段	J_1r^2	深灰色泥质粉砂岩、灰黑色页岩夹灰—深灰色薄层灰岩、透镜状灰岩
				一段	J_1r^1	灰黑色页岩、泥质粉砂岩夹灰黑色薄层长石英砂岩,偶夹硅质条带

续表 2-1

年代地层			岩石地层		代号	主要岩性组合描述	
界	系	统	组	段			
中生界	三叠系	上统	涅如组	五段	T_3n^5	深灰色粉砂质绢云母板岩夹中—薄层状细粒岩屑杂砂岩、粉砂岩,杂砂岩单层厚10~30cm,顶部粉砂岩增多	
				四段	T_3n^4	灰—深灰色绢云母粉砂质板岩夹厚—巨厚层状细粒岩屑杂砂岩、杂砂岩(层状或透镜体)单层厚 0.5~2.5m	
				三段	T_3n^3	灰—深灰色粉砂质绢云母板岩夹中—厚层状细粒长石石英杂砂岩,杂砂岩单层厚 10~50cm	
				二段	T_3n^2	灰黑—黑色薄层绢云母粉砂质板岩夹薄层长石石英杂砂岩,砂岩单层厚 1~10cm,局部见硅铁质条带及结核,东部发育数层火山岩	
				一段	T_3n^1	灰—深灰色绢云母粉砂质板岩夹中层状细粒长石石英杂砂岩,杂砂岩单层厚 10~50cm	
		中—下统	吕村组		$T_{1-2}lc$	黑色碳质板岩、千枚状板岩、粉砂质板岩等偶夹薄层硅质岩	
上古生界	洛扎岩组(Pzl.)		曲德贡岩组(Pzq.)			深灰色含碳质绢云千枚岩、含石榴石千枚岩、红柱石千枚岩、含十字石千枚岩等	片理化石榴变质石英细砂岩、石榴千枚岩、变质砂岩、红柱石板岩及大理岩化灰岩
古元古界	拉轨岗日岩群(AnЄL.)		亚堆扎拉岩群(AnЄY.)			含石榴石二云母片岩、含石榴石云母片岩等,红柱石二云母片岩、石英大理岩及大理岩等,局部夹透镜状斜长角闪片岩	石榴石二云石英片岩、二云二长片麻岩,少量变粒岩、石英岩、大理岩及角闪岩

第二节 前寒武系岩石地层

前寒武系的出露与变质核杂岩及藏南拆离系关系紧密,本书延续了前人在研究区的划分方案,将研究区东北部雅拉香波核杂岩出露的前寒武系划分为亚堆扎拉岩群(AnЄY.),将研究区西南部的拉隆及库拉岗日核杂岩出露的前寒武系划分为拉轨岗日岩群(AnЄL.)。

一、亚堆扎拉岩群(AnЄY.)

1. 名称与沿革

亚堆扎拉岩群一名源自李璞等(1953)命名的亚堆扎拉群(AnЄY),时代为前寒武纪;夏代祥等(1962)在乃东县亚堆—曲松县邛多江一带普查白云母矿时,也沿用亚堆扎拉群代表该地区的前寒武纪地层;1:100 万拉萨幅(1979)中将该套变质岩与上覆的复理石一起归并为晚三叠世朗杰学组(T_3);《西藏自治区区域地质志》(1993)中将这套变质岩划分为时代不明变质杂岩;1:20 万浪卡子、泽当幅(1994)中将李璞的亚堆扎拉群进一步划分为下部为前寒武纪亚堆扎拉岩群和上部的古生界曲德贡岩群;1:20 万加查幅(1995)中沿用了 1:20 万浪卡子、泽当幅划分方案,但是将亚堆扎拉岩群时代定为前震旦纪

(AnZ);夏代祥(1997)将该区变质核杂岩与康马拉轨岗日一带的变质岩系进行对比,统一为拉轨岗日群,时代为前寒武纪(AnЄ);曾庆高(2002)将其降为组级地层单位,命名为前震旦系亚堆扎拉岩组 YD(AnZ);黄建国(2005)沿用了1:20万加查幅区调的划分方案,但将亚堆扎拉岩群降为岩组,认为时代属古元古代(Pt_1)。结合前人研究和本次工作的认识,本书作者沿用了1:20万泽当幅中的划分方案,对雅拉香波核杂岩的含晚寒武世—早奥陶世花岗侵入体的混合岩化岩、韧性变质岩划归前寒武系亚堆扎拉岩群(AnЄY.)。

2. 典型剖面列述

本次工作对研究区所有地层单元均开展了实测剖面调查,笔者仅选择代表性剖面对各地层单元进行描述,其中横向发生变化的地层单元选择2条以上剖面各自列述其特征。

西藏乃东县穷错—榜嘎桥亚堆扎拉岩群实测剖面位于乃东县卡珠村东部吓杂附近,剖面自北东向南西方向沿冲沟测制,剖面露头连续,剖面起点地质体为中新世二长花岗岩体,起点坐标为E91°56′00.2″,N28°48′34.1″,剖面以亚堆扎拉岩群与曲德贡岩组之间的韧性断裂带为终点,终点坐标为E91°52′31.8″,N28°49′08.9″(图2-2),剖面分层列述如下。

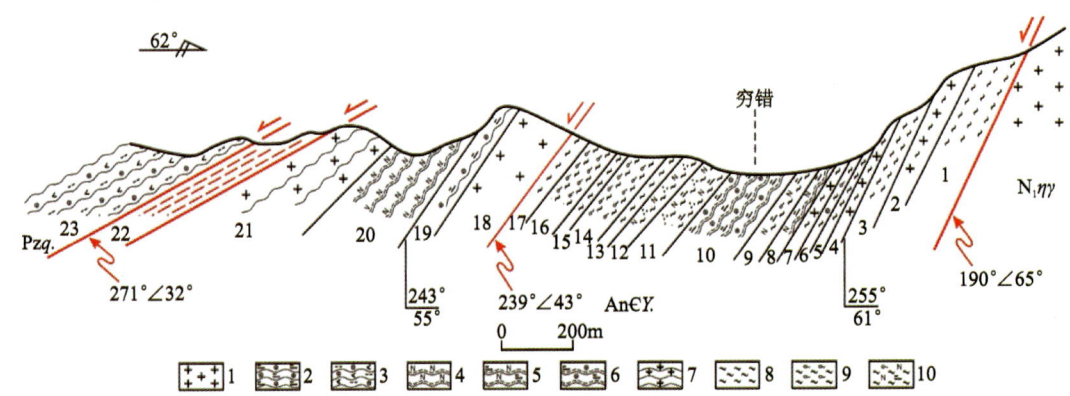

1.花岗岩;2.石榴二云片岩;3.石榴角闪黑云片岩;4.斜长片麻岩;5.斜长二云片麻岩;6.石榴二云片麻岩;7.花岗片麻岩;8.混合岩;9.条带状混合岩;10.条带状斜长混合岩。

图2-2 西藏乃东县穷错—榜嘎桥亚堆扎拉岩群(AnЄY.)实测剖面图

西藏乃东县穷错—榜嘎桥亚堆扎拉岩群(AnЄY.)实测剖面:

曲德贡岩组($Pz_2q.$):灰黑色石榴角闪黑云片岩

======断层接触======

亚堆扎拉岩群(AnЄY.)　　　　　　　　　　　　　　　　　　　视厚度>1 635.5m

22 浅灰色糜棱岩化绿泥石化片麻岩夹深绿色辉绿岩条带、灰白色石榴云母片麻岩　　137.1m

======断层接触======

21 灰色长英质脉混合质花岗片麻岩　　　　　　　　　　　　　　　　　　100.1m

20 灰色长英质脉混合质斜长片麻岩　　　　　　　　　　　　　　　　　　183.0m

19 灰色长英质脉混合质石榴云母片麻岩　　　　　　　　　　　　　　　　102.1m

18 灰白色花岗伟晶岩脉　　　　　　　　　　　　　　　　　　　　　　　110.2m

======断层接触======

17 灰色长英质辉石黑云条带状混合岩　　　　　　　　　　　　　　　　　　34.5m

16 灰色长英质石榴斜长辉石条带状混合岩　　　　　　　　　　　　　　　　61.5m

15 灰色长英质斜长二云条带状混合岩　　　　　　　　　　　　　　　　　　19.5m

14 灰色长英质辉石角闪条带状混合岩　　　　　　　　　　　　　　　　　　85.1m

13	灰色长英质十字石榴黑云条带状混合岩	17.6m
12	灰色长英质石英斜长角闪带状混合岩	53.5m
11	灰色长英质斜长二云带状混合岩	90.2m
10	灰色石榴二云混合片麻岩	99.5m
9	灰色长英质斜长二云条带状混合岩	54.7m
8	灰色二云斜长混合片麻岩	57.3m
7	灰色二云斜长混合花岗岩	20.4m
6	灰色石榴角闪条带状混合岩	33.0m
5	灰色石榴黑云角闪条带状混合岩	38.6m
4	灰白色角闪斜长混合花岗岩	54.4m
3	浅灰色角闪斜长条带状混合岩	96.1m
2	浅灰色二云斜长混合花岗岩	78.6m
1	灰色辉石角闪条带状混合岩	108.5m

======断层接触======

中新世二长花岗岩（$N_1\mu\gamma$）

3. 岩石地层综述

亚堆扎拉岩群主要由各类片岩、片麻岩，与少量变粒岩、石英岩、大理岩及角闪岩构成。片岩类岩石广泛分布于亚堆扎拉岩群中，构成亚堆扎拉岩群的主体，岩性主要有含石榴子石二云母石英片岩、含石榴十字石二云石英片岩、十字二云片岩、二云石榴十字石英片岩、中细粒含电气石二云母石英片岩、含石榴石白云片岩和含蓝晶石榴十字斜长黑云片岩等；片麻岩分布也较广，岩石类型主要有二云二长片麻岩、二云斜长片麻岩、中粒含石榴子石花岗片麻岩、蓝晶十字石榴斜长片麻岩、含电气石石榴石二云钾长片麻岩、黑云二长片麻岩、黑云钾长片麻岩和白云母二长片麻岩等；变粒岩岩石类型主要有中—细粒二云二长变粒岩、白云母钾长石变粒岩、石榴角闪二长变粒岩和角闪黑云斜长变粒岩等；石英岩岩性主要有长石黑云石英岩、含石榴石黑云母长石石英岩、二云母斜长石英岩、透辉方解石英岩和透闪黝帘石榴子石石英岩等；大理岩岩性主要有细晶大理岩、石英黑云方解大理岩、含石英透闪透辉大理岩和方解大理岩；角闪岩岩性主要有石英斜长角闪岩、角闪片岩和石英角闪片岩等。

由于受到后期岩脉注入，在靠近核部的地带形成注入型混合岩化岩，远离核部的部位混合岩化作用变弱或消失；根据注入型混合岩化程度，亚堆扎拉岩群由核部向外依次形成混合花岗岩、混合岩、混合质变质岩，这些混合岩化岩空间分布不均，总体呈不规则、不连续的环带，最外部环带的局部为未受到混合岩化的变质岩。主要岩石类型介绍如下。

混合花岗岩：仅见于穷错冰碛湖附近，脉体总体含量大于80%，岩石较为均匀，局部为阴影状混合岩。与核部花岗伟晶岩有关的花岗质脉体穿切混合花岗岩，其变形较弱，反映该混合花岗岩主要为区域混合岩化作用形成，与核部伟晶状二长花岗岩岩体侵位作用关系不明显。

混合岩：为条带状混合岩，局部为角砾状混合岩，由基体（原变质岩）和总体体积分数＞15%的脉体组成。基体主要为片麻岩，脉体为花岗伟晶岩脉、二长花岗岩、细晶花岗岩和石英脉等。脉体相互交叉切截呈网脉状。构造变形以长英质—花岗质脉揉流褶皱及广泛发育片麻理构造为特征。

混合质变质岩：由基体（原变质岩）和总体体积分数小于15%的脉体组成。基体为各类片岩、变粒岩和片麻岩。脉体为花岗伟晶岩脉、二长花岗岩、细晶花岗岩和石英脉等。脉体相互交叉切截呈网脉状。构造变形以长英质—花岗质脉弱变形及广泛发育片麻理构造为特征。

非混合岩化变质岩：变质程度为高绿片岩相—低角闪岩相，主要为各类片岩、变粒岩、（花岗质）片麻岩，局部见大理岩等，岩石强烈变形变质，局部见强烈的揉皱（曲宗寺庙以西），但总体片理和片麻理倾向一致向外。各相邻不同岩性的变质岩为断层接触关系。

二、拉轨岗日岩群（An∈L.）

研究区的拉轨岗日岩群（An∈L.）是本次工作新划分出的地层单元，分布于拉隆花岗岩和库拉岗日花岗岩体的外围。前人在1:25万洛扎县幅区调报告中将拉隆花岗岩体和其南侧的库拉岗日花岗岩体与围岩的关系归为侵入接触，通过本次区域地质调查发现拉隆花岗岩和库拉岗日花岗岩与外围地层由拆离断裂分隔，确立了拉隆核杂岩构造和藏南拆离断裂在研究区的存在，依据区域地层对比，将受拆离断裂约束的前人划为中生代地层的重新定义，其中靠近核杂岩核部的强变形变质岩石组合引入区域上的岩石地层单位"拉轨岗日岩群（An∈L.）"，其外部变形变质较弱的岩石组合新创名为"洛扎岩组（Pz_l.）"。

1. 名称与沿革

最早李璞等（1953）将康马地区强变质变形基底结晶岩系划归前寒武系，并与念青唐古拉片麻岩进行对比。之后青藏高原科考队（1966—1968）、陈炳蔚等（1975）、武汉地质学院及西藏地勘局第二地质大队（1979—1980）、王玉净等（1980）均对该套变质岩进行过调查研究，提出了不同的划分方案，多定为石炭系—二叠系。梁定益等（1983）将该区的变质地层划为"石炭系少岗群"。西藏地勘局区域地质调查大队（1983）在康马地区变质岩系底部及西部的哈金桑惹隆起周围单独划出前石炭系，把出现大理岩及其以上的地层分别划为"下石炭统少岗群"和"上石炭统破林浦群"。《西藏自治区区域地质志》（陈清泉，1993）中沿用"少岗群"，但改变了其含义，将"前石炭系"或"朗巴组"划为时代不明的"变质杂岩（M）"。刘世坤等（1994，1997）和西藏自治区地矿局（1997）将其命名为"拉轨岗日群"，其含义为康马地区的前寒武系有强烈变质变形的基底结晶岩系，主要为一套副变质岩组合，笔者对研究区该属性地层沿用其名称及其含义。前寒武系拉轨岗日岩群（An∈L.）围绕拉隆岩体、库拉岗日岩体及洛扎岩体大致呈环带或不规则状分布。区域上与上覆上古生界洛扎岩组（Pz_2l.）呈韧性剪切断裂接触。

2. 典型剖面列述

本次工作对研究区的拉轨岗日岩群实施了3条实测剖面，其中洛扎县拉隆村剖面的岩石组合最具代表性，且剖面上拉轨岗日岩群与两侧地质体关系清楚。

洛扎县拉隆村前寒武系拉轨岗日岩群实测剖面位于拉隆村北侧，沿拉隆村土路由西向东测制，露头连续出露，剖面起点自拉隆花岗岩体与拉轨岗日变质岩的韧性剪切带，剖面起点坐标为（90°58′56″，28°24′50″），剖面以拉轨岗日岩群与洛扎岩组之间的韧性断裂为终点，终点坐标为（90°59′07″，28°24′55″）（图2-3）。剖面分层列述如下。

西藏洛扎县拉隆村前寒武系拉轨岗日岩群（An∈L.）实测剖面：

上古生界洛扎岩组（Pz_2l.）：青灰色绢云绿泥千枚岩

======断层接触======

拉轨岗日岩群（An∈L.）	视厚度>388.9m
12 青灰色红柱石绢云母片岩	18.5m
11 灰黑色斜长角闪片岩	18.7m
10 浅灰—浅灰黑色石榴石十字石片岩、石榴子石二云片岩	116.2m
9 浅灰色红柱石片岩夹灰褐色片岩，比例2:1	88.4m
8 浅灰白色大理岩夹少量片岩	45.5m
7 青绿色符山石矽卡岩	10.9m
6 灰白色含电气石石榴石花岗岩	29m

5	灰白色花岗岩与花岗片麻岩混合带，比例4:1	21.6m
4	浅灰—灰色片岩、伟晶岩、花岗岩、花岗片麻岩混合带	34.3m
3	灰白色大理岩夹片岩	1.1m
2	灰褐色黑云母片岩，顶部为厚约30cm的破碎带	3.8m
1	灰褐色片岩与淡色花岗岩混合带，比例1:1	0.9m

==========断层接触==========

拉隆岩体(γ)白云母花岗岩

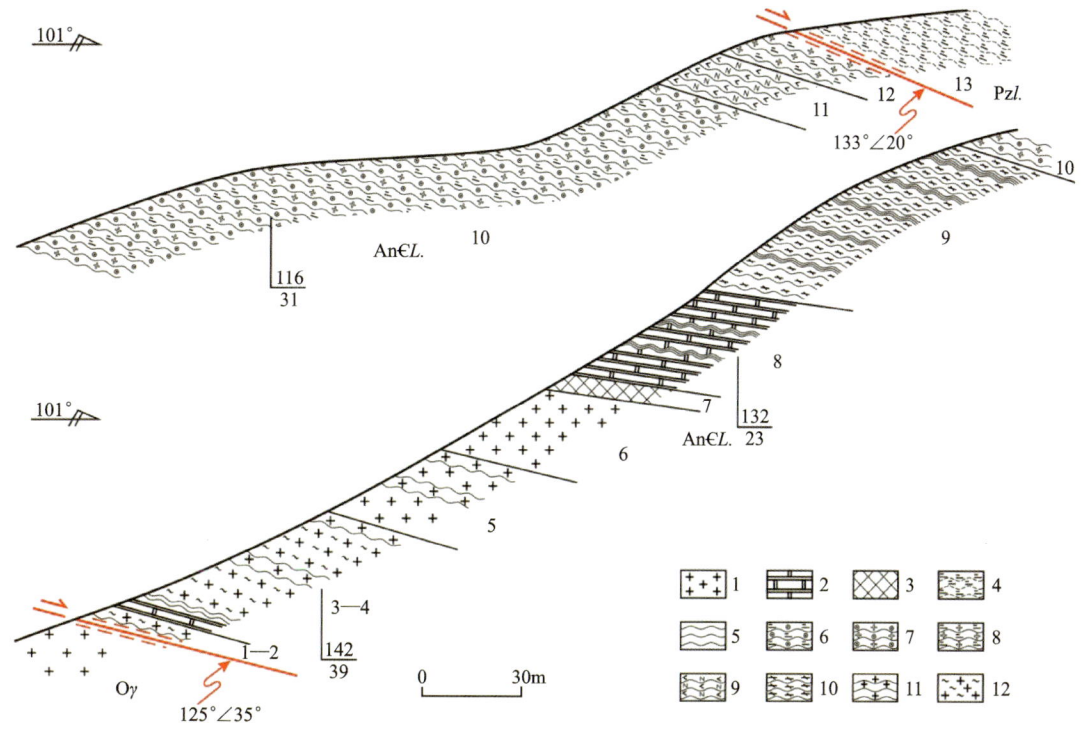

1.花岗岩；2.大理岩；3.矽卡岩；4.绢云母千枚岩；5.片岩；6.石榴绢云片岩；7.石榴石十字石片岩；8.十字石绢云片岩；9.斜长角闪片岩；10.红柱石片岩；11.花岗片麻岩；12.花岗混合岩。

图2-3 西藏洛扎县拉隆村前寒武系拉轨岗日岩群(AnЄ L.)实测剖面图

3.岩石地层综述

前寒武系拉轨岗日岩群(AnЄ L.)主要岩性组合为灰色、灰黑色含石榴石二云母片岩、含石榴石云母片岩(图2-4a)、红柱石十字石二云母片岩、十字蓝晶二云片岩及大理岩(图2-5a)等，局部夹透镜状斜长角闪片岩。

石榴黑云片岩：岩石主要由粒径0.2～1.98mm的定向排列的叶片状黑云母、白云母，他形粒状石英，半自形—他形长石，他形粒状石榴石，少量不透明铁质等组成，构成片状粒状变晶结构，片状构造。岩石中的黑云母和石英分别相对聚集，略显相间条带状分布。石榴石：含量约5%，半自形—他形粒状，正高突起，均质，全消光，少量呈变斑晶状，变斑晶周围的片状矿物呈压力影和应变帽状分布。黑云母：含量约37%，片状，多色性、吸收性明显，多为连续定向排列。白云母：含量约8%，片状，干涉色鲜艳，定向排列，与黑云母互混。长石：含量约10%，他形粒状，半自形板柱状，主要为具聚片双晶的斜长石。石英：含量约40%，他形粒状，一级亮白干涉色，部分颗粒多被压扁拉长，定向排列，可见少量集合体呈透镜状或呈条带状。不透明铁质等：微量，他形粒状，分散分布(图2-4b)。

透辉石大理岩：岩石主要由粒径0.2～2.1mm的他形粒状方解石，他形粒状透辉石，他形粒状石英、

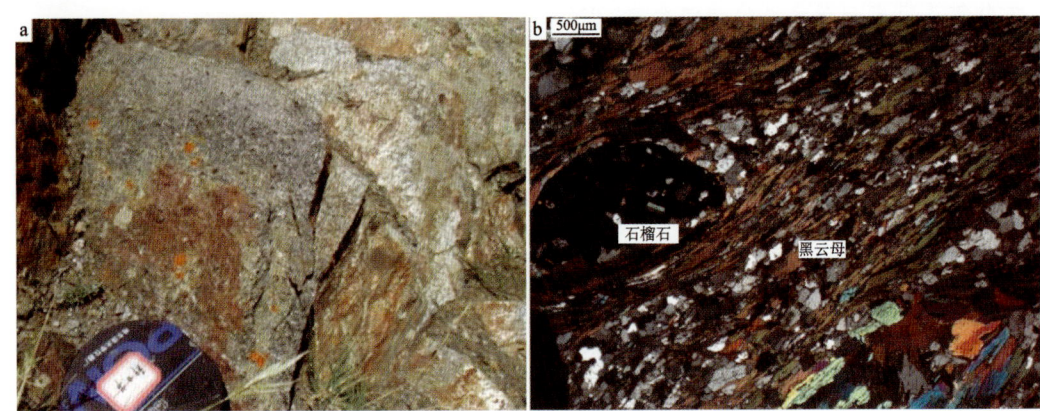

a. 近观特征；b. 镜下特征

图 2-4　洛扎县拉隆村拉轨岗日岩群含石榴子石云母片岩

长石,片状金云母,不透明铁质等互嵌组成,构成粒状变晶结构,块状构造。方解石:含量约 72%,他形粒状,半自形菱形状,高级白干涉色,可见双晶,部分晶体在应力作用下呈现褶曲状或呈拉长状。透辉石:含量约 10%,他形粒状,具辉石式解理,交代方解石。石英:含量约 11%,他形粒状,一级亮白干涉色。长石:含量约 5%,他形粒状,具聚片双晶,绢云母化、黏土化。金云母:含量约 1%,片状,金黄色,具多色性,吸收性,分散分布。不透明铁质等:含量约 1%,团粒状,弥散状,分散分布(图 2-5b)。

a. 宏观特征；b. 镜下特征

图 2-5　洛扎县拉隆村拉轨岗日岩群大理岩

三、时代讨论

研究区变质核杂岩因变形较强,变质较深,原始层序已无法恢复。前人在研究藏南康马—隆子带上的变质(核)杂岩时,获得大量不同时代的同位素年龄及得出不同的认识:

(1)1:100 万日喀则、亚东幅(1983)中,在康马变质(核)杂岩核部片麻状花岗岩中获得同位素年龄为 485±16Ma、484±7Ma(Rb-Sr 法),521±38Ma 和 558±16Ma。

(2)刘国惠(1983)在通门片麻岩中获锆石 U-Pb 年龄为 1250Ma,代表原岩形成年龄。

(3)张旗等(1986)认为,穹隆核部是受到混合岩化影响的不均匀的片麻岩,比周围变质杂岩的时代更早。二者之间呈断层接触,核部片麻岩可能代表古老的变质基底,伏于下石炭统与核部片麻岩之间的变质岩可能是志留系—泥盆系。

(4)20 世纪 70 年代以来,我国地质学家普遍认为变质(核)杂岩的主变质期为 660~640Ma,但许荣华(1986)认为主变质作用发生在 40~18Ma。

(5) 1:20万浪卡子、泽当幅(1994)中,在变质核杂岩内及其附近的中酸性小岩体和伟晶岩脉中采Sm-Nd法模式年龄样,经宜昌地质矿产研究所测定为(3202±114)~(1147±98)Ma,反映来自古老重熔地壳,混有基底物质。在核杂岩中有32.18Ma(K-Ar法)的重熔型花岗岩侵入。

(6) 崔军文(1994)认为高喜马拉雅变质岩系为由下伏系统中强烈逆冲-推覆作用和上覆沉积盖层沿结晶基底发生强烈拆离、滑覆作用而出露地表的核杂岩体。

(7) 1:20万加查幅(1995)中,在也拉香波倾日变质(核)杂岩东部(曲松县邛多江)所采全岩Rb-Sr等时年龄样,经西安地质矿产研究所测定为401.55±59.59Ma和501.11±64.45Ma,记录了加里东期变质事件。

(8) 1:25万江孜幅(2002)中,在康马变质核杂岩侵入于拉轨岗日岩群中的康马岩体获得的同位素年龄数据为478~471Ma,康马岩体遭受了变形变质作用,其与拉轨岗日岩群呈拆离断层接触关系,拉轨岗日岩群的地层时代应大于康马岩体的侵位时代,因此将拉轨岗日岩群定为前寒武纪。

本次工作在雅拉香波变质核杂岩东部亚堆扎拉岩群中的康布真日片麻状花岗岩体获得的锆石U-Pb同位素年龄数据为488.5±2.5Ma,库拉岗日片麻状花岗岩的锆石U-Pb同位素年龄范围512.2±3.9~463.3±4Ma。

综上所述,将亚堆扎拉岩群与拉轨岗日岩群的时代划为前寒武纪是较为适宜的,应属泛非期(558~484Ma)岩浆-变质和超变质的混合岩化共同作用形成的地质体。

第三节 古生界

研究区古生界出露与变质核杂岩构造关系紧密,主要分布于核杂岩的前寒武系外侧,或独立构成核杂岩的拆离带(如达拉核杂岩)。研究区的古生代地层划分有曲德贡岩组($Pzq.$)和洛扎岩组($Pzl.$)。

一、曲德贡岩组($Pzq.$)

曲德贡岩组分布于雅拉香波一带的亚堆扎拉岩群外侧及达拉核杂岩的达拉岩体外侧,与其内的亚堆扎拉岩群或花岗岩体及外侧中生代地层间均为拆离断裂相隔。

1. 名称与沿革

1994年高洪学首次将李璞(1953)所创名的亚堆扎拉群的上部单独划分出来,将其命名为曲德贡岩群,将其时代归为古生代;2002年,曾庆高将其降级,命名为未分古生界曲德贡岩组QD(Pz);潘桂棠等(2004)将曲德贡岩组时代划为早古生代;2004年,黄建国又将其时代划为新元古代—寒武纪。本次工作采用了1:5万曲德贡幅(2002)中的划分方案,即古生界曲德贡岩组($Pzq.$)。

2. 典型剖面介绍

本书选择曲松县淌然和隆子县俗坡达拉两条实测剖面,分别代表研究区曲德贡岩组不同的岩石组合。

1) 西藏曲松县淌然曲德贡岩组实测剖面

该剖面位于曲松县邛多江乡结巴村东部淌然一带,剖面由北向南沿171°方向测制,剖面的露头连续出露,剖面起点自前寒武系亚堆扎拉岩群与曲德贡岩组间的断层,起点坐标为E92°05′30.0″,N28°46′11.7″,剖面至曲德贡岩组与涅如组间的断层结束,剖面终点坐标为E92°05′46.5″,N28°44′43.0″(图2-6),剖面分层列述如下。

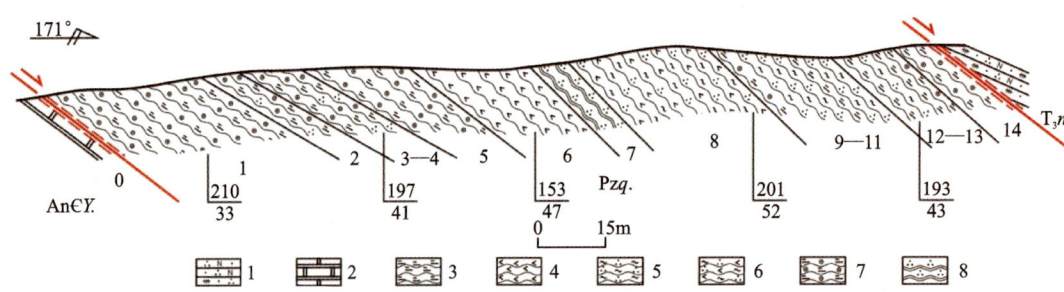

1.长石石英杂砂岩;2.大理岩;3.云母片岩;4.角闪片岩;5.绿泥石英片岩;6.石英角闪片岩;7.石榴云母片岩;8.石英岩.

图 2-6 西藏曲松县淌然曲德贡岩组(Pzq.)实测剖面图

西藏曲松县淌然曲德贡岩组(Pzq.)实测剖面:

上覆地层:三叠系涅如组一段(T_3n^1)长石杂砂岩

======断层接触======

曲德贡岩组(Pzq.)	视厚度>144.6m
14 灰黑色石榴云母片岩夹二云母石英片岩	4.7m
13 灰黑色石榴云母片岩	1.5m
12 灰黑色云母片岩夹浅灰色含石榴石绿泥石英片岩	3.6m
11 灰黑色含碳酸盐角闪绿泥石英片岩	13.2m
10 浅灰色含石榴石绿泥石英片岩夹灰黑色云母片岩	0.6m
9 灰黑色石榴云母片岩	1.5m
8 灰绿色含碳酸盐角闪绿泥石英片岩	28.4m
7 灰黑色含绢云碳铁质片状石英岩	8.4m
6 灰绿色角闪片岩	19.1m
5 灰黑色石榴云母片岩	15.7m
4 灰白色石榴白云母石英片岩	12.0m
3 灰黑色石榴云母片岩	0.8m
2 灰黑色石榴云母片岩夹浅黄色含石榴石黑云母石英角岩	7.3m
1 灰黑色石榴云母片岩	27.8m

======断层接触======

下伏地层:亚堆扎拉岩群(An∈Y.)大理岩

2)西藏隆子县俗坡达拉曲德贡岩组实测剖面

该剖面位于隆子县西北约30km的俗坡达拉一带,剖面沿山脊走势的212°方向测制,露头连续出露,剖面起点位于达拉岩体与曲德贡岩组之间的断裂,剖面起点坐标为E92°12′58.0″,N28°36′01.0″,剖面至曲德贡岩组与涅如组间的断层结束,剖面终点坐标为E92°14′03.8″,N28°37′35.7″(图 2-7),剖面分层列述如下。

西藏隆子县俗坡达拉曲德贡岩组实测剖面:

上覆地层:上三叠统涅如组三段(T_3n^3)灰黑色粉绢云母板岩夹中厚层长石石英杂砂岩

======断层接触======

曲德贡岩组(Pzq.)	视厚度>549.9m
13 深灰色粉砂质板岩夹青灰色变质长石石英砂岩,板砂比例 4:1,砂岩单层厚 5~10cm	37.80m
12 青灰色变质长石石英砂岩与深灰色粉砂质板岩互层,砂板比例 1:1,砂岩单层厚 5~20cm	34.50m

11	深灰色粉砂质板岩夹少量变质长石石英砂岩,板砂比例10:1,砂岩单层厚2～5cm	74.20m
10	青灰色变质长石石英砂岩夹深灰色粉砂质板岩,砂板比例5:1,砂岩单层厚5～15cm	39.50m
9	深灰色粉砂质板岩夹青灰色变质长石石英砂岩,板砂比例8:1,砂岩单层厚2～10cm	2.00m
8	青灰色变质长石石英砂岩夹深灰色粉砂质板岩,砂板比例3:1,砂岩单层厚10～20cm	60.20m
7	深灰色粉砂质板岩夹少量变质长石石英砂岩,板砂比例10:1,砂岩单层厚2～5cm	8.90m
6	深灰色粉砂质板岩夹青灰色变质长石石英砂岩,板砂比例4:1,砂岩单层厚5～10cm	43.10m
5	深灰色粉砂质板岩夹青灰色变质长石石英砂岩,板砂比例10:1,砂岩单层厚2～8cm	85.30m
4	灰黑色粉砂质板岩,变余粉砂质结构,板状构造	61.80m
3	灰黑色红柱石板岩,变余泥质结构,板状构造,红柱石粒径1～3mm	79.40m
2	灰黑色红柱石板岩夹少量薄层状变质砂岩	17.30m
1	灰黑色红柱石板岩,变余泥质结构,板状构造	5.90m

(未见底)

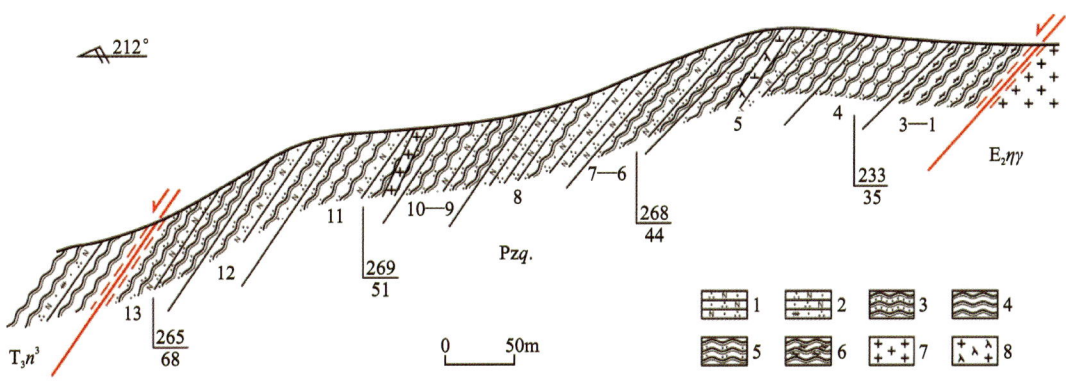

1.长石石英砂岩;2.长石石英杂砂岩;3.变质砂岩;4.板岩;5.粉砂质板岩;6.红柱石板岩;7.花岗岩;8.闪长玢岩。

图 2-7　西藏隆子县俗坡达拉曲德贡岩组(Pzq.)实测剖面图

3.岩石地层综述

研究区曲德贡岩组的岩石组合变化呈现变质程度的空间变化特征,在雅拉香波核杂岩地区由近核部向外由绿片岩相—低角闪岩相变质过渡到低绿片岩相变质,达拉核杂岩的曲德贡岩组为低绿片岩相变质。

绿片岩相—低角闪岩相变质岩以各类片岩为主,包括石榴二云石英片岩、白云二长变粒岩等。

石榴二云石英片岩:主要由2～4.1mm半自形—自形特征变质矿物石榴石和粒径0.1～1.1mm他形石英、长石,片状黑云母、白云母,以及少量电气石、不透明矿物等组成,构成斑状变晶结构,基质为片状粒状变晶结构。石榴石含量约7%,呈变斑晶状,自形粒状,均质,内含他形粒状石英,呈包含变晶结构,发育裂纹,裂纹中充填铁质、绢云母,部分晶粒粒径较小。长石含量约21%,他形粒状,定向分布,见聚片双晶,表面浑浊,见褐色分解物。石英含量约38%,他形粒状,较洁净,部分晶体被压扁拉长,或呈单晶条带状。白云母含量约12%,片状,干涉色鲜艳连续定向分布,或围绕变斑晶分布呈应变帽。黑云母含量约22%,片状,多色性明显,连续定向分布,或围绕变斑晶分布呈应变帽,绿泥石化强烈,少量仅残留黑云母假象。电气石微量,柱状、粒状,多色性明显。不透明矿物:微量,他形粒状,分散分布(图 2-8a)。

白云二长变粒岩:主要由粒径0.2～2.5mm显平行定向的片状白云母、黑云母和相间分布的压扁拉长的石英、斜长石、钾长石等组成,构成粒状片状变晶结构,定向构造。其中斜长石含量约38%,半自形板柱状,他形粒状,具聚片双晶,稍压扁。钾长石:含量约17%,半自形板柱状、他形粒状,无双晶或具卡式双晶,局部透镜状。白云母含量约13%,片状,平行定向,与黑云母互连,多绕长石、石英边界分布。黑云母:含量约4%,片状。石英:含量约28%,他形粒状,多呈粒径0.1~0.3mm的集合体形态(图2-8b)。

图2-8 雅拉香波地区曲德贡岩组石榴二云石英片岩(a)与白云二长变粒岩(b)

低绿片岩相的曲德贡岩组岩性主要为蚀变的板岩、变质砂岩、红柱石板岩(图2-9a)及大理岩化灰岩(图2-9b),在局部可见千枚状板岩,发育少量辉长岩脉及辉绿岩脉。

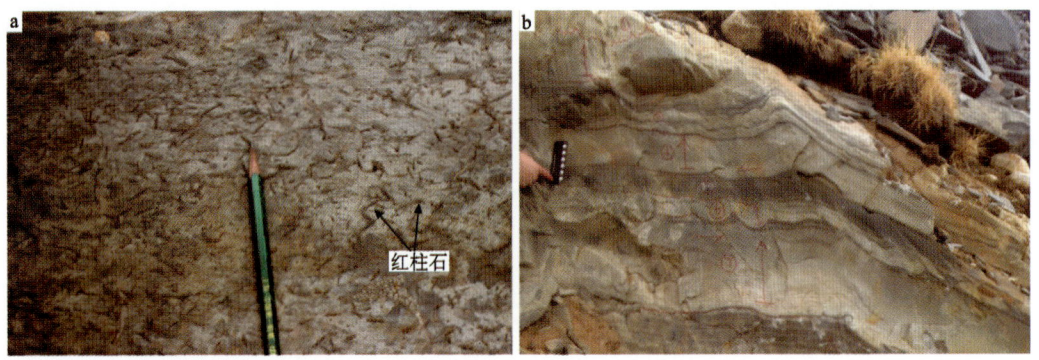

图2-9 俗坡达拉地区曲德贡岩组红柱石板岩(a)与大理岩化灰岩(b)

二、洛扎岩组(Pzl.)

洛扎岩组(Pzl.)分布于研究区西南部,呈不规则的环状分布于拉轨岗日岩群(AnЄL.)的外围。

1. 名称与沿革

洛扎岩组为本次工作新创岩石地层单位,其含义为洛扎一带分布于拉轨岗日岩群外侧至外拆离断裂之间的一套千枚岩、变砂岩及灰岩组合,依据碎屑锆石年代学特征,结合区域对比将其时代划为古生代。

本书划归洛扎岩组的地层包括1:25万洛扎幅区调报告中拉隆岩体周围的上三叠统涅如组部分及靠近库拉岗日岩体的白垩系拉康组部分。前人对西藏洛扎以南至中国与不丹边境约4000km^{2}的一套砂岩、粉砂岩、板岩、页岩、泥灰岩与灰岩组成的地层归属存在争议,1977年杨正光等在该套地层中采到双壳类? *Pichleia* sp.,认为其时代属三叠纪;1979年1:100万拉萨幅区调报告将该套岩石组合归置上三叠统涅如组;1983年中国科学院王乃文采获白垩纪面貌孢粉化石组合,创名"拉康组",将其时代归为白垩纪;1:25万洛扎幅区调工作中在拉康组地层发现小型特化类型菊石生物群,经南京古生物研究所陈挺恩研究员鉴定为锚菊石科,认为其时代属早白垩世,根据报告叙述,小型特化类型菊石生物化石仅采集在洛扎县东侧的洛扎断裂近南侧狭小区域内,在洛扎县城至拉康镇几十千米的范围内却没有发现小型特化类型菊石生物化石。本次工作对前人划归拉康组的千枚岩碎屑锆石进行研究分析,千枚岩最年轻的LA-ICP-MS U-Pb碎屑锆石测年为569～472Ma(详见时代讨论部分),结合区域地层对比,笔者将研究区内的拉轨岗日岩群外侧浅变质岩系命名为洛扎岩组(Pzl.),时代归为古生代。

2. 典型剖面介绍

本次工作对研究区的洛扎岩组实测地层剖面3条,分别位于洛扎县的拉隆村、嘎波村和贡祖沟,本书选择最具代表性的洛扎县贡祖沟洛扎岩组剖面介绍如下。

洛扎县贡祖沟洛扎岩组剖面位于贡祖沟,沿拉米朵到致沟口的45°方向测制,剖面起点自拉轨岗日岩群与洛扎岩组间拆离断裂起,起点坐标为90°59′06″,28°23′36″,剖面至洛扎岩组与涅如组之间的拆离断裂结束,剖面终点坐标为91°58′30″,28°22′26″。剖面主要由北向南测制,露头良好(图2-10),分述如下。

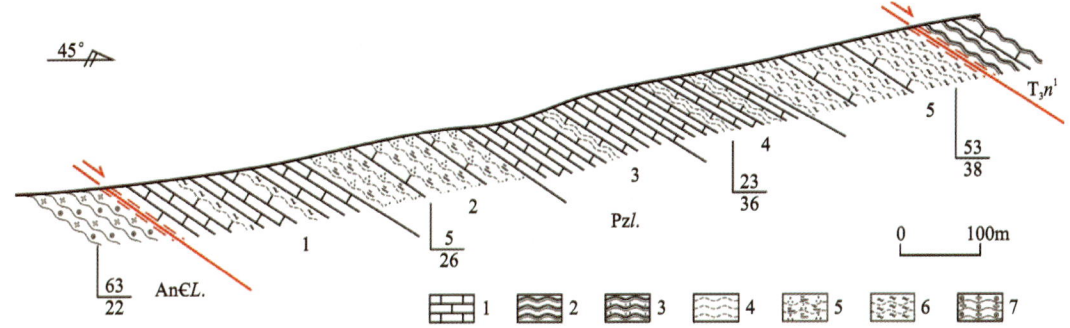

1.灰岩;2.板岩;3.粉砂质板岩;4.千枚岩;5.绢云石英千枚岩;6.绿泥石千枚岩;7.石榴子石十字石片岩。

图2-10 西藏洛扎县贡祖沟洛扎岩组(Pzl.)实测剖面图

西藏洛扎县贡祖沟洛扎岩组实测剖面:

上三叠统涅如组一段(T$_3$n^1):灰黑色中—厚层含砂质细晶灰岩夹黑色板岩

======断层接触======

洛扎岩组(Pzl.)	视厚度382.69m
5 黑色绢云绿泥千枚岩夹少量灰黑色中厚层含粉砂细晶灰岩	93.99m
4 灰黑色中厚层含粉砂细晶灰岩夹黑色千枚岩	88.18m
3 灰黑色中厚层含粉砂细晶灰岩夹少量千枚岩	77.55m
2 黑色绢云石英千枚岩夹少量灰黑色中厚层含粉砂细晶灰岩	66.15m
1 灰黑色中厚层含泥质灰岩夹绢云绿泥千枚岩	56.82m

======断层接触======

拉轨岗日岩群(Pt$_{2-3}$L.):石榴子石十字石片岩

3. 岩石地层综述

研究区的洛扎岩组主要为一套千枚岩(图2-11)、千枚状板岩、灰岩与变质砂岩组合,沉积构造可见水平层理与平行层理,厚层灰岩镜下可见绿泥石化现象(图2-12)。洛扎岩组厚度大于256.0m。

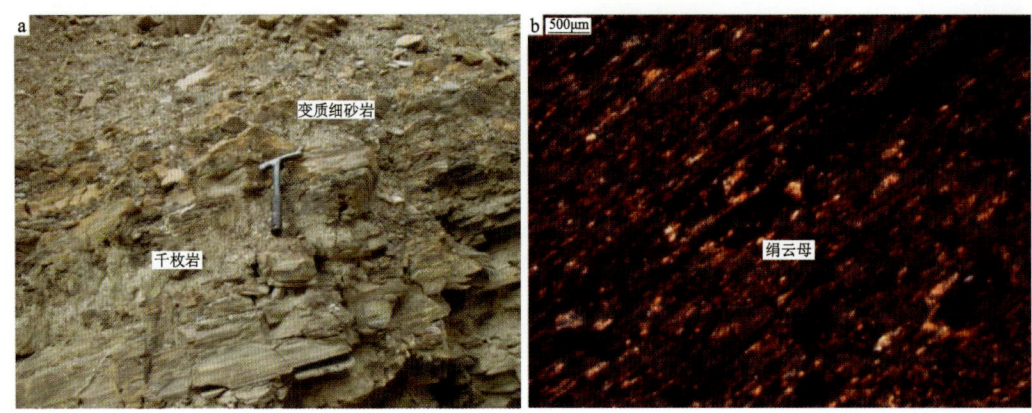

a. 变质细砂岩与千枚岩宏观特征；b. 绿泥绢云千枚岩

图 2-11 洛扎岩组变质砂岩与千枚岩特征

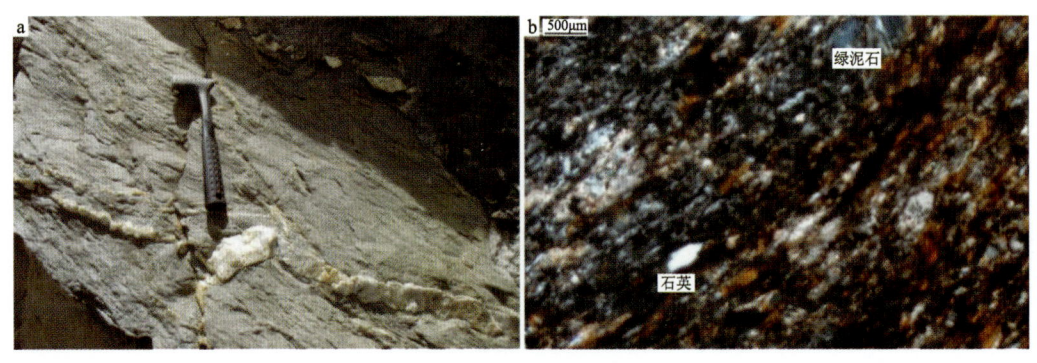

a. 宏观特征；b. 镜下特征

图 2-12 洛扎岩组灰岩特征

三、时代讨论

曾令森等（2012）对达拉南部曲德贡岩组（Pzq.）内出露的辉绿岩脉的锆石 SHRIMP U-Pb 测年结果为 273±2.2Ma，表明曲德贡岩组上岩段年龄应早于晚二叠世。

本次工作对洛扎岩组（Pzl.）的变砂岩进行了 LA-ICP-MS U-Pb 碎屑锆石测年分析，采样坐标为 E90°58′55.9831″，N28°23′26.6201″，共选取了 60 颗锆石进行 LA-ICP-MS U-Pb 碎屑锆石测年。锆石阴极发光特征显示样品中的锆石呈柱状和圆状两种，相对应的阴极发光（CL）图像显示振荡环带和均质结构（图 2-13），柱状有振荡环带表明为岩浆成因，圆状表明经过长距离的搬运。样品分选出来的锆石粒径多在 50～150μm 之间，长宽比为 1:3。锆石颗粒阴极发光图像强弱不等，部分呈黑色，这种差异可能反映了不同锆石颗粒之间 Th、U 等元素含量的不同。对碎屑锆石样品作锆石年龄谐和图和频率直方图（图 2-14），绝大多数年龄都位于谐和线上及其附近，表明年龄数据比较可靠。

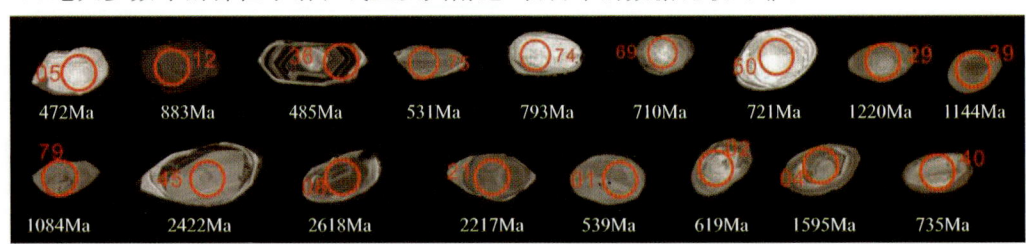

图 2-13 洛扎岩组千枚岩碎屑锆石阴极发光图像

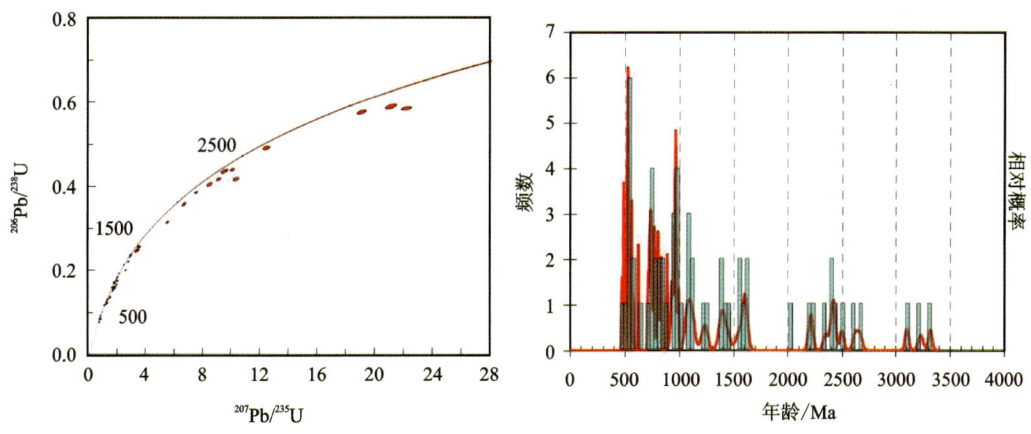

图 2-14　洛扎岩组千枚岩碎屑锆石年龄谐和图和频率直方图

洛扎岩组变砂岩样品的锆石 U-Pb 锆石年龄变化于 $(3317\pm17)\sim(472\pm5)$ Ma 之间，锆石最年轻年龄为 569～472Ma(加权年龄值为 524Ma)，代表的锆石呈现清晰振荡环带，为岩浆成因锆石，说明此样品最年轻碎屑锆石封闭年龄为 569～472Ma，反映了原岩形成时代晚于早古生代寒武纪—奥陶纪($\in$—O)。

综合区域地层对比与年代学数据分析，本书将曲德贡岩组(Pzq.)与洛扎岩组(Pzl.)的时代归为古生代。

第四节　中生界

中生界在研究区的分布最为广泛，从早三叠世至晚白垩世地层均有出露，包括：中—下三叠统吕村组($T_{1-2}l$)、上三叠统涅如组(T_3n)；下侏罗统日当组(J_1r)、中—下侏罗统陆热组($J_{1-2}l$)、中侏罗统遮拉组(J_2z)、上侏罗统维美组(J_3w)；上侏罗统—下白垩统桑秀组(J_3K_1s)；下白垩统甲不拉组(K_1j)和上白垩统宗卓组(K_2z)。喜马拉雅地区生物地层研究工作与内地相比工作程度较低，对一些地层单元的划分与对比仍存争议，其中一个重要因素是 1:20 万区调仅少量覆盖。2000 年前后开始实施的 1:25 万区域地质调查对全区的地层进行了系统梳理，建立了比较完善的区域地层体系。研究区中生代地层的厚度与岩石组合面貌在横向变化大，生物化石的发育情况也有较大差异，给区域生物地层研究带来了困难。本次工作虽在研究区开展了包括牙形石、放射虫和孢粉在内的化石分析工作，但微体化石分析效果不尽如人意。本节生物地层与年代地层部分综合了本次工作认识和前人研究成果。各地层单元特征介绍如下。

一、中—下三叠统吕村组($T_{1-2}l$)

吕村组分布于研究区西部的普姆雍错一带近东西向展布，未见底部。

1. 名称与沿革

西藏区调队(1983)测制了康马县涅如区涅如河东三叠纪地层剖面，首先创名涅如群和吕村群，其中吕村群主要指一套含黄铁矿黑色板岩，向上出现薄层砂岩夹层，不整合于晚古生代中深变质岩之上；吴浩若(1984)将其命名为卓嘎群，主要指一套深灰色、黑色板岩、千枚岩(或页岩)为主的地层体，与吕村组(群)属同一套地层。《西藏自治区岩石地层》(夏代祥，1997)中将吕村群降级为吕村组，沿用了原始含义,定义为以深灰色、黑色板岩、千枚岩(或页岩)为主的一套地层,与上覆地层涅如组整合接触,未见底,时代为早中三叠世。本次沿用《西藏自治区岩石地层》(夏代祥,1997)中吕村组的定义($T_{1-2}l$)。

2. 典型剖面列述

西藏洛扎县普姆雍错吕村组实测剖面位于普姆雍错南东,剖面沿普姆雍错南东谢拉玛沟北西方向由老至新测制,露头连续,剖面起自洛扎岩组与吕村组之间的拆离断裂,起点坐标为 E90°34′20″,N28°26′41″,剖面至涅如组与吕村组界线结束,终点坐标为 E90°30′54″,N28°28′58″(图 2-15)。剖面分层列述如下。

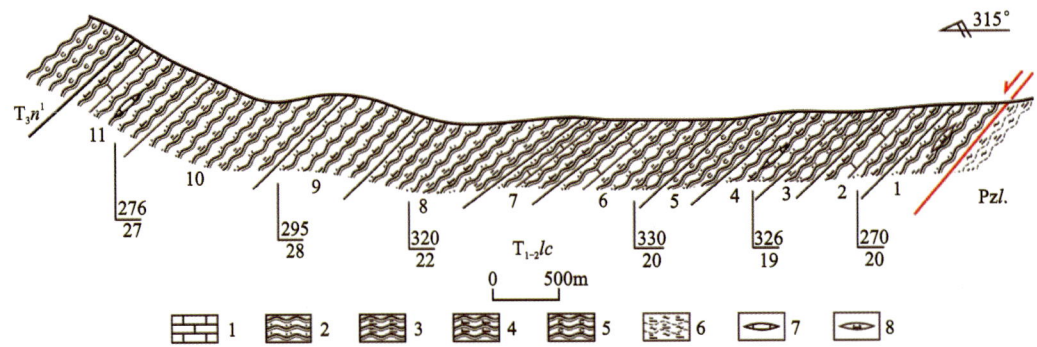

1.灰岩;2.粉砂质板岩;3.绢云母板岩;4.钙质板岩;5.碳质板岩;6.绢云绿泥千枚岩;7.灰岩透镜体;8.硅质岩透镜体。

图 2-15 西藏洛扎县普姆雍错吕村组实测剖面图

西藏洛扎县普姆雍错吕村组实测剖面:
上覆地层:涅如组一段(T_3n^1)灰黑色碳质板岩、粉砂质板岩
———————————整合接触———————————

| 中—下侏罗统吕村组($T_{1-2}l$) | 厚度>3 112.8m |

11 灰黑色钙质板岩、粉砂质板岩夹薄层灰岩、灰岩透镜体　　　　　　　　　　　　　　582.8m
10 浅灰色粉砂质板岩、绢云母板岩夹钙质板岩,见菊石化石、双壳类化石　　　　　　　633m
9 浅灰—灰黑色粉砂质板岩、钙质板岩,偶见立方体黄铁矿化　　　　　　　　　　　　250.5m
8 浅灰色粉砂质板岩、绢云母板岩夹钙质板岩　　　　　　　　　　　　　　　　　　500.6m
7 灰黑色钙质板岩、粉砂质板岩夹薄层灰岩、灰岩透镜体,见板状交错层理　　　　　　109.3m
6 浅灰色粉砂质板岩、绢云母板岩夹钙质板岩,偶见极薄层灰岩　　　　　　　　　　　276.6m
5 灰黑—黑色碳质板岩、粉砂质板岩,偶见立方体黄铁矿化　　　　　　　　　　　　　143.3m
4 浅灰色粉砂质板岩、钙质板岩夹硅质岩、灰岩透镜体,见立方体黄铁矿化　　　　　　201.3m
3 灰黑色粉砂质板岩、绢云母板岩夹硅质岩透镜体　　　　　　　　　　　　　　　　　57.6m
2 灰黑色粉砂质板岩、钙质板岩夹灰岩透镜体、薄层灰岩　　　　　　　　　　　　　　208.2m
1 灰黑色粉砂质板岩、绢云母板岩夹硅质岩透镜体,见立方体黄铁矿化　　　　　　　　149.6m
======断层接触======

下伏地层:洛扎岩组($Pzl.$)绢云千枚岩

3. 岩石地层综述

中—下三叠统吕村组($T_{1-2}l$)在研究区的主要岩性组合为黑色碳质板岩、粉砂质板岩、千枚状板岩夹薄层细砂岩(图 2-16a,e),在拉隆岩体西侧暗色板岩中见有薄层硅质岩及少量薄层灰岩夹层(图 2-16b)。硅质岩及灰岩单层厚5~10cm,局部可达20cm。较集中地段,代表其中的延伸较长薄层一中,岩性主要为硅质岩及条带。研究区的吕村组与上覆地层涅如组之间呈整合接触,在普姆雍错东侧吕村组顶部暗色板岩与其上的涅如组细砂岩呈连续沉积关系(图 2-16c,d)。吕村组在研究区出露厚度大于3 112.8m。

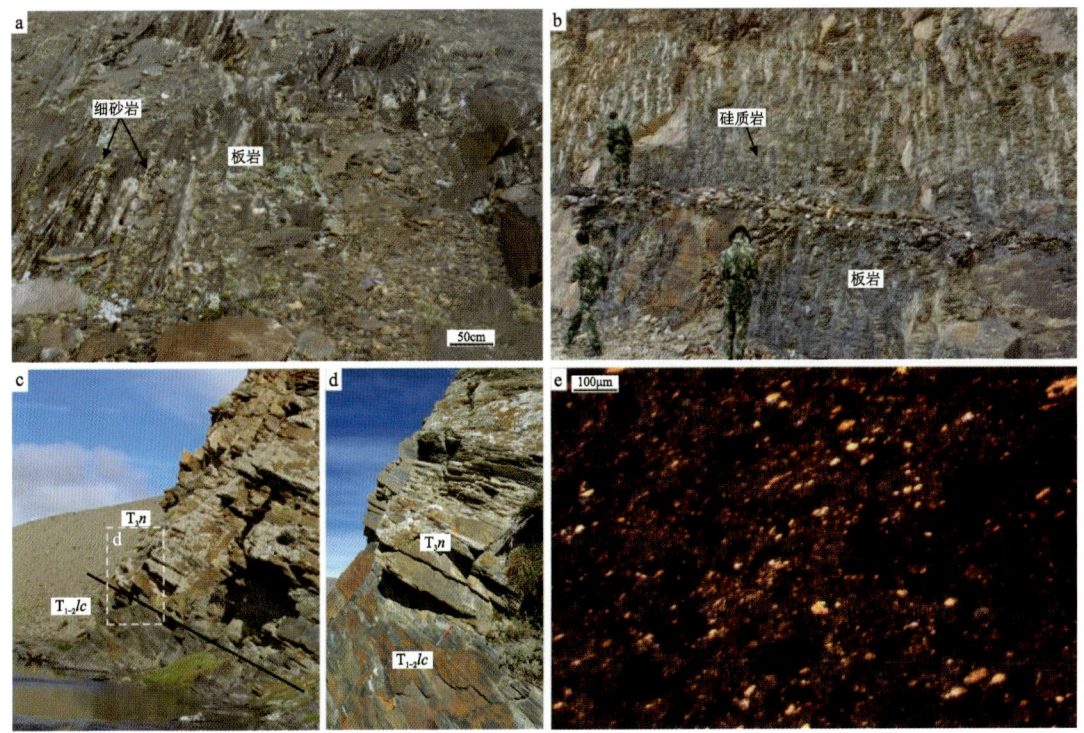

a. 板岩夹细砂岩；b. 板岩夹薄层硅质岩；c，d. 吕村组与涅如组整合接触；e. 千枚状板岩镜下特征

图 2-16 洛扎县普姆雍错吕村组特征

4. 生物地层与年代地层

梁定益等（1983）最早在吕村组下部找到菊石？*Protrachyceras* sp.，同年西藏区调队在该组中发现双壳类 *Halobia* cf. *rugosoides* Hsu，*Daonell* cf. *quizhouensis* Gam 等和菊石 *Trachysagenites* sp.。2000 年，中国地质大学（武汉）区调队在吕村组中采获菊石 *Juvavites* sp.。

菊石 *Protrachyceras* sp. 为喜马拉雅中晚三叠世拉丁期常见化石，*Trachysagenites* 为喜马拉雅上三叠统下部卡尼阶分子，*Juvavites* 广布于喜马拉雅上三叠统；双壳类化石 *Daonell Quizhouensis* 与 *Halobia rugrosoides* 为云南、贵州中三叠统法朗组上部常见分子。综合分析，研究区的吕村组以中—晚三叠世常见化石分子为特征，但考虑前人区域地层的序列与划分方案，本书仍保留了对吕村组的早—中三叠世的地层方案，即中—下三叠统吕村组（$T_{1-2}l$）。

二、上三叠统涅如组（T_3n）

研究区涅如组分布于东北部和西南部两个区域，东北部的涅如组分布范围在哲古以东、隆子县以北（后文以"隆子地区"代表这一区域），构成雅拉香波核杂岩及达拉核杂岩的盖层；西南部的涅如组分布于洛扎县西侧的拉隆核杂岩的外侧（后文称"洛扎地区"）。

1. 名称与沿革

1:100 万拉萨幅（1979）中将北喜马拉雅的一套细砂岩及砂质板岩地层命名为上三叠统嘎波组页岩段；1:100 万日喀则、亚东幅（1983）中将其西延部分命名为上三叠统涅如群；《西藏自治区区域地质志》（1993）中沿用上三叠统涅如群一名；1:20 万浪卡子、泽当幅（1994）中将其划分为上三叠统陆哥拉组和上三叠统—下侏罗统宗中组；《西藏自治区岩石地层》（1997）中将其降群为组，称上三叠统涅如组（T_3n），其含义为吕村组之上的一套细砂岩、石英砂岩、砂质板岩为主的地质体;1:5万然巴、白地、罗布岗、浪卡子县幅(1998),琼果幅、曲德贡幅(2002)中沿用涅如组一名,时代为晚三叠世,1:25万隆子县幅和1:25万洛扎县幅中沿用涅如组。本次工作沿用《西藏岩石地层》(1997)中对涅如组的定义,时代属晚三叠世。

2. 典型剖面列述

研究区东、西两侧的涅如组之间为侏罗系覆盖,两侧涅如组的岩石组合有所差异,依据岩石组合特征分别进行了段级地层单元划分,隆子地区的涅如组划分为5段,本节选择则玛则穷、扎锐淌和穷科当3条实测剖面分段予以介绍;洛扎地区的涅如组划分出3段,本节对普姆雍错实测剖面予以介绍。

1)西藏曲松县则玛则穷涅如组一段实测剖面

该剖面位于曲松县邛多江乡西部则玛则穷一带,剖面主要沿雅拉香波雪山南坡由北向南测制,剖面露头连续出露,整体呈倒转的地层产状。剖面自涅如组一段下部同斜背斜核部起测,剖面起点坐标为E91°57′29.7″,N28°45′52.4″;剖面至涅如组一、二段界线结束,剖面终点坐标为E91°52′43.4″,N28°39′07.7″(图2-17)。剖面分层列述如下。

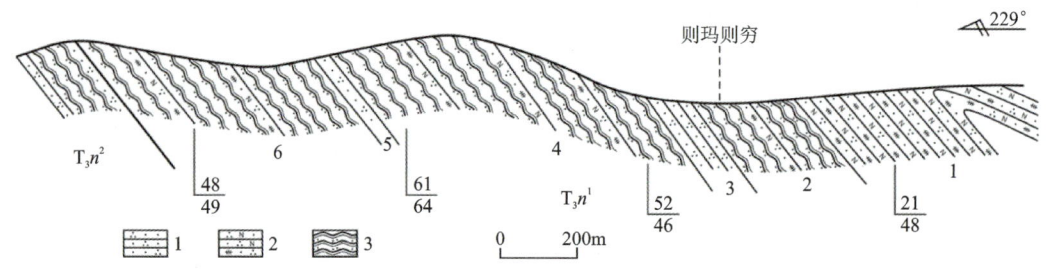

1.石英砂岩;2.长石石英杂砂岩;3.粉砂质板岩。

图2-17 西藏曲松县则玛则穷涅如组一段(T_3n^1)实测剖面图

西藏曲松县则玛则穷涅如组一段实测地层剖面:

上覆地层:涅如组二段(T_3n^2)粉砂质板岩夹石英砂岩

—————————整合接触—————————

涅如组一段(T_3n^1)　　　　　　　　　　　　　　　　　　　　　　　　　　　厚度>980.7m

6　灰黑色薄层状粉砂质板岩夹灰白色中—薄层状中细粒长石石英杂砂岩。杂砂岩
　　厚度10~50cm,板岩单层厚度0.5~8cm,板岩与砂岩比例为3:1~5:1　　　　272.7m

5　灰白色中层状中细粒石英砂岩。单层厚度10~20cm　　　　　　　　　　　　6.7m

4　灰黑色薄层状粉砂质板岩夹灰白色中—薄层状中细粒长石石英杂砂岩。杂砂岩
　　厚度5~50cm,板岩单层厚度0.5~8cm,板岩与砂岩比例为3:1~5:1　　　　352.3m

3　灰白色中层状中细粒石英砂岩。单层厚度10~20cm　　　　　　　　　　　　21.8m

2　灰黑色薄层状粉砂质板岩夹灰白色中—薄层状中细粒长石石英杂砂岩。杂砂岩
　　单层厚度5~50cm,板岩单层厚度0.5~8cm,板岩与砂岩比例为3:1~5:1　　138.2m

1　灰白色中层状含泥砾长石石英杂砂岩。泥砾风化面为灰黄色,新鲜面为灰黑色,
　　泥砾含量3%~8%,砾径2~8cm,多为扁平次圆状　　　　　　　　　　　　>188.4m

(未见底)

2)西藏隆子县扎锐淌上三叠统涅如组二段实测剖面

该剖面位于测区北东部俗坡下公社平多村道扎锐淌南侧,控制地层为涅如组二段,剖面露头条件良好,剖面内发育一小型断层及派生褶皱,横向追索确立剖面上涅如组二段的序列关系未发生变化。剖面由南向北测制,剖面起点为涅如组一段顶部发育的背斜核部,剖面起点坐标为E92°20′41.3″,N28°32′34.9″;剖面至涅如组二、三段界线处结束,终点坐标为N28°33′24.8″,E92°20′53.2″(图2-18)。剖面分层列述如下。

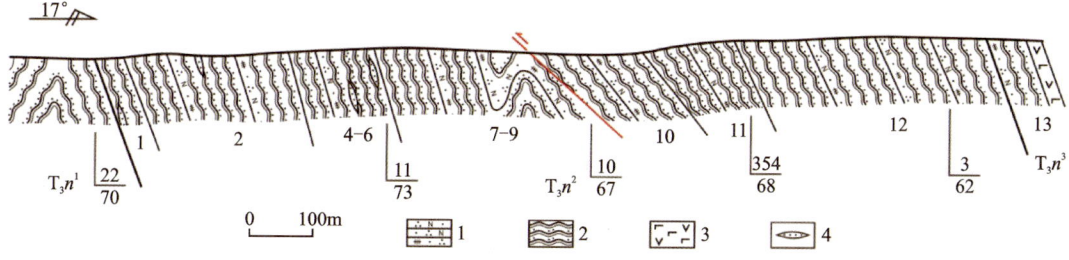

1.长石石英杂砂岩;2.粉砂质板岩;3.安山质玄武岩;4.砂岩透镜体。

图2-18 西藏隆子县扎锐淌上三叠统涅如组二段(T_3n^2)实测剖面图

西藏隆子县扎锐淌上三叠统涅如组二段(T_3n^2)实测剖面：

上覆地层:涅如组三段(T_3n^3)绢云母粉砂质板岩与长石石英杂砂岩夹安山质玄武岩

——————————整合接触——————————

涅如组二段(T_3n^2)　　　　　　　　　　　　　　　　　　　　　厚度＞1 045.50m

11　黑色绢云母粉砂质板岩夹薄层长石石英杂砂岩,两者比例为5:1,长石石英杂砂岩单层
　　　厚2～5cm。砂岩具褐铁矿化,板岩中见硅铁质结核　　　　　　　　　　　268.40m

10　黑色绢云母粉砂质板岩夹极薄层长石石英杂砂岩,两者比例为7:1,长石石英杂砂岩单层
　　　厚0.5～2cm　　　　　　　　　　　　　　　　　　　　　　　　　　　92.20m

9　黑色绢云母粉砂质板岩夹薄层长石石英杂砂岩,两者比例为6:1,长石石英杂砂岩单层
　　　厚2～5cm。常见硅铁质结核发育。杂砂岩弱变质,变质矿物主要为黑云母、绢云母　154.20m

==========断层接触==========

8　黑色绢云母粉砂质板岩夹薄层长石石英杂砂岩,两者比例为6:1,长石石英杂砂岩单层
　　　厚1～5cm,见褐铁矿化　　　　　　　　　　　　　　　　　　　　　　32.50m

7　黑色绢云母粉砂质板岩夹薄层长石石英杂砂岩,两者比例为5:1,长石石英杂砂岩单层
　　　厚0.5～3cm。常见砂岩铁质、硅质结核发育,砂岩中见交错层理　　　　　24.90m

6　黑色绢云母粉砂质板岩夹薄层长石石英杂砂岩,两者比例为6:1～8:1,长石石英杂砂岩单层
　　　厚0.5～2cm。偶见石英脉穿层产出,脉宽5～10cm　　　　　　　　　　235.90m

5　黑色绢云母粉砂质板岩夹薄层长石石英杂砂岩,两者比例为4:1,长石石英杂砂岩单层
　　　厚3～10cm。见砂岩透镜体发育。杂砂岩弱变质,变质矿物主要为黑云母、绢云母　21.20m

4　黑色绢云母粉砂质板岩夹薄层长石石英杂砂岩,两者比例为6:1,长石石英杂砂岩单层
　　　厚1～5cm。板岩中可见砂岩透镜体发育　　　　　　　　　　　　　　　22.60m

3　黑色绢云母粉砂质板岩夹薄层长石石英杂砂岩,两者比例为5:1,长石石英杂砂岩单层
　　　厚3～10cm。可见底模发育　　　　　　　　　　　　　　　　　　　　28.10m

2　黑色绢云母粉砂质板岩夹薄层长石石英杂砂岩,两者比例为6:1,长石石英杂砂岩单层
　　　厚2～5cm。板岩中可见砂岩透镜体　　　　　　　　　　　　　　　　132.20m

1　黑色绢云母粉砂质板岩夹薄层长石石英杂砂岩,两者比例为3:1,长石石英杂砂岩单层
　　　厚3～8cm。见砂岩透镜体,底模发育。杂砂岩弱变质,变质矿物主要为黑云母、绢云母　33.30m

——————————整合接触——————————

下伏地层:涅如组一段(T_3n^1)绢云母粉砂质板岩夹薄层长石石英杂砂岩

3)西藏隆子县穷科当上三叠统涅如组三段至五段实测剖面

　　隆子县穷科当剖面位于研究区东北部的隆子地区,剖面露头条件良好,见一小型逆断层顺层发育,地层整体发生倒转。剖面由北向南测制,自日五切屋子出露的涅如组二段顶部背斜核部起始,剖面起点坐标为E92°11′18.0″,N28°34′21.0″;剖面至下木达村出露的日当组与涅如组界线处结束,剖面终点坐标为E92°10′00.4″,N28°30′34.3″。该剖面控制地层为涅如组三段至五段(图2-19),剖面分层列述如下。

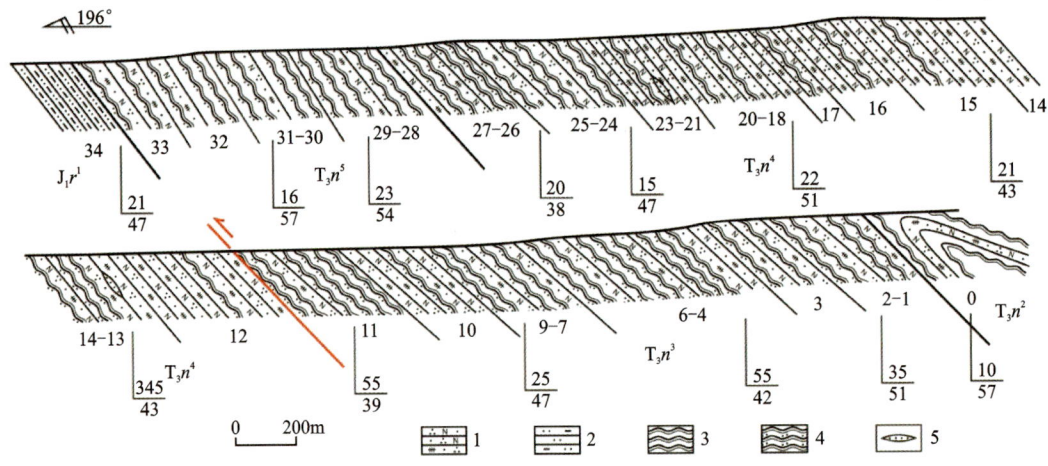

图 2-19　西藏隆子县穷科当上三叠统涅如组三段(T_3n^3)至五段(T_3n^5)实测剖面图

西藏隆子县穷科当上三叠统涅如组三段至五段实测剖面：

上覆地层：日当组一段(J_1r^1)灰黑色泥质粉砂岩

——————————整合接触——————————

涅如组五段(T_3n^5)		厚度560.4m
33	深灰色薄层粉砂质板岩与中层状长石石英杂砂岩互层	120.2m
32	深灰色薄层粉砂质板岩夹中—薄层状长石石英杂砂岩，砂岩单层厚度5～15cm	131.3m
31	深灰色薄层粉砂质板岩夹中层长石石英杂砂岩，板砂比例为8∶1	83.0m
30	深灰色薄层粉砂质板岩夹薄层长石石英杂砂岩，板砂比例为6∶1	77.9m
29	深灰色薄层粉砂质板岩夹中层状长石石英杂砂岩，砂岩单层厚10～20cm	54.7m
28	深灰色薄层粉砂质板岩夹薄层长石石英杂砂岩，板砂比例为5∶1	93.3m

——————————整合接触——————————

涅如组四段(T_3n^4)		厚度>1 353.8m
27	深灰色薄层粉砂质板岩夹中—薄层长石石英杂砂岩，板砂比例为3∶1	50.5m
26	深灰色薄层粉砂质板岩夹薄层长石石英杂砂岩，板砂比例为5∶1	94.7m
25	深灰色薄层粉砂质板岩夹少量薄层长石石英杂砂岩，部分见厚砂岩，板砂比例为10∶1	83.9m
24	深灰色薄层粉砂质板岩夹中—薄层长石石英杂砂岩，砂岩单层厚度5～20cm，板砂比例为5∶1。杂砂岩具弱变质作用，变质矿物主要为黑云母、绢云母	103.6m
23	灰褐色厚—巨厚层长石石英杂砂岩夹粉砂质板岩，部分砂岩呈透镜状产出	49.9m
22	灰褐色中—薄层长石石英杂砂岩夹薄层粉砂质板岩	16.9m
21	灰褐色中—厚层状长石石英杂砂岩夹薄层状粉砂质板岩，局部砂岩呈透镜状产出	50.6m
20	灰褐色中—薄层长石石英杂砂岩夹粉砂质板岩，砂岩比例为4∶1	51.0m
19	灰褐色中—厚层长石石英杂砂岩夹粉砂质板岩，砂板比例为2∶1	10.5m
18	灰褐色巨厚层长石石英杂砂岩夹少量薄层粉砂质板岩，砂岩单层厚度超过1m	100.7m
17	灰褐色中—薄层长石石英杂砂岩夹薄层粉砂质板岩	57.9m
16	灰褐色巨厚层长石石英杂砂岩夹粉砂质板岩	149.9m
15	灰褐色中—薄层长石石英杂砂岩夹薄层粉砂质板岩	170.1m
14	灰褐色厚层—巨厚层长石石英杂砂岩夹薄层粉砂质板岩，砂板比例为2∶1	176.2m
13	灰褐色厚层长石石英杂砂岩夹灰黑色粉砂质板岩，砂板比例为2∶1	31.0m
12	灰褐色厚层—巨厚层长石石英杂砂岩夹灰黑色粉砂质板岩	156.4m

======断层接触======

涅如组三段(T_3n^3)　　　　　　　　　　　　　　　　　　　　　　　　　厚度>874.7m

11	深灰色绢云母粉砂质板岩夹少量薄层长石石英杂砂岩,板砂比例为3:1	189.1m
10	灰褐色中厚层状长石石英杂砂岩夹绢云母粉砂质板岩	150.5m
9	深灰色绢云母粉砂质板岩偶夹薄层长石石英杂砂岩	36.0m
8	灰褐色中厚层状长石石英杂砂岩夹绢云母粉砂质板岩,砂板比例为3:1	110.1m
7	深灰色绢云母粉砂质板岩夹长石石英杂砂岩,板砂比例为5:1	31.1m
6	深灰色绢云母粉砂质板岩夹中层状长石石英杂砂岩,砂岩单层厚度10～30cm,板砂比例为3:1。杂砂岩具弱变质作用,变质矿物主要为黑云母、绢云母	124.8m
5	深灰色绢云母粉砂质板岩夹中层状长石石英杂砂岩,板砂比例为5:1	29.8m
4	灰褐色中厚层状长石石英杂砂岩夹绢云母粉砂质板岩,砂板比例为2:1	52.8m
3	灰褐色中厚层状长石石英杂砂岩夹灰黑色粉砂质板岩互层	22.4m
2	深灰色绢云母粉砂质板岩夹中—薄层长石石英杂砂岩,板砂比例为3:1	84.0m
1	灰褐色中厚层状长石石英杂砂岩夹少量绢云母粉砂质板岩,砂板比例为2:1	44.1m

————整合接触————

涅如组二段(T_3n^2):灰黑色泥质板岩夹长石石英杂砂岩

4)西藏洛扎县普姆雍错涅如组实测剖面

该剖面位于研究区西部洛扎地区的普姆雍错东侧,剖面由南向北侧沿山脊测制,剖面露头连续出露,剖面以涅如组与吕村组界线处为起点,剖面起点坐标为E90°34′43″,N28°30′26″;剖面终点出露地层为涅如组三段中部,终点坐标为E90°35′48″,N28°32′0″(图2-20)。剖面分层列述如下。

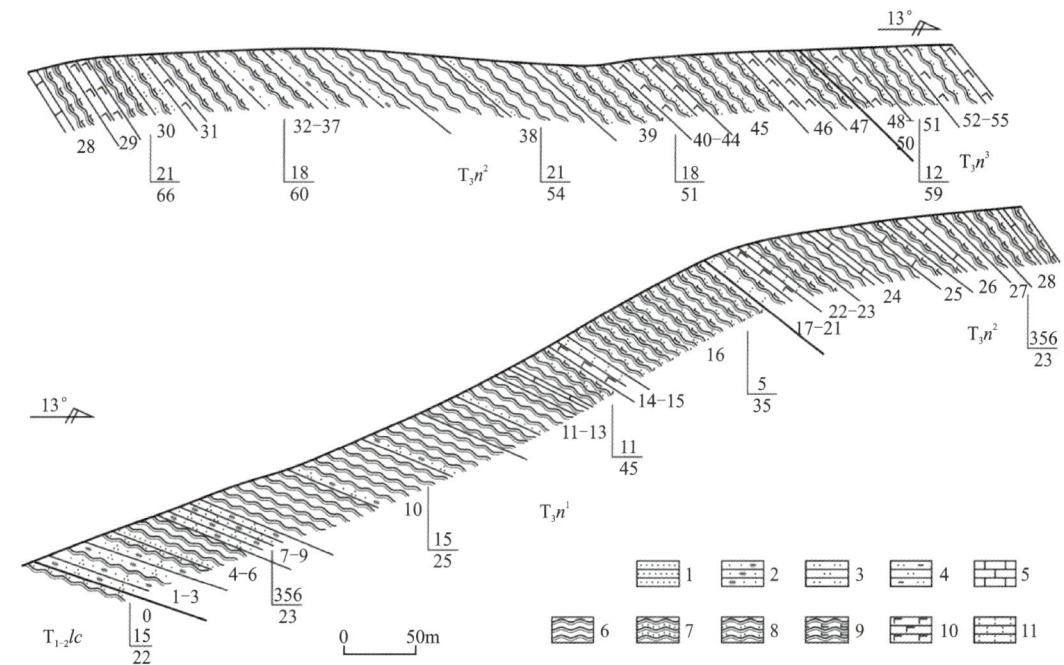

1.砂岩;2.杂砂岩;3.粉砂岩;4.粉砂质泥岩;5.灰岩;6.板岩;7.砂质板岩;8.粉砂质板岩;9.钙质板岩;10.玄武岩;11.凝灰岩。

图2-20 西藏洛扎县普姆雍错涅如组实测剖面图

西藏洛扎县普姆雍错涅如组实测剖面:

(未见顶)

上三叠统涅如组三段(T_3n^3)		厚度＞197.8m
55	灰黑色板岩夹安山质玄武岩	8.1m
54	红褐色安山质玄武岩	6.4m
53	灰黑色粉砂质板岩	52.7m
52	红褐色安山质玄武岩	8.8m

51	灰黑色粉砂质板岩夹泥质条带	60.1m
50	灰黑色粉砂质板岩	53.6m
49	红褐色安山质玄武岩	1.8m
48	灰黑色粉砂质板岩	6.3m

———————— 整合接触 ————————

上三叠统涅如组二段(T_3n^2)　　　　　　　　　　　　　　　　　　　　　　厚度963.3m

47	青灰色粉砂质板岩夹灰黑色钙质板岩(2:1)	30.6m
46	红褐色安山质玄武岩	37.1m
45	灰黑色砂质板岩与灰黑—灰白色钙质板岩互层	111.9m
44	红褐色安山质玄武岩	2.5m
43	灰黑色砂质板岩与灰黑—灰白色钙质板岩互层	7.6m
42	红褐色安山质玄武岩夹灰白色纹层状凝灰岩	4.2m
41	灰黑色砂质板岩与灰黑—灰白色钙质板岩互层	10.1m
40	红褐色安山质玄武岩	4.9m
39	灰黑色砂质板岩与灰黑—灰白钙质板岩互层	25.4m
38	青灰色板岩偶夹灰褐色薄层粉砂岩	119m
37	灰黑色板岩偶夹灰褐色薄层杂砂岩(3:1)	67.8m
36	青灰色钙质板岩夹青灰色薄层杂砂岩(5:1)	99.6m
35	青灰色钙质板岩夹青灰色薄层杂砂岩(10:1～12:1)	23.5m
34	青灰色钙质板岩夹青灰色薄层杂砂岩(6:1～8:1)	23.7m
33	青灰色钙质板岩与青灰色薄层杂砂岩互层	16.4m
32	青灰色钙质板岩夹青灰色薄层杂砂岩(2:1～3:1)	19.7m
31	红褐色安山质玄武岩	3.2m
30	青灰色钙质板岩夹薄层粉砂岩(2:1～3:1)	43.5m
29	红褐色安山质玄武岩	9.5m
28	青灰色钙质板岩夹灰黑色薄层灰岩	78.1m
27	青灰色钙质板岩	23m
26	青灰色钙质板岩夹灰黑色薄层灰岩	80.5m
25	青灰色薄层砂屑灰岩夹青灰色钙质板岩(2:1)	9.3m
24	青灰色板岩夹青灰色薄层砂屑灰岩	59.9m
23	灰白—青灰色钙质板岩	17.3m
22	灰白色薄层状凝灰岩	2.6m
21	红褐色安山质玄武岩	1.3m
20	灰白—青灰色钙质板岩	10.8m
19	灰白色纹层状凝灰岩	6.2m
18	红褐色安山质玄武岩	8.8m
17	灰白色薄层凝灰岩夹薄层细砂岩(2:1～3:1)	5.3m

———————— 整合接触 ————————

上三叠统涅如组一段(T_3n^1)　　　　　　　　　　　　　　　　　　　　　　厚度812m

16	粉砂质板岩与钙质板岩互层	184.6m
15	灰绿色凝灰岩	30.8m
14	红褐色安山质玄武岩	1.9m
13	粉砂岩与钙质板岩互层	56.1m
12	板岩夹灰岩条带	31.6m
11	板岩夹砂质条带	96.1m

10	板岩夹薄层杂砂岩	225.8m
9	板岩夹薄层杂砂岩	32.6m
8	板岩夹薄层杂砂岩	53.7m
7	板岩夹薄层细砂岩	11.1m
6	灰白色板岩	32.3m
5	灰黄色细砂岩	0.4m
4	灰白色粉砂质板岩	4.3m
3	杂砂岩夹粉砂质板岩	9.2m
2	杂灰黄色杂砂岩	1.7m
1	中细粒杂砂岩偶夹板岩	39.8m

——————整合接触——————

下伏地层：中—下三叠统吕村组（$T_{1-2}l$）灰绿色粉砂质板岩

3. 岩石地层综述

研究区涅如组的总体岩石组合为一套泥质、粉砂质板岩与变质砂岩，夹有火山岩、凝灰岩和灰岩，宏观的分布区域与前人1：25万区调成果一致。本次工作对研究区西南部洛扎地区与东北部隆子地区的涅如组采用了不同的段级地层单位划分方案，划分方案以岩石组合特征、火山岩层位及火山-沉积旋回结构为统一原则。洛扎地区涅如组由下至上分为3段，隆子地区涅如组由下至上分为5段，其二段和三段与洛扎地区涅如组二段相对应，其中四段、五段对应于洛扎地区涅如组的三段（表2-2）。

表2-2 洛扎地区与隆子地区涅如组段级单位划分与对比方案

洛扎地区（西南部）		隆子地区（东北部）	
地层单位	岩石组合特征	地层单位	岩石组合特征
日当组（J_1r^1）	黑色碳质页岩、粉砂岩	日当组（J_1r^1）	灰黑色页岩、泥质粉砂岩
涅如组 三段（T_3n^3）	黑色碳质板岩夹少量薄层长石英杂砂岩，偶见微晶灰岩透镜体或薄层灰岩，具水平层理。厚度大于197.8m	涅如组 五段（T_3n^5）	深灰色粉砂质绢云母板岩夹中—薄层状细粒岩屑杂砂岩，粉砂岩，杂砂岩厚度10～30cm不等。顶部粉砂岩增多。厚度560m
		四段（T_3n^4）	灰—深灰色绢云母粉砂质板岩夹厚—巨厚层状细粒岩屑杂砂岩，杂砂岩层（或透镜体）厚0.5～2.5m；厚—巨厚层状砂岩夹层（或透镜体）为本段特征标志。厚465～1353m
二段（T_3n^2）	黑色碳质板岩夹薄层长石石英杂砂岩、碳质粉细砂岩薄层，夹微晶灰岩透镜体及薄层灰岩，具水平层理，常见有顺层产出的火山岩（玄武岩）。厚度963m	三段（T_3n^3）	灰—深灰色绢云母粉砂质板岩夹中厚层状细粒长石石英杂砂岩，杂砂岩单层厚度10～50cm不等。厚度466～1499m
		二段（T_3n^2）	灰黑—黑色薄层状绢云母粉砂质板岩夹少量薄层状长石石英杂砂岩，砂岩单层厚度1～10cm，局部夹有硅铁质条带及结核，局部可见数层火山岩发育。厚度619～1045m
一段（T_3n^1）	黑色碳质板岩夹中层以上的长石石英杂砂岩，具水平层理，斜层理。厚度812m	一段（T_3n^1）	灰—深灰色绢云母粉砂质板岩夹中层状细粒长石石英杂砂岩，杂砂岩单层厚度10～50cm不等，厚度大于981m
吕村组（$T_{1-2}l$）	黑色碳质板岩、千枚状板岩		

涅如组整体具有总厚度西部薄、东部厚的变化趋势，而火山岩夹层的汇总厚度呈现西部厚、东部薄的特征。

1) 洛扎地区涅如组

涅如组一段（T_3n^1）岩石组合为一套黑色碳质板岩、灰白色粉砂质板岩、灰黑色绢云母板岩夹中—厚状长石石英杂砂岩和岩屑长石石英杂砂岩，厚度812m。由杂砂岩与板岩构成的互层结构常见，发育递变层理（图2-21a），厚层状砂岩中可见槽状交错层理（图2-21b），粉砂质板岩中可见变形层理（图2-21c）和包卷层理（图2-21d）。岩石组合与沉积构造特征具有复理石沉积特征，槽状交错层理砂岩反映了水下河道、水下扇的沉积特征。

a. 递变层理；b. 槽状交错层理；c. 变形层理；d. 包卷层理

图2-21 洛扎地区涅如组一段沉积构造

涅如组二段（T_3n^2）主要岩石组合为灰白色粉砂质板岩、灰黑色绢云母板岩、黑色碳质板岩夹薄层岩屑长石石英杂砂岩、长石石英杂砂岩、碳质薄层粉细砂岩，局部夹微晶灰岩透镜体及中—薄层灰岩（图2-22a），泥灰岩，见菊石化石。常见玄武岩（图2-22b）及凝灰岩夹层。杂砂岩具平行层理和小型斜层理，厚度963.3m。为一套相对稳定的半深海环境沉积。

图2-22 洛扎地区涅如组二段薄层灰岩(a)与玄武岩夹层(b)特征

涅如组三段（T_3n^3）主要岩石组合为灰白色粉砂质板岩（图2-23b）、灰黑色绢云母板岩、黑色碳质板岩夹少量薄层岩屑长石石英杂砂岩、长石石英杂砂岩与细砂岩夹层，板岩与砂岩的比例一般5∶1～10∶1（图2-23a），局部见薄层泥灰岩及灰岩。杂砂岩中见平行层理与小型斜层理，厚度大于197.8m。

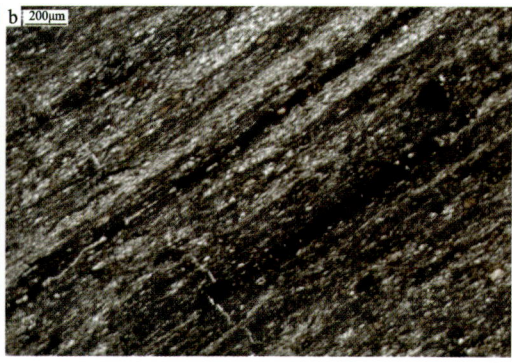

a.板岩夹细砂岩宏观；b.粉砂质板岩镜下

图 2-23 洛扎地区涅如组三段特征

2）隆子地区涅如组

涅如组一段（T_3n^1）：岩性为灰黑色薄层状粉砂质板岩夹灰白色中层状含泥砾细粒长石石英杂砂岩、灰白色中—薄层状中细粒长石石英杂砂岩，板岩与砂岩厚度比例为 5∶1～3∶1，单层砂岩厚度 30～50cm，砂岩中常见斜层理、平行层理与递变层理（图 2-24），厚度大于 980.7m。

a.小型斜层理与递变层理；b.平行层理与斜层理

图 2-24 隆子地区涅如组一段杂砂岩特征

涅如组二段（T_3n^2）：岩性为薄层灰黑色粉砂质板岩夹薄层细砂岩，俗坡下公社至那穷以北区域涅如组二段内可见数层安山质玄武岩，安山质玄武岩层单层厚度 1～1.5m。粉砂质板岩中见透镜状硅质岩与硅铁质结核（图 2-25a），单层砂岩厚度 1～10cm，砂岩底面见舌形槽模（图 2-25b），板岩与砂岩厚度比例为 4∶1～8∶1。厚度大于 619～1045m。

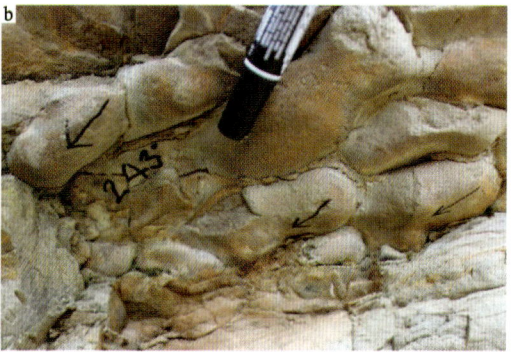

a.板岩中硅质透镜体与硅质结核；b.舌形槽模

图 2-25 隆子地区涅如组二段特征

涅如组三段（T_3n^3）：岩性为灰黑色薄—中层粉砂质板岩夹灰色薄—中层长石石英砂岩。板岩与砂岩比例为 4∶1～1∶2。砂岩单层厚度 10～50cm，俗坡下地区于该段底部为玄武岩，出露厚度 30～100m

(图2-26),杂砂岩底部可见砂楔与变形层理(图2-26a)、舌形槽模(图2-26b)及包卷层理(图2-26c),厚度466～1499m。

a.砂楔与变形层理;b.舌形槽模;c.包卷层理
图2-26 隆子俗坡下地区涅如组三段底部特征

涅如组四段(T_3n^4):岩性为深灰色薄层粉砂质板岩夹灰白—灰色岩屑长石石英杂砂岩。该段底部以厚层、巨厚层砂岩出现为特征,杂砂岩单层厚度20～70cm,局部厚达2.5m(图2-27a)。其上板岩增多,板岩与砂岩比例为2∶1～6∶1。砂岩发育递变层理(图2-27b)和槽模(图2-27c),厚度465～1353m。

a.涅如组四段底部砂岩宏观;b.递变层理;c.槽模
图2-27 隆子地区涅如组四段底部特征

涅如组五段(T_3n^5):岩性为深灰色、灰黑色薄层粉砂泥质板岩夹浅灰—土灰色薄—中层细砂岩。板岩为薄片板状。细砂岩单层厚度10～50cm,由下向上砂岩层厚度变薄。板岩与砂岩层厚度比例为3∶1～

6:1,与上覆日当组整合接触,该段宏观特征如图2-28所示。砂岩中变形层理与包卷层理发育,偶见泥砾(图2-29a,b)砂岩底层面发育舌形槽模与槽模(图2-29c,d),厚度151~560m。

图2-28　隆子县日当镇西侧涅如组五段宏观特征

a.变形层理与泥砾;b.变形层理与包卷层理;c.舌形槽模;d.槽模
图2-29　隆子地区涅如组五段沉积构造

3)地层对比

对洛扎地区和隆子地区涅如组共7条实测剖面的地层对比如图2-30所示。研究区上三叠统涅如组(T_3n)的总体特征具有暗色板岩夹薄层砂岩为主体的岩石组合,火山岩、灰岩与厚层—厚透镜状砂岩作为夹层分布其中的特征,岩石组合面貌具有复理石沉积背景兼具火山作用与水下扇沉积发育的特征。

涅如组一段(T_3n^1)在洛扎地区出露完整,西部的普姆雍错地区以板岩夹砂岩为特征,夹玄武岩、凝灰岩及少量灰岩,洞加一带砂岩增多,近与板岩互层发育。研究区东部的隆子地区涅如组一段未见底,以杂砂岩与板岩不等厚互层为特征,未见灰岩与火山岩发育。

隆子地区的涅如组二段(T_3n^2)和涅如组三段(T_3n^3)对应于洛扎地区涅如组二段(T_3n^2),一并讨论如下:在洛扎地区的板岩、板岩夹粉砂岩地层中发育数层火山岩,普姆雍错地区的火山岩以玄武岩为主,含少量凝灰岩,下部发育多层灰岩、泥灰岩,东侧洞加一带发育4套英安质火山岩。隆子地区该阶段主要发育泥板岩夹砂岩,砂岩占比约30%,下达木剖面砂岩占比略有增大,约40%,俗坡下地区发育少量硅质岩。该区的地层厚度较洛扎地区增大,但火山岩发育层位少,在俗坡下剖面发育两套玄武岩(涅如组三段底部和中上部),在容扎曲剖面的涅如组三段底部出现一套玄武岩,拉龙一带见两层玄武岩及一层灰岩呈夹层发育于泥板岩中。

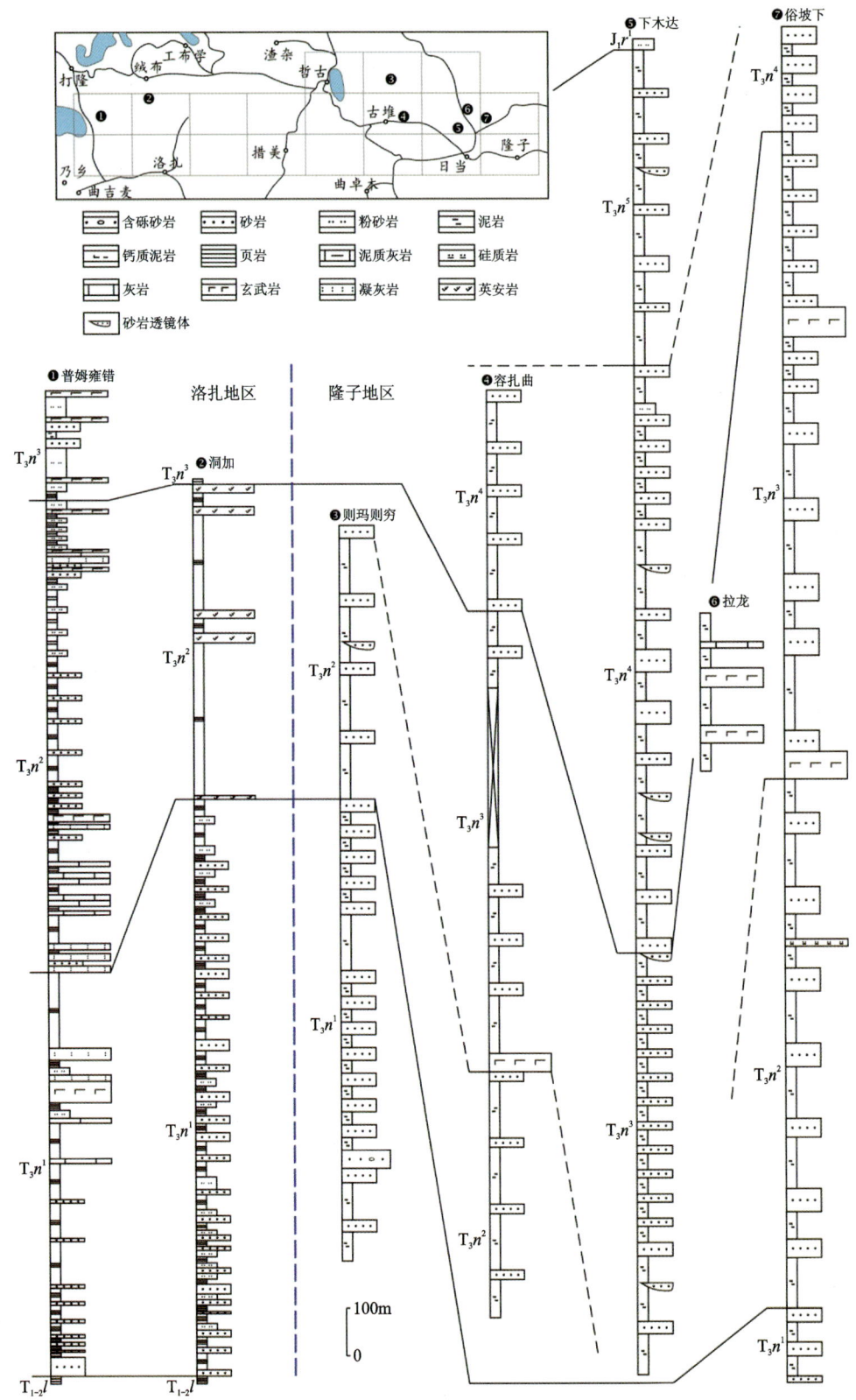

图 2-30 洛扎—隆子地区涅如组地层对比图

隆子地区的涅如组四段（T_3n^4）和涅如组五段（T_3n^5）对应于洛扎地区涅如组三段（T_3n^3），一并讨论如下：该阶段地层仍具有洛扎地区厚度较小，隆子地区厚度大的空间变化特征。洛扎地区仍发育数层玄武岩，泥岩较下部地层减少，而粉砂岩和砂岩明显增多。隆子地区该阶段地层未见火山岩发育，其底部常见一套厚层、厚透镜状砂岩（区域的涅如组四段底部），垂向上呈现向上砂岩的单层厚度变薄、砂岩数量减少的变化特征。

4. 生物地层与年代地层

研究区的涅如组化石门类丰富，包括菊石、双壳类、腹足类及海百合与方锥石等，其中尤以菊石类、双壳类、腹足类发育。

双壳类划分出两个化石带：

① *Monotis haueri*-*Monotis. salinaria* 组合带。

以 *Monotis* 属高度繁盛为特征，包括 *Monotis digona*，*M. haueri*，*M. tenuicostata* 等，为晚三叠世诺利期的重要分子，见于康马县涅如组下部。

② *Halobia plicosa*-*H. norica* 组合带。

主要见于涅如组二段、三段，可延伸五段，常覆于 *Monotis* 层之上。其重要分子有 *Halobia plicosa*，*H. norica*，*H. paracicula*，*H. superbescens*，*H. yunnanensis*，*H. yandongensis*，伴生分子有 *Entolium quotididianum*，*Myophoricardium tulongense*，*Nuculana yunnanensis*，*Posidouia yuangyuanensis* 等，化石以漂浮类为主，包括少量底栖类，化石组合面貌与云南 *Halobia plicosa-Pergamidia eumenea* 化石带相当，时代为晚三叠世诺利期。

菊石划分出两个化石带：

① *Arcestes rothplozi*-*Stenarcestes leiotracus* 组合带。

见于涅如组二段、三段，与双壳类 *Halobia plicosa-H. norica* 组合带伴生产出，重要分子有 *Arcestes rothpltzi*，*Stenarcestes leiotracus*，*Distichites concretus* 等，化石延伸时期较长，常见于晚三叠世地层。

② *Gumbelites philostrati* 带。

见于涅如组四段、五段，与双壳类 *Halobia plicosa-H. noria* 组合带伴生产出，以 *Gumbelites philostrati*，*Plaeites perautus* 种属高丰度产出为特征，为珠峰地区 *Pimacoceras-Indijuvavites* 带中的常见分子，时代为晚三叠世诺利期。

综合涅如组化石面貌特征，涅如组时代归属为晚三叠世诺利期。

三、下侏罗统日当组（J_1r）

下侏罗统日当组在研究区分布广泛，以一套灰黑色页岩为特征，与下伏上三叠统涅如组及上覆中—下侏罗统陆热组均呈整合接触。

1. 名称与沿革

西藏综合队 1976 年在隆子县日当地区首次发现下侏罗统，同年王义刚等采得丰富的菊石，创名日当组，原义指时代为早侏罗世的灰黑色页岩、泥灰岩夹砂岩、凝灰质砂岩及燧石团块的一套地层，未见顶和底，正层型剖面位于隆子县果座朗曲—多巴；1979 年 1∶100 万拉萨幅区调报告中继续沿用此名；1983 年王乃文等在羊卓雍错地区将相当于日当组及其上覆的一套火山岩组成的地层称为打隆群，自下而上创建为扎日组、陆热组及浪久组，其中扎日组与陆热组之和相当于原始意义上的日当组；1994 年，1∶20 万浪卡子幅、泽当幅中划为上三叠统—下侏罗统宗中组；1997 年，《西藏自治区岩石地层》中采用王乃文的日当组定义，其定义为一套以黑色页岩与泥灰岩或与砂岩互层夹燧石团块、凝灰质砂岩的地层；陕西省地质调查院(2001)的1:5万浪卡子等四幅区调报告沿用《西藏自治区岩石地层》(1997)的地层方案。安徽省地质调查院(2002)的1:25万洛扎幅区调报告将前人的日当组划分为上、下两个组,原日当组下部页岩为主的地层保留日当组一名,上部发育灰岩部分采用王乃文(1983)划分方案,引入陆热组一名。此后云南省地质调查院(2004)1:25万隆子县幅区调报告均采用了1:25万洛扎幅区调报告的划分方案,本书沿用这一地层划分方案,即日当组以灰色、深灰色板岩(页岩)、粉砂岩为主,夹少量灰黑色、深灰色薄层状、透镜状灰岩,局部见灰色薄层状具中小型交错层理岩屑石英砂岩,与下伏涅如组、上覆陆热组呈整合接触,时代为早侏罗世。

2. 典型剖面列述

本书选择研究区西部洛扎县门当村、中部措美县达洞和东部隆子县杀鱼郎3条日当组实测剖面分别介绍如下。

1)西藏洛扎县门当村马觉屋尼日当组实测剖面

该剖面位于洛扎县斯隆至帕碓一带,沿斯隆至帕碓由北西向南东测制,剖面露头连续出露,剖面起点位于斯隆涅如组顶部碳质板岩,起点坐标为 E 90°55′54″,N28°31′23″;剖面终点至帕碓附近陆热组灰岩地层,终点坐标为E90°56′35″,N28°30′18″。剖面上整体地层倒转,日当组与上覆陆热组、下伏涅如组均呈整合接触(图2-31),剖面分层列述如下。

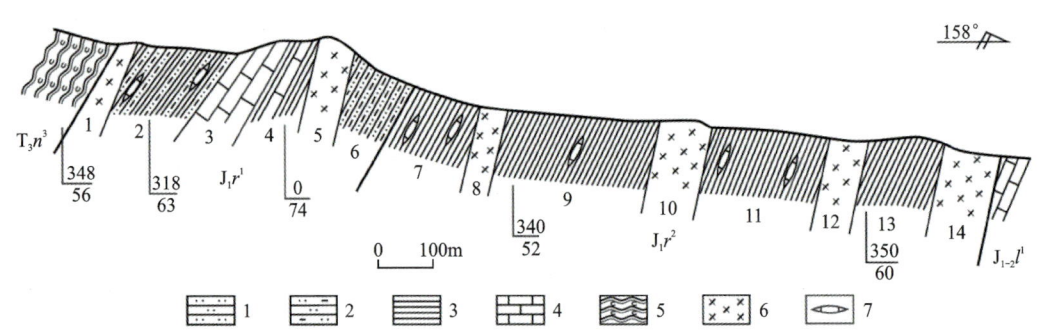

1.粉砂岩;2.粉砂质泥岩;3.页岩;4.灰岩;5.碳质板岩;6.辉绿岩;7.灰岩透镜体。

图2-31 西藏洛扎县门当村马觉屋尼日当组(J_1r)实测剖面图

西藏洛扎县门当村马觉屋尼日当组(J_1r)实测剖面:

上覆地层:中下侏罗统陆热组一段($J_{1-2}l^1$)灰岩

—————— 整合接触 ——————

下侏罗统日当组二段(J_1r^2)	厚度 444.4m
14 细粒辉绿岩	
13 灰黑色页岩	186.4m
12 细粒辉绿岩	
11 灰黑色页岩	100.7m
10 细粒辉绿岩	
9 灰黄色页岩	82.8m
8 灰黄色页岩夹微晶灰岩透镜体,二者厚度比例为4:1~6:1	39.5m
7 灰黄色页岩夹微晶灰岩透镜体,二者厚度比例为4:1~6:1	35m

—————— 整合接触 ——————

下侏罗统日当组一段(J_1r^1)	厚度 527.0m
6 灰黑色薄层粉砂质泥岩	167.7m
5 辉绿岩	

4	灰黑色页岩夹中层微晶灰岩,二者厚度比例为 4:1 左右	62.5m
3	灰黑色薄层微晶灰岩	120.6m
2	灰黑色泥质粉砂岩、灰黄色页岩夹微晶灰岩透镜体,二者厚度比例为 4:1~6:1	176.2m
1	辉绿岩(岩脉)	

————————整合接触————————

下伏地层:上三叠统涅如组三段(T_3n^3)碳质板岩

2)西藏措美县达洞日当组实测剖面

该剖面位于措美县古堆乡扎西松多,沿乃西乡前土路边由北向南测制,剖面露头连续出露,剖面起点于冲沟处,未测日当组底部,起点坐标为 E91°19′58.7″,N28°20′16.1″;剖面至陆热组灰岩出露处结束,终点坐标为 E91°19′54.4″,N28°20′37.5″。与陆热组整合接触(图2-32),剖面分层列述如下。

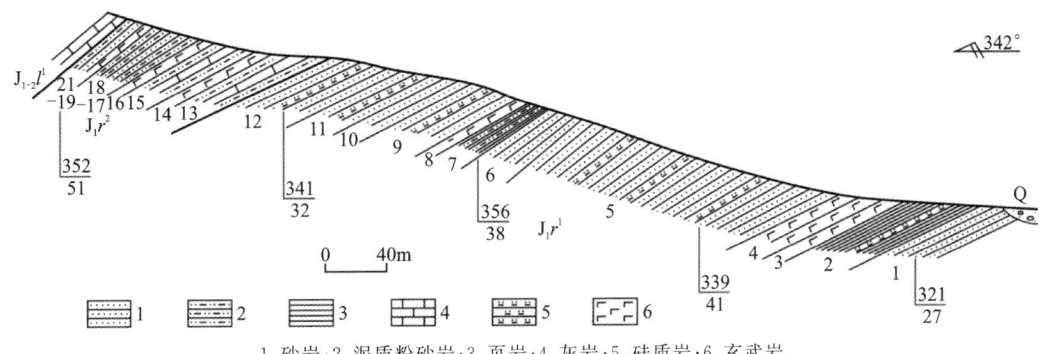

1.砂岩;2.泥质粉砂岩;3.页岩;4.灰岩;5.硅质岩;6.玄武岩。

图 2-32 西藏措美县达洞下侏罗统日当组(J_1r)实测剖面图

西藏措美县达洞日当组实测剖面:

上覆地层:陆热组一段($J_{1-2}l^1$)薄层状灰岩

————————整合接触————————

日当组二段(J_1r^2)		厚度90.0m
21	灰黑色泥质粉砂岩	5.7m
20	灰白色岩屑石英砂岩	9.8m
19	灰绿色厚层气孔状玄武岩	0.5m
18	灰黑色泥质粉砂岩	5.3m
17	灰黑色泥质粉砂岩夹薄层细砂岩,二者比例为 3:1~5:1	13.4m
16	灰绿色厚层杏仁状玄武岩	8.0m
15	灰黑色泥质粉砂岩夹薄层状灰岩	14.3m
14	灰绿色厚层杏仁状玄武岩	10.7m
13	灰黑色泥质粉砂岩夹薄层状灰岩	22.3m

————————整合接触————————

日当组一段(J_1r^1)		厚度>328.3m
12	中细粒岩屑砂岩夹少量硅质条带	36.1m
11	细砂岩夹硅质条带,二者比例为 4:1,硅质条带宽 1~5cm	22.3m
10	灰白色薄层状细砂岩	36.1m
9	细粒岩屑砂岩夹少量硅质条带,二者比例为 4:1~5:1	45.8m
8	灰绿色厚层杏仁状玄武岩	0.8m
7	灰黑色泥质粉砂岩与页岩互层	14m
6	灰白色岩屑石英细砂岩	10.6m

5	灰黑色细砂岩夹少量硅质透镜体、硅质条带	148.3m
4	灰绿色厚层杏仁状玄武岩	1.9m
3	灰绿色厚层状玄武岩	4.2m
2	黑色薄层页岩夹薄层硅质条带	3.2m
1	灰白色薄层细砂岩	5.0m

3)西藏隆子县杀鱼朗下侏罗统日当组实测剖面

该剖面位于研究区东部隆子县南西侧,剖面沿隆子—觉拉乡简易公路由南向北测制,剖面露头连续出露,剖面起点自日当组背斜核部,,剖面起点坐标为E92°21′05.4″,N28°24′24.6″;剖面至陆热组底部泥灰岩出露结束,终点坐标为N28°22′25.6″,E92°20′16.5″(图2-33)。剖面分层列述如下。

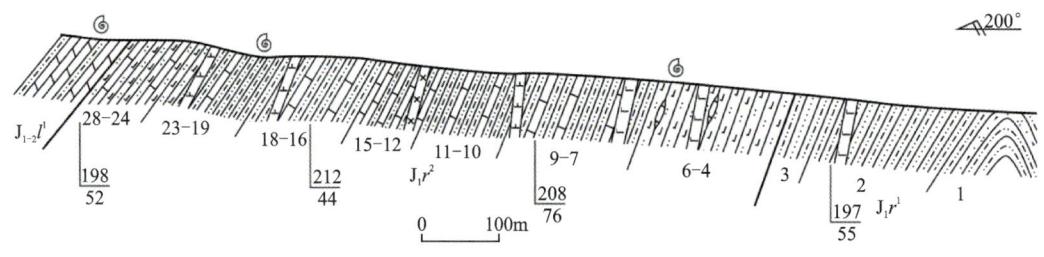

1.岩屑石英砂岩;2.泥质粉砂岩;3.钙质粉砂岩;4.灰岩;5.泥灰岩;6.辉长岩;7.闪长岩;8.煌斑岩;9.灰岩透镜体;10.动物化石

图2-33 西藏隆子县杀鱼朗下侏罗统日当组(J_1r)实测剖面图

西藏隆子县杀鱼朗下侏罗统日当组实测剖面:

上覆地层:陆热组一段($J_{1-2}l^1$)中厚层状泥灰岩夹泥质粉砂岩

——————整合接触——————

日当组二段(J_1r^2)　　　　　　　　　　　　　　　　　　　　　　　　　厚度867.2m

28	灰白色钙质粉砂岩夹中—薄层泥晶灰岩,两者比例为6:1~8:1,钙质粉砂岩单层厚度约10cm,具劈理,泥晶灰岩单层厚度5~25cm	45.0m
27	灰白色钙质粉砂岩夹中—薄层泥晶灰岩,两者比例为8:1~10:1。钙质粉砂岩单层厚度约10cm,具劈理,泥晶灰岩单层厚度5~15cm	12.3m
26	深灰色钙质粉砂岩,单层厚度约10cm	11.1m
25	深灰色薄层泥灰岩,单层厚度均小于10cm	5.7m
24	灰白色钙质粉砂岩,单层厚度约10cm	6.6m
23	灰白色钙质粉砂岩,单层厚度约5cm	11.7m
22	灰黑色粉砂质泥岩夹薄层状泥晶砂屑灰岩,两者比例为4:1~6:1,泥晶砂屑灰岩单层厚度6~10cm	15.3m
21	灰黑色粉砂质泥岩,具劈理	13.6m
20	灰黑色粉砂质泥岩夹薄层状泥晶砂屑灰岩,两者比例为8:1~10:1。泥晶砂屑灰岩单层厚度6~10cm	8.2m
19	灰黑色粉砂质泥岩,具板劈理化现象。产双壳类 Posidonia? sp.	61.4m
18	灰黑色粉砂质泥岩夹薄层状泥晶砂屑灰岩,两者比例为8:1~10:1,泥晶砂屑灰岩单层厚度6~10cm	61.9m
17	灰黑色粉砂质泥岩夹中—薄层状泥晶砂屑灰岩,两者比例为4:1~6:1,泥晶砂屑灰岩单层厚度6~15cm	23.6m
16	灰黑色粉砂质泥岩夹中—薄层状泥晶砂屑灰岩,两者比例为3:1~4:1,粉砂质泥岩板劈理发育,泥晶砂屑灰岩单层厚度6~20cm	21.1m

15	深灰色中—薄层状泥晶砂屑灰岩夹粉砂质泥岩,两者比例为1:1~2:1,泥晶砂屑灰岩单层厚度6~20cm,粉砂质泥岩具劈理	13.7m
14	深灰色粉砂质泥岩夹中—薄层状泥晶砂屑灰岩,两者比例为6:1~8:1,粉砂质泥岩劈理发育,泥晶砂屑灰岩单层厚度6~20cm	17.0m
13	灰褐色粉砂质泥岩,具劈理化,劈理面与层理面产状近一致	6.3m
12	浅灰色泥晶砂屑灰岩,单层厚度6~20cm	1.6m
11	深灰色粉砂质泥岩,具劈理,劈理面与层理面近一致,其与脉岩接触部位见绢英岩化、褐铁矿化现象	29.2m
10	深灰色粉砂质泥岩夹中—薄层状泥晶砂屑灰岩,两者比例为4:1~6:1,粉砂质泥岩具劈理化,劈理面与层理面产状近一致,泥晶砂屑灰岩单层厚度6~30cm	129.9m
9	深灰色粉砂质泥岩夹中—薄层状泥晶砂屑灰岩,两者比例为2:1~4:1,泥晶砂屑灰岩单层厚度6~30cm	79.4m
8	深灰色粉砂质泥岩、薄层状泥晶砂屑灰岩夹少量灰岩结核	85.2m
7	深灰色粉砂质泥岩夹薄层状泥晶砂屑灰岩,两者比例为3:1~5:1,粉砂质泥岩见球形风化,泥晶砂屑灰岩单层厚度小于10cm	50.5m
6	浅灰色钙质粉砂岩,含少量灰岩透镜体,钙质粉砂岩单层厚度10cm左右,具劈理,灰岩透镜体,长轴与短轴之比一般3:1,长轴一般10~30cm。产菊石 *Caloceras*	118.4m
5	深灰色钙质粉砂岩夹少量灰岩透镜体,比例为6:1~8:1。灰岩透镜体,长轴与短轴之比一般3:1,长轴一般10~30cm	17.0m
4	深灰色钙质粉砂岩,单层厚度约10cm	21.5m

—————————整合接触—————————

日当组一段(J_1r^1)　　　　　　　　　　　　　　　　　　　　　　　　厚度>230.8m

3	深灰色泥质粉砂岩夹薄层状铁质砂岩,两者比例为8:1~10:1,铁质砂岩单层厚度2~10cm	15.8m
2	深灰色泥质粉砂岩夹中—薄层状铁质砂岩,两者比例为3:1~10:1,铁质砂岩较致密,单层厚度2~20cm	168.7m
1	深灰色泥质粉砂岩夹中—薄层状岩屑长石石英砂岩,比例为3:1~5:1,泥质粉砂岩具劈理;局部可见薄层状硅质条带与硅质结核发育	46.3m

（未见底）

3. 岩石地层综述

本次工作对下侏罗统日当组实测地层剖面7条,根据日当组岩石组合的垂向变化将其划分为上下2个岩性段。地层对比如图2-34所示。

研究区下侏罗统日当组的厚度具有由南向北、由西向东递减的变化趋势,页岩与泥质粉砂岩、粉砂岩是该组主要岩石类型,砂岩、灰岩及火山岩多以夹层出现。

研究区西南端乃乡地区日当组以泥质粉砂岩与砂岩互层为特征,日当组一段(J_1r^1)泥质粉砂岩比例近1:1,砂岩以中薄层为主,日当组二段(J_1r^2)砂岩增多,单层砂岩厚度增大,具有向上变粗的特征。乃乡北侧马觉屋尼地区日当组出露完整,岩性以页岩为主,日当组一段(J_1r^1)发育灰岩及灰岩透镜体,日当组二段(J_1r^2)以页岩夹透镜状灰岩为特征(图2-35a)。

研究区中部措美县南部达洞地区日当组出现火山岩夹层。日当组一段(J_1r^1)以砂岩夹页岩、粉砂岩及硅质岩为主,夹玄武质火山岩;日当组二段(J_1r^2)底部出现薄层灰岩(图2-35b),其上为泥质粉砂岩、砂岩及玄武岩构成的沉积-火山旋回。措美县城北侧日当组二段(J_1r^2)以页岩、粉砂岩夹砂岩、薄层灰岩为特征,见灰岩透镜体。

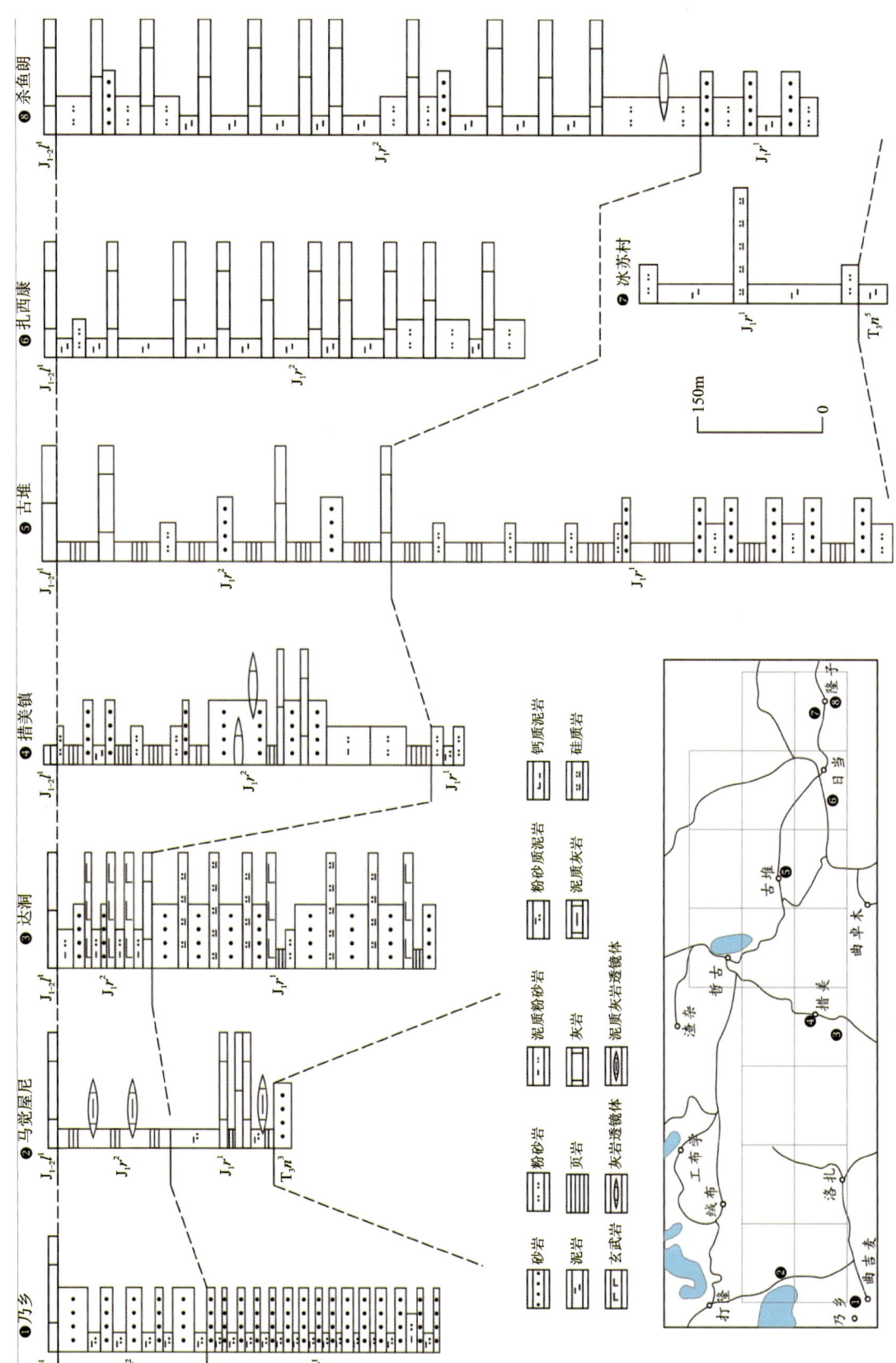

图 2-34 研究区下侏罗统日当组地层对比图

第二章 区域地层

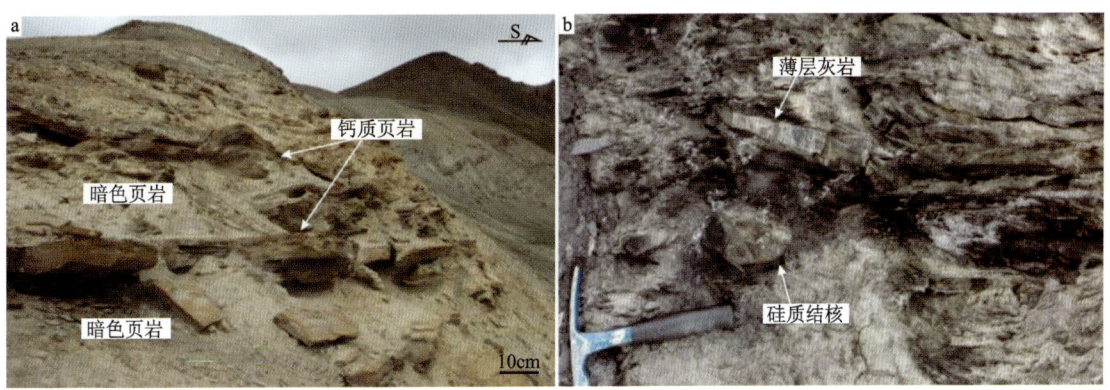

a.洛扎县马觉屋尼日当组二段；b.措美县达洞日当组二段
图 2-35 研究区日当组岩石组合特征

研究区古堆与东日当组岩石组合特征较为相似，古堆地区日当组一段（J_1r^1）以暗色页岩为主，夹少量粉砂岩、薄层砂岩，砂岩在垂向上向上递减，日当组二段（J_1r^2）以出现灰岩夹层为特征偶夹薄层砂岩。日当镇西侧扎西康地区出露的日当组二段（J_1r^2）与古堆地区相近，但灰岩夹层增多，而砂岩未再出现。日当镇北侧及隆子县北侧冰苏村日当组一段（J_1r^1）下部常见薄层硅质岩夹层，与上覆下侏罗统日当组整合接触（图 2-36）。

a.日当组一段板岩夹硅质岩；b.涅如组五段砂岩发育重荷模
图 2-36 隆子地区日当镇日当组底部特征

隆子县城南侧杀鱼郎剖面的日当组特征与古堆地区相近，日当组一段（J_1r^1）以暗色泥页岩为主夹砂岩，泥页岩中可见硅质条带与硅质结核（图 2-37a），日当组二段（J_1r^2）以泥页岩夹薄层灰岩、粉砂岩为特征（图 2-37b）。

隆子县南侧强孜村一带日当组一段（J_1r^1）的暗色含炭质泥页岩夹薄层含钙泥质粉砂岩地层劈理化改造较强，但仍可识别原始地层结构（图 2-38a），日当组二段（J_1r^2）泥灰岩夹层发育小揉皱，单层厚度为 15～25cm（图 2-38b），该区地层整体倒转，煌斑岩脉多见（图 2-38c）。

a. 日当组一段硅质条带与硅质结核；b. 日当组二段薄层灰岩夹层

图 2-37 隆子县杀鱼郎地区日当组岩石组合特征

a. 日当组一段页岩夹泥质粉砂岩；b. 日当组二段薄层泥灰岩夹层；c. 宏观特征

图 2-38 隆子县城南强孜村日当组特征

4. 生物地层与年代地层

日当组化石较为丰富，主要为双壳类和菊石。

日当组的双壳类划分出两个组合带：

① *Hiatella arenicola-H. simemuriensis* 组合带。

见于日当组下部，其重要分子有 *Hiatella arenicola*，*H. simemuriensis*，*H. curta*；组合分子有 *Astarte subvoltzii*，*Fimbra regularis*，*Luciniola problematica*，*Posidonia liassica* 等。其中 *Hiatella arenicola*，*H. simemuriensis* 为早侏罗世赫唐阶—辛涅缪尔阶的重要分子，其组合时代为早侏罗世赫唐期—辛涅缪尔期。

② *Parainoceramus matsumotoi-Steinmania bronnii* 组合带。

见于日当组上部和陆热组底部，其重要分子有 *Parainoceramus matsumotoi*，*P. lunaris*，*Steinmania bronnii*，*S.* cf. *stoliczkai*；组合分子有 *Mytiltus* sp.，*Parainoceramus subrotunda*，*Positra* sp.，*Luciniola cingulata* 等；其重要分子常见于早侏罗世普林斯巴赫期—土阿辛期，少量见于巴柔期；其组合时代为早

第二章 区域地层

侏罗世普林斯巴赫期—中侏罗世巴柔期。

菊石划分出 3 个组合带：

①*Psilocera psilonotum-Waehneroceras latum* 组合带。

见于日当组底部，其主要分子有 *Psiloceras psilontum*，*P. provincialis*，*Wachnerceras latum*，*Schlotheimia* sp.；其中 *Psiloceras psilonotum* 是欧洲早侏罗世赫唐阶最下部的化石，而 *Wachnerceras latum* 则为阿尔卑斯东北地区 *Psiloceras calliphyllum* 带的主要分子；*Schlotheimia* 一属则是欧洲、喜马拉雅地区早侏罗世晚期的重要分子。

②*Arniocera arnouldi-Longziceras longziensis* 组合带。

见于日当组中上部，主要分子有 *Arnioceras arnouldi*，*Longziceras longziensis*，*Ectocentrites longziensis*；组合分子有 *Gleviceras* sp.，*Hantkeniceras* cf. *hantkeniensis*，*Juraphyllites kavasensis*，*Phylloceras* cf. *sclateri* 等，化石属种非常丰富，其中 *Ectocentrites longziensis* 与欧洲的 *Arietites buckland* 带层位相当，其时限为辛涅谬尔阶早期。而 *Arnioceras arnouldi* 是欧洲 *Arnioceras semicostatum* 带的重要分子，与喜马拉雅西段库蒙地区的 *Arnioceras-Schlotheimia* 层的上部可对比，时代为辛涅谬尔中晚期。而 *Oxynoticeras* sp. 的层位略高，故该组合时代应为早侏罗世辛涅谬尔期。

③*Prodactyliocera enodum* 带。

见于日当组顶部和陆热组底部，其重要分子有 *Prodactyliocera ende*，*Hantkeniceras* cf. *hantkeniensis*，*Juraphyllites* sp.，*Lytoceras* cf. *fimbriatum*，*Phylloceras* cf. *sclateri* 等，其中前两个属种可与欧洲普林斯巴赫阶的 *Prodactyliocera* cf. *davoei* 带对比，*Phylloceras* cf. *sclateris* 则时限较少，可以延至土阿辛期；故该带时代主要为早侏罗世普林斯巴赫期。

综合研究区日当组化石组合特征，将研究区日当组时代划为早侏罗世。

四、中—下侏罗统陆热组（$J_{1-2}l$）

研究区中—下侏罗统陆热组（$J_{1-2}l$）分布广泛，与涅如组分布区相邻，岩石组合为泥灰岩和钙质泥岩间互出现，构成俗称的肋骨状地貌。

1. 名称与沿革

陆热组一名源自王乃文(1983)在羊卓雍错地区创建的打隆群陆热组。1983 年王乃文先生在羊卓雍错地质调查时，在原三叠系涅如组分布区的洛扎一带，发现一套侏罗纪地层，创名打隆群，下辖 3 个组：扎日组、陆热组和浪久组，其中扎日组和陆热组与王义刚等(1976)创建的日当组相对应。陆热组命名剖面位于洛扎县城东河北岸的扎日沟至陆热沟。主要分下、中、上 3 段，下段为浅灰色间夹微红色泥灰岩、钙质页岩互层；中段为灰色中、薄层细晶、微晶灰岩与灰色钙质页岩、泥灰岩互层；上段为灰色、暗灰色中、厚层细晶、微晶灰岩，时代为早侏罗世。1997 年《西藏自治区岩石地层》中未采用王乃文(1983)的地层方案，仍保留了王义刚(1976)的日当组定义。2002 年，安徽省地质调查院实施的 1：25 万洛扎幅区调采用王乃文(1983)的划分方案，引入陆热组，将原日当组的下部地层保留日当组一名，将陆热组的时代划为早—中侏罗世。2004 年云南省地质调查院的 1：25 万隆子幅区调中沿用了陆热组一名，其岩性为深灰色、灰黑色中层状泥晶灰岩夹灰色中层状粉砂岩、粉砂质板岩。灰岩与板岩常呈互层状产出，风化后形成"肋骨状"地貌，在陆热组中采获菊石 *Prodactyliocera ende*，*Nyalamoceras nyalamoensis*；双壳类 *Parainceramus matsumotoi*，*Steinmania bronnit*，*Posidonia liassica* 等，时代划为早—中侏罗世，与下伏日当组及上覆遮拉组均呈整合接触。本书沿用安徽省地质调查院(2002)1：25 万洛扎幅和云南省地质调查院(2004)1：25 万隆子幅的划分方案。

2. 典型剖面列述

1) 西藏隆子县杀鱼朗中下侏罗统陆热组实测剖面

该剖面位于隆子—觉拉乡国防公路旁,剖面起点坐标为 N28°22′32″,E92°20′20″,剖面终点坐标为 N28°21′30″,E92°19′55″,陆热组出露完整,具体剖面见图2-39。

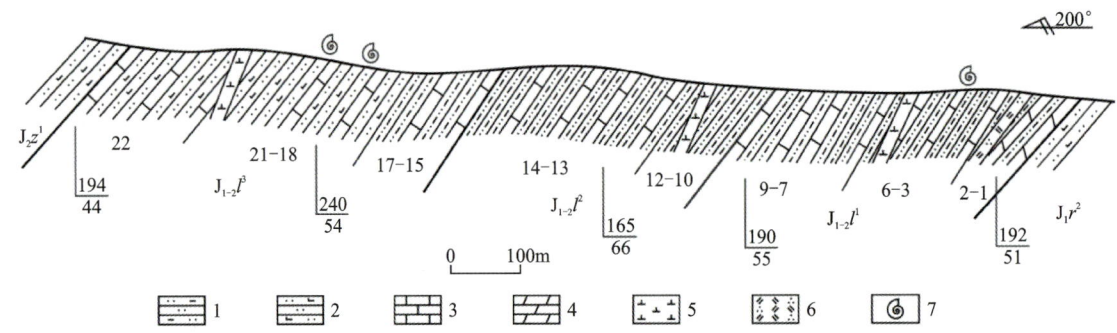

图2-39　西藏隆子县杀鱼朗中下侏罗统陆热组($J_{1-2}l$)实测剖面图

西藏隆子县杀鱼朗中下侏罗统陆热组实测剖面:

上覆地层:遮拉组一段(J_2z^1)浅灰色钙质粉砂岩

——————整合接触——————

| 陆热组三段($J_{1-2}l^3$) | | 厚度660.8m |

22　浅灰色绢云母化泥质粉砂岩夹中—薄层泥晶灰岩,两者比例为3∶1～5∶1,泥晶
　　灰岩单层厚度6～30cm。含30cm宽闪长岩脉　　　　　　　　　　　　　　214.6m

21　浅灰色钙质粉砂岩,单层厚约10cm,具劈理　　　　　　　　　　　　　　107.4m

20　浅灰色中—薄层泥晶灰岩夹薄层钙质粉砂岩,两者比例为3∶1～5∶1,灰岩
　　单层厚度8～20cm,钙质粉砂岩单层厚2～6cm,具劈理　　　　　　　　　　56.7m

19　浅灰色绢云母化泥质粉砂岩夹薄层泥晶灰岩,两者比例为4∶1～6∶1,泥晶灰岩
　　单层厚度小于10cm,可见生物扰动构造。产菊石 Caloceras　　　　　　　　58.5m

18　浅灰色钙质粉砂岩,单层厚约10cm,具劈理。产双壳类化石 Posidonia sp.　　88.5m

17　浅灰色绢云母泥质粉砂岩夹中—薄层灰岩,两者比例为4∶1～6∶1,灰岩
　　单层厚度6～30cm　　　　　　　　　　　　　　　　　　　　　　　　　　43.0m

16　浅灰色绢云母化泥质粉砂岩夹中—薄层灰岩,两者比例为4∶1～6∶1,灰岩
　　单层厚度5～25cm　　　　　　　　　　　　　　　　　　　　　　　　　　68.6m

15　浅灰色中厚层状微晶灰岩,单层厚度20～80cm　　　　　　　　　　　　　23.5m

——————整合接触——————

| 陆热组二段($J_{1-2}l^2$) | | 厚度500.8m |

14　浅灰色绢云母化泥质粉砂岩夹薄层灰岩,两者比例为6∶1～8∶1,灰岩
　　单层厚度3～10cm　　　　　　　　　　　　　　　　　　　　　　　　　351.8m

13　浅灰色绢云母化泥质粉砂岩夹薄层灰岩,两者比例为4∶1～6∶1,灰岩
　　单层厚度3～10cm　　　　　　　　　　　　　　　　　　　　　　　　　　18.4m

12　浅灰色绢云母化泥质粉砂岩。含宽15cm闪长岩脉　　　　　　　　　　　　7.7m

11　浅灰色绢云母化泥质粉砂岩夹薄层灰岩,两者比例为4∶1～6∶1,灰岩
　　单层厚度3～10cm　　　　　　　　　　　　　　　　　　　　　　　　　　15.4m

10　浅灰色绢云母化泥质粉砂岩　　　　　　　　　　　　　　　　　　　　　107.5m

―――― 整合接触 ――――

陆热组一段（$J_{1-2}l^1$） 厚度395.9m

9　浅灰色泥质粉砂岩夹中—薄层灰岩，两者比例为3:1～5:1，灰岩单层厚度6～20cm　　63.8m

8　浅灰色泥质粉砂岩夹中—薄层灰岩，两者比例为1:1～2:1，灰岩单层厚度8～15cm　　12.3m

7　浅灰色泥质粉砂岩夹中—薄层灰岩，两者比例为1:1～2:1，灰岩单层厚度8～20cm　　99.2m

6　浅灰色泥质粉砂岩夹中—薄层灰岩，两者比例为1:1～2:1，灰岩单层厚度8～25cm。
　　含宽20cm闪长岩脉　　60.1m

5　浅灰色泥质粉砂岩夹中—薄层灰岩，两者比例为1:1～2:1，灰岩单层厚度8～15cm　　61.1m

4　深灰色泥质粉砂岩夹中—薄层含生物碎屑灰岩，两者比例为3:1～5:1。灰岩单层
　　厚度6～20cm。含裸菊石科（Psiloceratidae）化石　　38.7m

3　浅灰色薄层灰岩，单层厚度6～10cm　　4.4m

2　浅灰色泥质粉砂岩夹中—薄层泥灰岩，两者比例为4:1～6:1，泥晶灰岩
　　单层厚度6～20cm。见石英二长岩脉　　8.4m

1　深灰色中厚层状泥灰岩夹泥质粉砂岩，两者比例为4:1～6:1。泥灰岩单层
　　厚度20～65cm　　47.9m

―――― 整合接触 ――――

下伏地层：日当组二段（J_1r^2）浅灰色钙质粉砂岩

2）西藏洛扎县恼勒陆热组实测剖面

该剖面位于洛扎县北侧，起点坐标为 E90°48′59.4631″，N28°24′17.5229″，终点坐标为 E90°48′31.4173″，N28°25′08.7325″。剖面主要沿洛扎县北侧由北东向南西测制，露头良好，构造简单，剖面控制了中—下侏罗统陆热组（图2-40），分述如下。

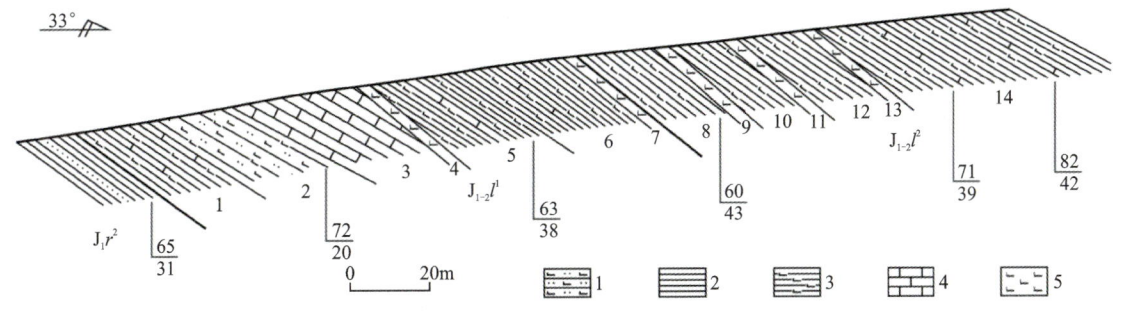

1.钙质粉砂岩；2.页岩；3.钙质页岩；4.灰岩；5.煌斑岩。

图2-40　西藏洛扎县恼勒陆热组实测剖面图

西藏洛扎县恼勒陆热组实测剖面：

（未见顶）

中下侏罗统陆热组二段（$J_{1-2}l^2$）　　厚度＞79.3m

14　钙质页岩夹薄层灰岩　　20.8m

13　煌斑岩　　0.3m

12　钙质页岩　　12.4m

11　煌斑岩　　3.5m

10　灰白色钙质页岩与黑色页岩互层　　16.1m

9　煌斑岩　　2.1m

8　钙质页岩、页岩　　24.1m

―――― 整合接触 ――――

中下侏罗统陆热组一段（$J_{1-2}l^1$）　　厚度75.1m

7	煌斑岩	0.3m
6	钙质页岩夹有少量薄层灰岩,灰岩厚3～10cm	13.2m
5	钙质页岩夹中层灰岩,灰岩厚10～20cm,比例约为4:1	11m
4	煌斑岩	0.7m
3	钙质页岩夹中厚层灰岩,灰岩厚可达50cm,部分灰岩呈透镜体产出,比例约为7:1	23.4m
2	钙质页岩与钙质粉砂岩互层	22.3m
1	灰黑色钙质页岩夹灰岩,比例约为3:1,灰岩单层厚度10～30cm	4.2m

————整合接触————

下伏地层：下侏罗统日当组二段(J_1r^2)灰黑色页岩夹灰白色砂岩

3. 岩石地层综述

研究区中—下侏罗统陆热组($J_{1-2}l$)总体为一套中薄层泥灰岩与钙质泥页岩,与下伏下侏罗统日当组(J_1r)及上覆中侏罗统遮拉组(J_2z)均为整合接触。依据内部岩石组合的变化将措美及其以东的陆热组划分为3段,其中陆热组一段($J_{1-2}l^1$)和三段($J_{1-2}l^3$)以中薄层泥灰岩与钙质泥岩互层为特征,陆热组二段($J_{1-2}l^2$)钙质泥岩增多,为钙质泥岩夹中薄层泥灰岩,这一地层结构及所对应的地貌特征在研究区东部日当镇—隆子县城一带最为明显(图2-41)。措美县才玛隆及其以西地区的陆热组上部常见火山岩夹层,地层序列显示二分特征,该区域的陆热组划分为两段,陆热组一段($J_{1-2}l^1$)与东部的陆热组一段($J_{1-2}l^1$)相对应,该区的陆热组二段($J_{1-2}l^2$)对应于东部的二段和三段($J_{1-2}l^{2+3}$)。研究区陆热组地层对比如图2-42所示。

图2-41 西藏隆子怕康萨村陆热组宏观特征

研究区陆热组厚度变化较大,最大厚度分布在古堆—隆子一带,实测地层厚度大于1843m,这一区域陆热组的肋骨状地貌特征明显(图2-43a)。泥灰岩中水平纹层发育,灰岩层面常见遗迹化石(图2-43b)钙质页岩、粉砂质泥岩中发育水平层理。

研究区陆热组的火山岩沉积夹层在措美镇乃西乡及其以西开始出现,与其对应的是东部陆热组的三分特征也发生变化,其对应东部陆热组一段($J_{1-2}l^1$)地层在西部仍划为陆热组一段($J_{1-2}l^1$),在研究区西侧的乃乡、恼勒及嘎玛以薄层灰岩夹页岩为特征,向东至措美县下瓦下勒地区在该段底部发育一层厚1.6m的玄武岩,其上为泥质粉砂岩夹薄层灰岩及细砂岩。自下瓦下勒向东至措美县才玛隆一带灰岩砂岩增多,灰岩尖灭(图2-41)。

研究区陆热组一段之上的陆热组地层变化较大,研究区西部的洛扎县乃乡、嘎玛和恼勒地区以薄层灰岩与泥页岩为特征,洛扎县恼勒地区灰岩以夹层出现(图2-44a)。研究区的火山岩夹层见于浪卡子县洞加—措美县下瓦下勒—措美镇一带,在措美县洞加地区累计厚度达86m(图2-44b)。哲古及其以东的区域未见火山岩(图2-41)。

第二章 区域地层

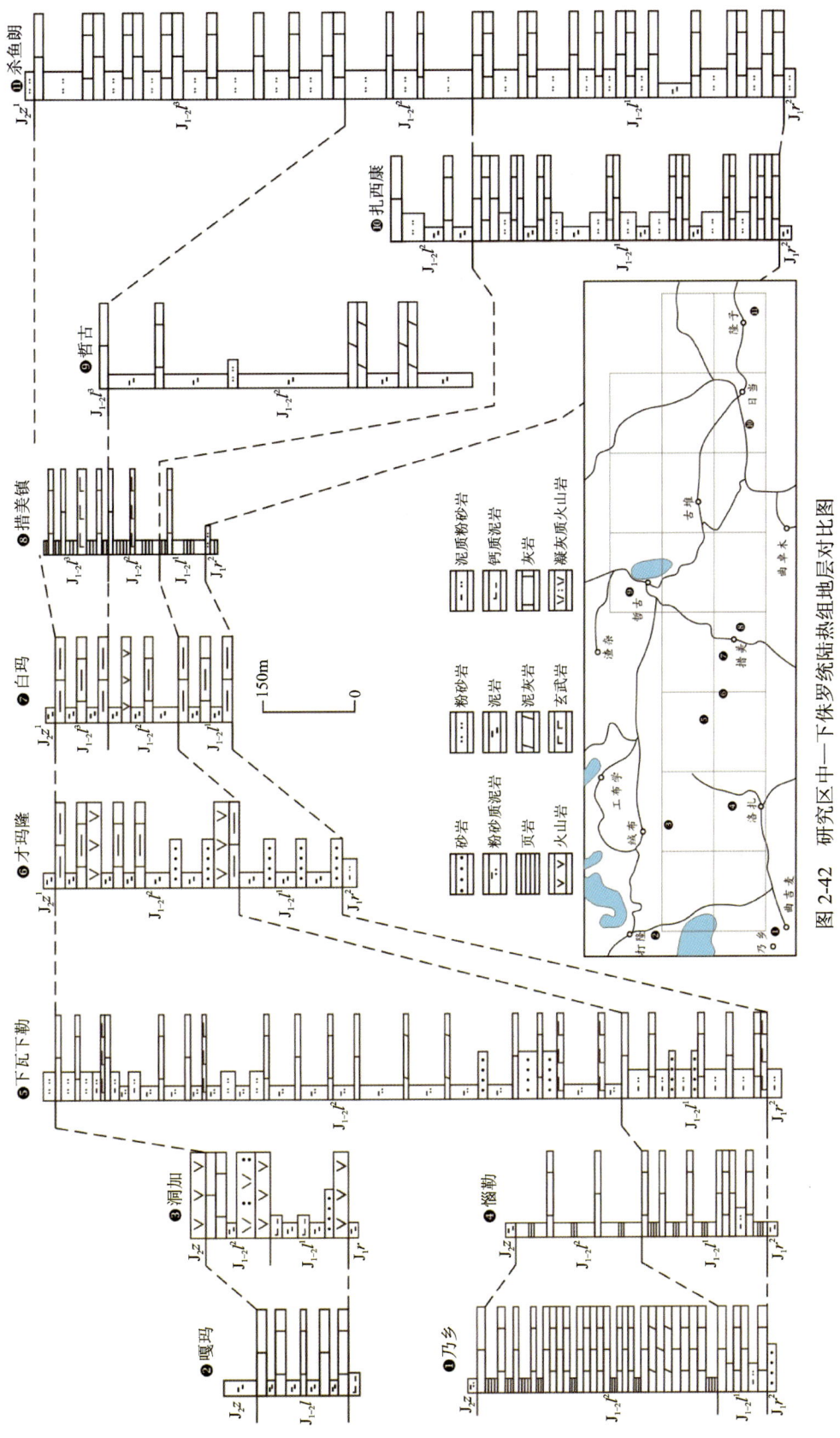

图 2-42 研究区中—下侏罗统陆热陆组地层对比图

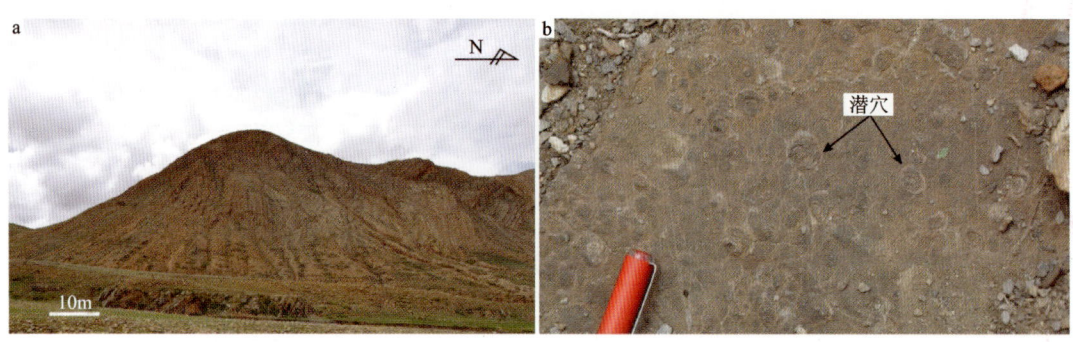

a. 陆热组肋骨状地貌特征，隆子县日当镇西侧；b. 隆子县城南侧陆热组灰岩中的潜穴

图 2-43　西藏隆子地区陆热组特征

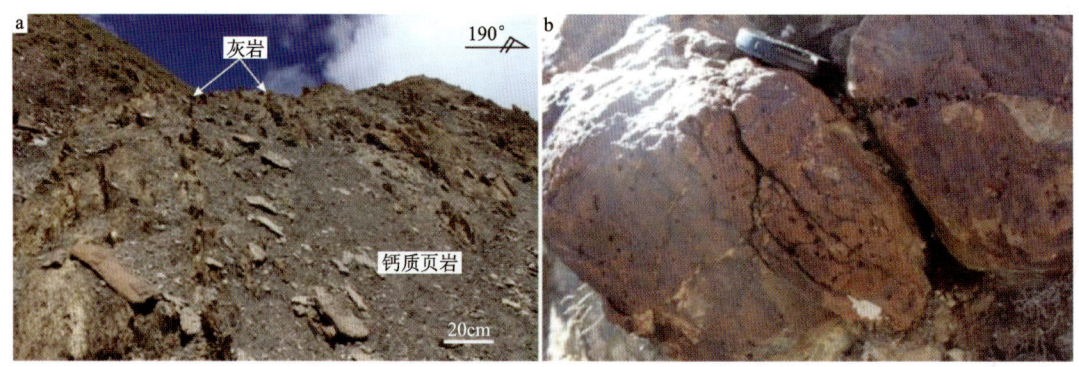

a. 洛扎县恼勒陆热组二段宏观特征；b. 浪卡子县洞加陆热组二段气孔状玄武岩

图 2-44　西藏洛扎地区陆热组二段岩石特征

4. 生物地层与年代地层

陆热组化石以双壳类和菊石多见，见少量箭石。双壳类划分出 *Parainoceramus matsumotoi-Steimania bronnii* 组合带，其面貌特征与日当组上部双壳特征相同。

菊石类划分出 3 个组合带：其下部的 ① *Prodactylioceras ende* 带与日当组顶部同属一个组合带。② *Nyalamoceras nyalamoensis* 带见于陆热组中下部，重要分子有 *Nyalamoceras nyalamoensis*，*Lytoceras* cf. *fimbriatum*，组合分子有 *Hantkeniceras* sp.，*Geyeroceras* sp.，*Galaticera* sp. 等。其中重要分子 *Nyalamoceras nyalamoensis*，*Lytoceras* cf. *fimbriatum* 常见于欧洲土阿辛阶 *Nyalamoceras* 带，故该带时代主要为早侏罗世土阿辛期。③ *Dorsetensia-Garatiana* 组合带。见于陆热组上部和遮拉组中下部，化石较少，重要分子有 *Dorsetensia* cf. *edouardiana*，*Garatiana* sp.，以 *Garatiana* 属高丰度产出为特征，是欧洲、北非、高加索等地晚巴柔期—巴通期的重要分子。组合时代为中侏罗世巴柔期—巴通期。

箭石类建立 *Aractites longissima-Salpigteuthis* 组合带，见于陆热组中上部，箭石个体较小，有 *Aractites longissima*，*Salpigoteuthis* sp.，*Hastitets* sp.，*Belemnopsis* sp. 等。其中 *Aractites* 和 *Salpigoteuthis* 在区内产出众多，兴盛于土阿辛阶—巴柔阶，故组合时代应为早侏罗世土阿辛期—中侏罗世巴柔期。

综合研究区陆热组化石组合特征，将其时代归为早中侏罗世。

五、中侏罗统遮拉组（J_2z）

中侏罗统遮拉组在研究区分布广泛，该组以区域首次发育大规模中生代火山记录为特征。

第二章 区域地层

1. 名称与沿革

遮拉组一名由西藏第一地质队1963年创建的"遮拉段"演变而来,西藏第一地质队据贡嘎县杰得秀—朗杰学—遮拉山剖面创名"朗杰学群",自下而上包括苏诺林段、遮村段和遮拉段,时代均归为三叠纪;1983年王乃文等重新观测了朗杰学—遮拉山剖面,将其中的"遮拉段"扩大含义称为遮拉群,自下而上划分为滨湖组、夏西组和巴纠淌组,其含义为含中基性火山岩的深—浅海细碎屑岩;1984年,吴浩若将江孜县夹中村以南的同一套地层称为"夹中复理石",与李璞等(1959)所称的"江孜系"大体相当。1989年,徐钰林将该套地层又创名为下热组,时代置于中侏罗世;1987年,《西藏自治区区域地质志》中引用了遮拉组一名,时代置于中侏罗世;1997年,《西藏自治区岩石地层》中沿用遮拉组,其定义指整合于日当组之上的一套杂色、灰—灰黑色砂质岩互层夹玄武岩、安山岩、英安岩、凝灰岩、硅质岩等火山碎屑岩、灰岩、砾岩块体的地层体,与上覆维美组整合接触;1:25万隆子县幅(2004)中沿用遮拉组一名,岩性定义为以深灰色、灰绿色致密状、杏仁状玄武岩,灰色致密状英安岩为主,底部多与灰色薄层状变质粉砂岩、板岩呈互层状产出,时代属中侏罗世。笔者采用1:25隆子县幅地层划分方案。

2. 典型剖面列述

研究区中侏罗统遮拉组(J_2z)横向变化较大,西部厚度小且缺失火山岩,未分段;中东部厚度大,火山岩发育,依据结构划分为3段,本节选择研究区中部和东部遮拉组实测剖面予以介绍。

1)西藏隆子县杀鱼朗中侏罗统遮拉组一段、二段实测剖面

剖面沿隆子觉拉乡简易公路由北向南测制,剖面起点位于陆热组与遮拉组界线处,剖面起点坐标为E92°19′56.6″,N28°21′36.0″;剖面至遮拉组中部为第四系覆盖出结束,剖面终点坐标为E92°19′08.8″,N28°19′36.1″(图2-45)。剖面分层列述如下。

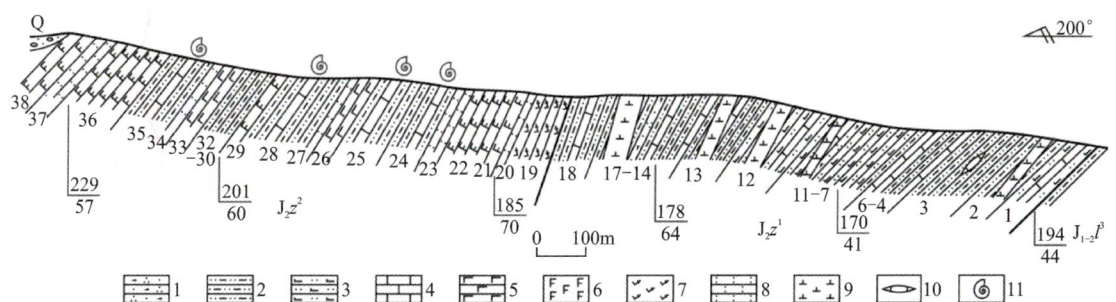

1.岩屑石英砂岩;2.泥质粉砂岩;3.钙质粉砂岩;4.灰岩;5.玄武岩;6.粗面玄武岩;7.英安岩;8.凝灰岩;9.闪长岩;10.灰岩透镜体;11.动物化石。

图2-45 西藏隆子县杀鱼朗中侏罗统遮拉组一段、二段实测剖面图

西藏隆子县杀鱼朗中侏罗统遮拉组一段、二段实测剖面:

(第四系覆盖)

| 遮拉组二段(J_2z^2) | 厚度>1 969.8m |

38 灰褐色粗玄岩,粗玄结构,块状构造,主要由斜长石、角闪石、辉石等组成。
  具碳酸盐化、绿泥石化   >190.3m

37 深灰色凝灰岩,凝灰结构,中—薄层构造,岩石由砂屑5%、晶屑15%、火山灰
  及粉砂60%组成   25.8m

36 灰褐色粗玄岩,粗玄结构,块状构造,主要由斜长石、角闪石、辉石等组成。
  具碳酸盐化、绿泥石化   374.4m

35 深灰色绢云母化粉砂质泥岩夹中—薄层状泥晶砂屑灰岩,厚度比6:1~8:1,
  泥晶砂屑灰岩单层厚6~20cm。见菊石化石碎片   140.8m

34	深灰色凝灰岩,中—薄层构造,岩石由砂屑5%、晶屑15%、火山灰及粉砂60%组成	11.8m
33	灰褐色玄武岩,斑状结构,块状构造,主要由斜长石、角闪石、辉石等组成。具碳酸盐化、绿泥石化	59.6m
32	深灰色绢云母化粉砂质泥岩,具劈理化	78.9m
31	灰褐色玄武岩,斑状结构,块状构造,主要由斜长石、角闪石、辉石等组成。具碳酸盐化、绿泥石化	4.9m
30	深灰色绢云母化粉砂质泥岩,具劈理化	12.7m
29	灰褐色粗玄岩,粗玄结构,块状构造,主要由斜长石、角闪石、辉石等组成。具碳酸盐化、绿泥石化	45.0m
28	深灰色绢云母化粉砂质泥岩夹中—薄层状泥晶砂屑灰岩,两者比例6:1~8:1,泥晶砂屑灰岩单层厚6~20cm。含大头菊石未定种 *Macrocephalites* sp.	194.2m
27	深灰色凝灰岩凝灰结构,中—薄层构造,岩石由砂屑5%、晶屑15%、火山灰及粉砂60%组成	4.6m
26	灰褐色玄武岩,斑状结构,块状构造,主要由斜长石、角闪石、辉石等组成。具碳酸盐化、绿泥石化	66.5m
25	深灰色绢云母化粉砂质泥岩夹中—薄层状泥晶砂屑灰岩,两者比例6:1~8:1,泥晶砂屑灰岩单层厚10~20cm。含双壳类:尖嘴蛤(未定种)*Oxytoma* sp.	118.3m
24	深灰色绢云母化粉砂质泥岩夹薄层状泥晶砂屑灰岩,两者比例8:1~10:1,泥晶砂屑灰岩单层厚6~10cm。含双壳类:绕脊南方三角蛤 *Nototrigonia cinctula* (Etheridge jr), *Posidonia*? sp.	100.1m
23	浅灰色凝灰岩,凝灰结构,中—薄层构造,岩石由砂屑5%、晶屑15%、火山灰及粉砂60%组成	43.5m
22	灰黄色英安岩,斑状结构,基质为隐晶质结构,块状构造,斑晶为斜长石、石英,斜长石含量20%左右;石英含量5%左右	259.1m
21	灰褐色粗玄岩,粗玄结构,块状构造,主要由斜长石、角闪石、辉石等组成。具碳酸盐化、绿泥石化	33.3m
20	浅灰色凝灰岩,中—薄层构造,岩石由砂屑5%、晶屑15%、火山灰及粉砂60%组成	14.7m
19	灰褐色英安岩,斑状结构,基质为隐晶质结构,块状构造,斑晶为斜长石、石英,斜长石含量20%左右;石英含量5%左右	191.3m

——————整合接触——————

遮拉组一段(J_2z^1)　　　　　　　　　　　　　　　　　　　　　厚度 1 154.2m

18	深灰色绢云母化粉砂质泥岩夹中—薄层状泥晶砂屑灰岩,两者比例2:1~4:1,泥晶砂屑灰岩单层厚6~20cm	129.9m
17	深灰色绢云母化泥质粉砂岩夹中—薄层状岩屑砂岩,两者比例为2:1~3:1	56.5m
16	深灰色绢云母化泥质粉砂岩夹中—薄层状泥晶砂屑灰岩,两者比例为2:1~4:1,泥晶砂屑灰岩单层厚5~15cm	99.0m
15	浅灰色中厚层状泥晶砂屑灰岩,单层厚15~160cm	3.0m
14	灰白色绢云母化粉砂质泥岩夹中—薄层状泥晶砂屑灰岩,两者比例为4:1~6:1,泥晶砂屑灰岩单层厚6~20cm	5.4m
13	浅灰色绢云母化粉砂质泥岩夹中层状泥晶砂屑灰岩,两者比例为4:1~6:1,泥晶砂屑灰岩单层厚10~20cm	73.5m
12	灰白色钙质粉砂岩夹薄层泥晶灰岩,两者比例为3:1~6:1,钙质粉砂岩单层厚约10cm,灰岩单层厚3~10cm	111.3m
11	深灰色钙质粉砂岩夹薄层泥晶灰岩,两者比例为5:1,钙质粉砂岩单层厚10cm,灰岩单层厚5~10cm	72.0m

10	深灰色绢云母化泥质粉砂岩夹薄层泥晶灰岩,两者比例 6∶1～8∶1,泥晶灰岩单层厚度 6～10cm	46.2m
9	浅灰色绢云母化泥质粉砂岩夹薄层状岩屑砂岩,两者比例为 3∶1～5∶1	36.8m
8	灰白色钙质粉砂岩,单层厚约 10cm,具劈理	172.5m
7	绢浅灰色云母化薄层泥质粉砂岩	23.9m
6	浅灰色薄层泥晶灰岩,单层厚度小于 10cm	31.0m
5	深灰色绢云母化泥质粉砂岩中—薄层泥晶灰岩,两者比例为 3∶1～5∶1,泥晶灰岩单层厚度 6～10cm	45.8m
4	浅灰色薄层泥晶灰岩,单层厚度小于 10cm	11.1m
3	深灰色绢云母化泥质粉砂岩夹透镜状泥晶灰岩,透镜体长轴一般 5～20cm,其长短轴之比在 3∶1～4∶1之间	135.7m
2	深灰色绢云母化薄层泥质粉砂岩	52.8m
1	深灰色钙质粉砂岩夹薄层泥晶灰岩,两者比例为 6∶1～8∶1,钙质粉砂岩单层厚约 10cm,灰岩单层厚度 3～6cm	47.8m

—————整合接触—————

下伏地层:陆热组三段($J_{1-2}l^3$)泥质粉砂岩

2)西藏隆子县杀鱼朗中侏罗统遮拉组二段、三段实测剖面

本剖面位于前一实测剖面南部,两剖面间因构造和第四系覆盖而分别测制。剖面沿隆子—觉拉乡简易公路由北向南测制,剖面起点位于冲沟旁遮拉组二段地层出露处,剖面起点坐标为 E92°19′10.1″,N28°19′36.0″;剖面至维美组出现处结束,剖面终点坐标为 E92°19′05.4″,N28°19′11.7″(图 2-46)。剖面分层列述如下。

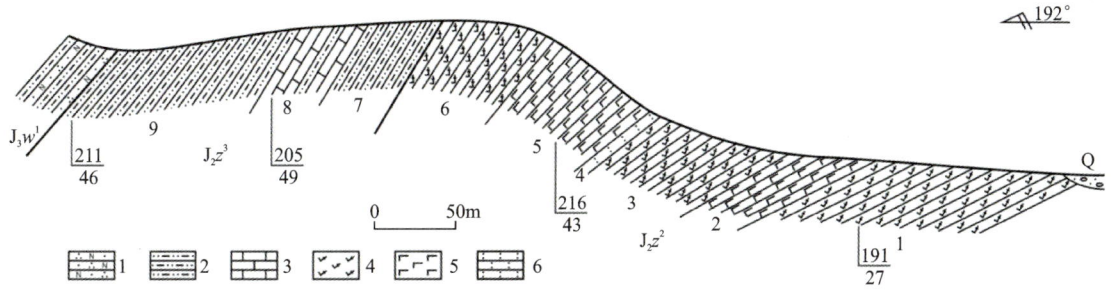

1.长石石英砂岩;2.泥质粉砂岩;3.灰岩;4.英安岩;5.玄武岩;6.凝灰岩。

图 2-46 西藏隆子县杀鱼朗中侏罗统遮拉组二段、三段实测剖面图

西藏隆子县杀鱼朗中侏罗统遮拉组二段、三段实测剖面:

上覆地层:维美组(J_3w)泥质粉砂岩夹长石石英砂岩

—————整合接触—————

遮拉组三段(J_2z^3)		厚度 142.00m
9	灰黑色薄层泥质粉砂岩	89.00m
8	灰白—青灰色薄层状灰岩夹灰黑色泥质粉砂岩,两者比例约 2∶1,灰岩单层厚 2～5cm	24.00m
7	灰黑色薄层泥质粉砂岩	29.00m

—————整合接触—————

遮拉组二段(J_2z^2)		厚度>288.84m
6	灰黄色英安岩,斑状结构,基质为隐晶质结构,块状构造,斑晶为斜长石、石英,斜长石含量 20%左右;石英含量 5%左右	59.14m

5	灰褐色玄武岩,斑状结构,块状构造,主要由斜长石、角闪石、辉石等组成,具碳酸盐化、绿泥石化	58.50m
4	深灰色中—薄层凝灰岩,凝灰结构,岩石由砂屑5%、晶屑15%、火山灰及粉砂60%组成	0.96m
3	灰黄色英安岩,斑状结构,基质为隐晶质结构,块状构造,斑晶为斜长石、石英,斜长石含量20%左右;石英含量5%左右	70.14m
2	灰褐色玄武岩,斑状结构,块状构造,主要由斜长石、角闪石、辉石等组成,具碳酸盐化、绿泥石化	22.94m
1	灰黄色英安岩,斑状结构,基质为隐晶质结构,块状构造,斑晶为斜长石、石英,斜长石含量20%左右;石英含量5%左右	77.16m

(第四系覆盖)

3)西藏洛扎县夏瓦帮嘎勒中侏罗统遮拉组实测剖面

该剖面位于西藏洛扎县夏瓦地区帮嘎勒,剖面自南向北沿措美至洛扎县级公路测制,剖面露头连续出露,剖面起点地层为陆热组顶部,剖面起点坐标为 E91°4′48″,N28°30′14″;剖面至维美组与遮拉组界线处结束,终点坐标为 E91°25′55″,N28°22′56″(图2-47)。剖面分层列述如下。

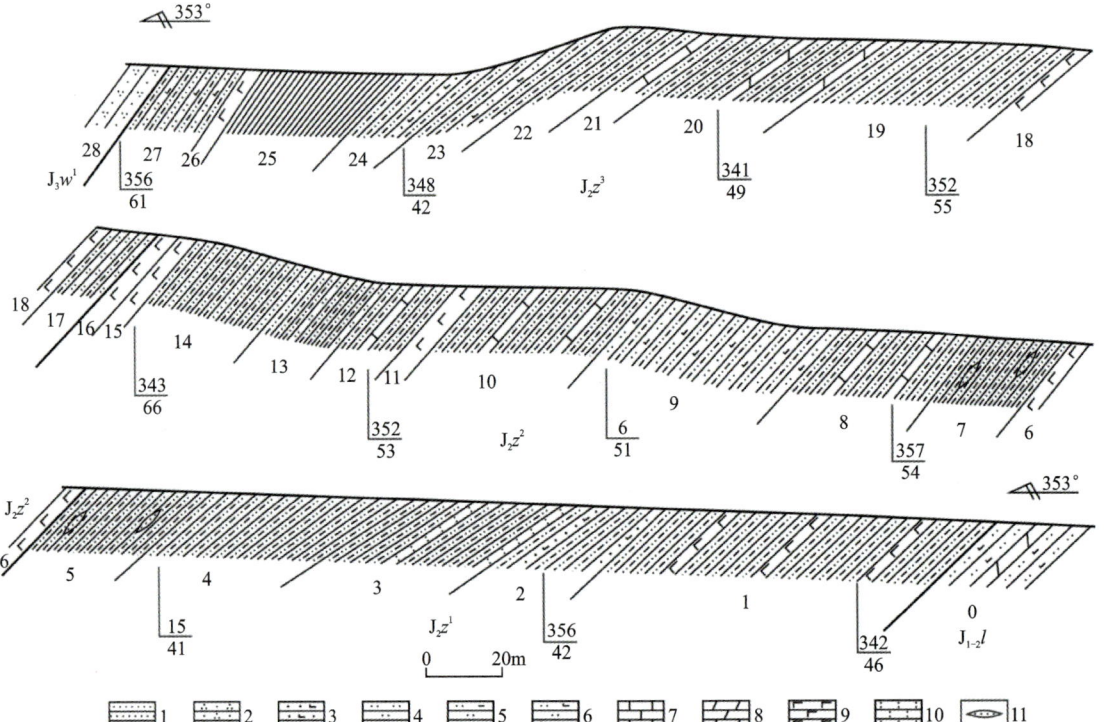

1.砂岩;2.石英砂岩;3.钙质砂岩;4.粉砂岩;5.泥质粉砂岩;6.钙质粉砂岩;7.灰岩;8.泥灰岩;9.玄武岩;10.凝灰岩;11.砂岩透镜体。

图2-47 西藏洛扎县夏瓦帮嘎勒中侏罗统遮拉组实测剖面图

西藏洛扎县夏瓦帮嘎勒中侏罗统遮拉组实测剖面:

上覆地层:维美组(J_3w)灰白色中层状石英砂岩、含砾石英砂岩

——————整合接触——————

遮拉组三段(J_2z^3)　　　　　　　　　　　　　　　　　　　　　　　　厚度354.5m

27	灰色薄层状钙质粉砂岩、灰黑色薄层状泥质粉砂岩夹灰黑色细砂岩条带	40.7m
26	杏仁状玄武岩	8.1m
25	灰色薄层状钙质粉砂岩、灰黑色薄层状泥质粉砂岩夹灰黑色细砂岩条带	34.6m
24	灰黑色薄层状粉砂质泥岩夹紫红色薄层状钙质细砂岩,二者比例3:1~4:1	27.0m

23	灰黑色薄层状粉砂质泥岩夹灰黑色薄层状钙质粉砂岩	45.6m
22	灰—深灰色泥质粉砂岩夹滑塌角砾岩，滑塌角砾岩塑性流变特征明显	17.2m
21	灰黑色薄层状泥质粉砂岩夹少量薄至中层纹层状砂岩，二者比例约10:1	10.9m
20	灰黑色薄层状粉砂质泥岩夹灰黑色薄层状泥灰岩，二者比例3:1	55.9m
19	灰黑色薄层粉砂质泥岩夹薄层细砂岩，二者比例约4:1	62.2m
18	薄层状玄武岩	0.5m
17	灰黑色薄层状泥质粉砂岩夹粉砂质泥岩，二者比例3:1	51.8m

——————整合接触——————

遮拉组二段（J_2z^2） 厚度522.3m

16	气孔状玄武岩	18.9m
15	黄铁矿化、碳酸盐化气孔状玄武岩，黄铁矿呈他形粒状，沿玄武岩节理面发育水晶晶簇	22.5m
14	灰黑色薄层状泥质粉砂岩夹薄—中层状细砂岩，二者比例约5:1	83.6m
13	灰黑色薄层状泥质粉砂岩夹黑色薄层状粉砂质泥岩，二者比例约4:1	46.3m
12	灰黑色薄层状泥质粉砂岩夹薄层灰岩，二者比例约4:1	18.8m
11	中至厚层状玄武岩	3.5m
10	灰黑色薄层状泥质粉砂岩夹薄层灰岩，二者比例约5:1	111.0m
9	紫红色钙质粉砂岩与灰黑色泥质粉砂岩互层	106.9m
8	灰色泥质粉砂岩夹薄层微晶灰岩，见菊石化石	69.4m
7	灰黑色薄层状泥质粉砂岩夹长石岩屑杂砂岩透镜体	38.4m
6	灰褐—黄褐色中至厚层状玄武岩	3.0m

——————整合接触——————

遮拉组一段（J_2z^1） 厚度359.7m

5	灰黑色薄层状泥质粉砂岩夹长石岩屑杂砂岩透镜体	52.0m
4	灰黑色薄层状泥质粉砂岩夹粉砂质泥岩	70.8m
3	灰黑色薄层状泥质粉砂岩夹紫红—棕红色薄层状凝灰岩	56.2m
2	灰黑色薄层状泥质粉砂岩夹紫红色薄层状钙质细砂岩，二者比例约3:1	37.5m
1	灰黑色薄层状泥质粉砂岩夹中层状玄武岩，二者比例约4:1	143.2m

——————整合接触——————

下伏地层：陆热组（$J_{1-2}l$）：灰白色薄层状钙质粉砂岩夹中—薄层泥灰岩

3. 岩石地层综述

从中侏罗统遮拉组的实测剖面列述部分可以看出东部隆子一带的火山岩最为发育，地层厚度大，研究区中部措美地区的火山岩呈夹层形式出现，但火山岩总厚度减小。依据路线调查与剖面实测发现，研究区西部的洛扎以西地区火山岩缺失，且遮拉组厚度明显减薄，岩石组合以碎屑岩夹薄层泥灰岩、灰岩为特征，灰岩与泥灰岩夹层主要见于南部的乃乡一带，至北侧的推瓦一带灰岩消失，以页岩与砂岩组合为特征（图2-48）。

洛扎县城东北部的帮嘎勒及其以东地区的遮拉组发育火山岩，帮嘎勒地区的火山岩以玄武岩为主，夹凝灰岩，火山岩的总厚度不及其东部遮拉组火山岩总厚度，但层位较为分散，遮拉组的下部、中部和上部均有发育（图2-48）。

措美县城及其以东地区的遮拉组火山岩主要发育于中部（遮拉组二段，J_2z^2），且呈现火山岩总体厚度增大、类型增多的变化。措美县城一带遮拉组一段（J_2z^1）以粉砂岩、泥质粉砂岩夹细砂岩与少量灰岩为特征，遮拉组二段（J_2z^2）以页岩夹砂岩及玄武岩为主，遮拉组三段主要发育暗色粉砂岩、泥质粉砂岩夹砂岩（图2-48）。

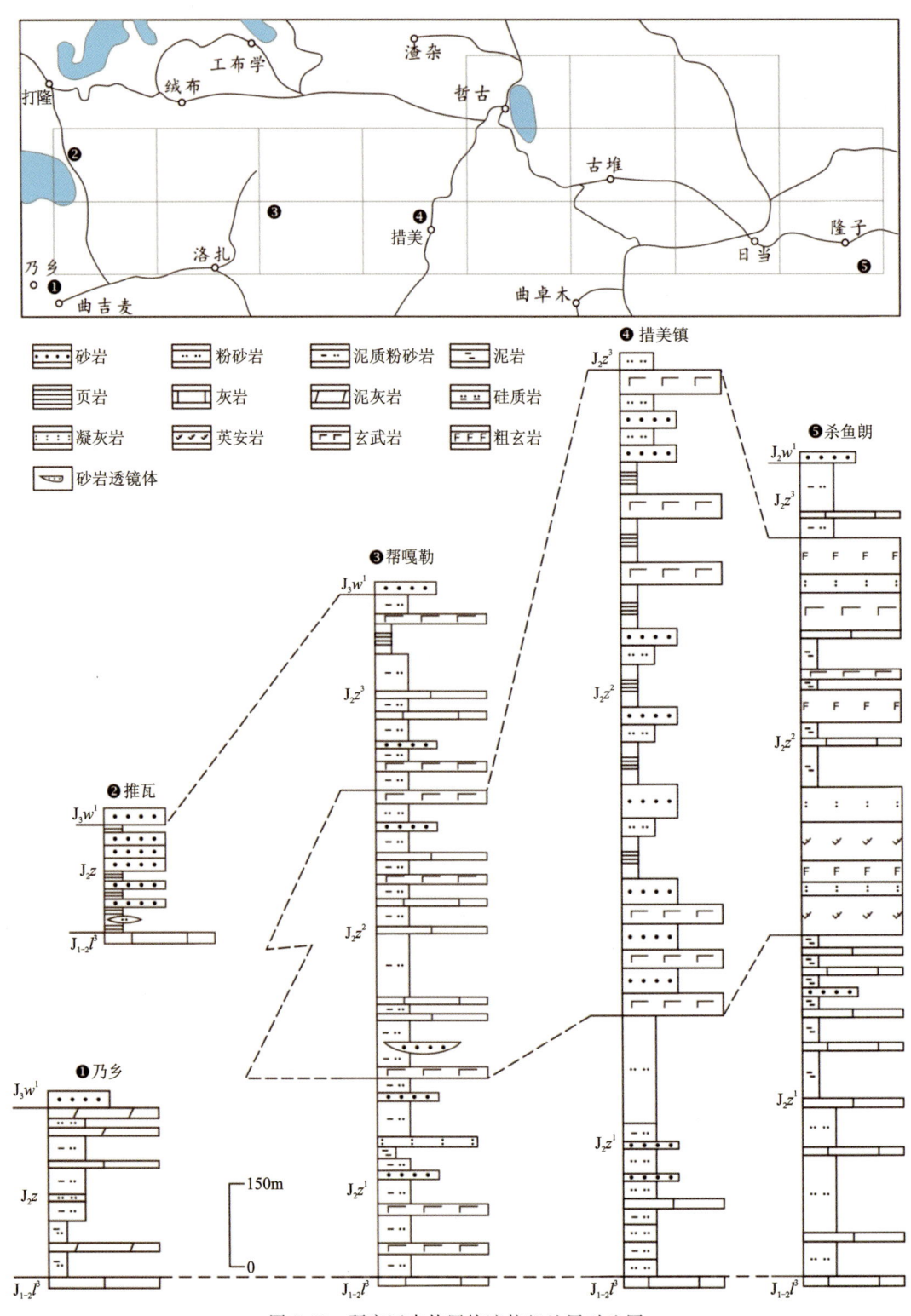

图 2-48　研究区中侏罗统遮拉组地层对比图

研究区中侏罗统遮拉组火山岩最为发育的区域位于隆子县南部，发育火山岩的地层单元归属遮拉组二段（J_2z^2）。该区的遮拉组一段（J_2z^1）以泥岩与粉砂岩互层，夹中层砂岩与薄层灰岩为特征（图 2-49），砂岩呈中—薄层状或透镜状，发育槽状交错层理（图 2-49a），粉砂岩与泥岩组合中发育递变层理和小型斜层理（图 2-49b）。薄层灰岩以薄层为主，多见于该段的下部（图 2-49c）。

研究区东部隆子县城南侧杀鱼朗及浦如一带的遮拉组二段（J_2z^2）以火山岩为主，夹有细碎屑岩及少量薄层灰岩，其垂向序列具有上下火山岩与中部碎屑岩发育的特征（图2-50），该区域火山岩类型丰富，除区域多见的玄武岩外，还发育有粗玄岩、英安岩及凝灰岩（图2-48）。火山岩中常见角砾（图2-50a）、杏仁及气孔（图2-50b），夹层灰岩中见有遗迹化石（图2-50c）。

a.砂岩夹层特征；b.递变层理；c.薄层灰岩夹层特征

图2-49　西藏隆子县南错果如遮拉组一段特征

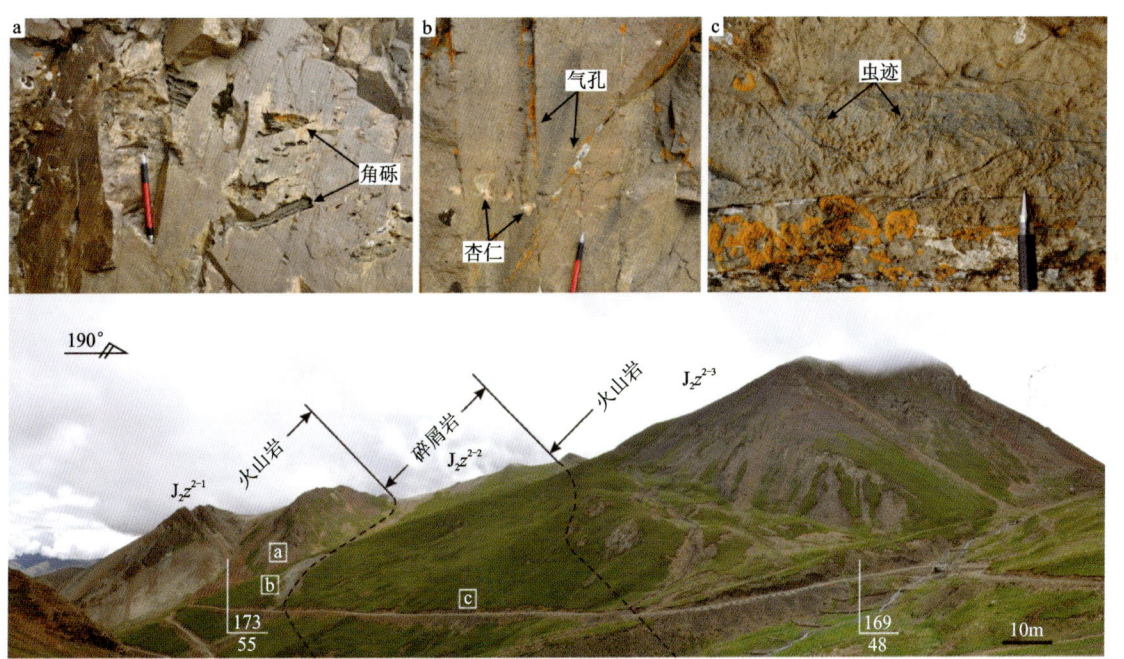

a.含角砾英安岩；b.含气孔玄武岩；c.灰岩顶面虫迹构造

图2-50　西藏隆子县南浦如遮拉组二段特征

研究区遮拉组与下伏陆热组呈整合接触，在研究区中部哲古错北部的整合接触界面之上为一套薄层硅质岩，硅质岩之上3.5m处发育玄武岩（图2-51）。在隆子县日当镇南部的遮拉组底部发育一套厚20～50cm的泥灰岩，其中可见液化现象、变形层理及灰质成分砾屑（图2-52）。

图 2-51　哲古错北陆热组与遮拉组接触关系宏观特征

a. 变形层理与砾屑；b. 变形层理与液化；c. 变形层理与砾屑；d. 变形层理与砾屑

图 2-52　西藏隆子县日当南遮拉组底部泥灰质沉积特征

4. 生物地层与年代地层

遮拉组化石较为稀少，产少量双壳类、菊石和箭石。双壳类建立一个组合带 *Costamussium zandaensis-Quenstedtia xizangensis* 组合带，重要分子有 *Costamussium zandaensis*，*Quenstedtia xizangensis*，组合分子有 *Entolium demissum*，*E. corneolum*。该带化石时代延伸较长，多为巴通期—卡洛维期的常见分子，亦见于巴柔期，该组合时代为中侏罗世巴柔期—卡洛维期。

菊石建立两个化石带：其中①*Dorsetensia-Garatiana* 组合带与陆热组上部组合相同。②*Dolirkephalites-Inocephalites* 组合带见于遮拉组上部，重要分子有 *Dolikephalite* sp.，*Inocephalites* sp.，组合分子有 *Phylloceras* sp.，*Choffatia obtucostata* 等，其中两个带化石为欧洲、北非、高加索、印度卡奇等地中下卡洛阶的标准分子，该组合时代为中侏罗世卡洛维期。

箭石类发育 Holcobelus cf. blainvillei-Hastites 组合带。化石属种较少,以 Holcobelus cf. blainvillei 高度丰盛为特征。其时限较长,可能包括了中侏罗世巴柔期—卡洛维期。

综合研究区遮拉组化石特征,将该组时代归为中侏罗世。

六、上侏罗统维美组(J_3w)

研究区上侏罗统维美组分布较广,从西部的普姆雍错到隆子南部均可见。

1. 名称与沿革

维美组地层由吴浩若1984年创建,命名地位于江孜县仁拉浦曲北岸的维美村,1984年在《西藏地层》中对创名剖面予以介绍,原义指江孜组之上的一套厚层砂岩与页岩岩石组合,时代为晚侏罗世提唐期。1997年《西藏自治区岩石地层》中沿用了维美组的名称,其含义为以仲巴—江孜一带的一套灰色、灰黑色页岩与细粒石英砂岩互层为主,夹灰岩、粉砂岩地层,其顶部与甲不拉组整合接触,其后在区域1:25万区调中被广泛应用,本书沿用西藏自治区岩石地层(1997)的维美组定义。

2. 典型剖面列述

1)西藏措美县哲古热玛布维美组实测剖面

剖面位于措美县哲古镇北热玛布一带,剖面沿冲沟自南向北测制,剖面露头连续出露,剖面起点自遮拉组顶部,起点坐标为E91°40′7″,N28°47′48″;剖面至桑秀组火山岩出现处结束,终点坐标为E91°40′16″,N28°47′54″(图2-53)。剖面分层列述如下。

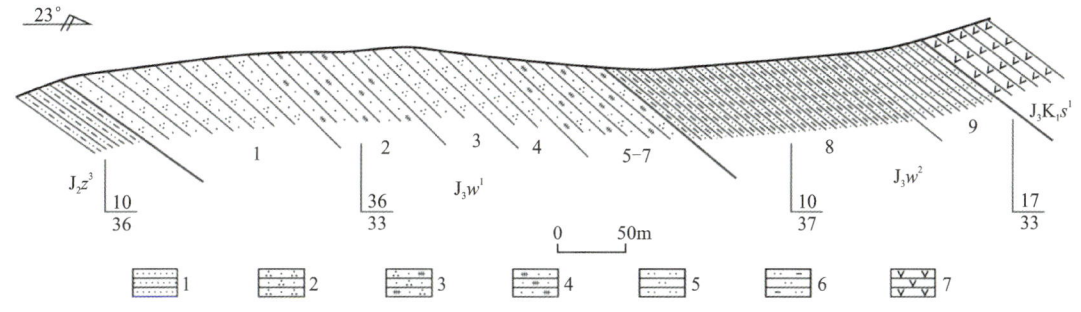

1.砂岩;2.石英砂岩;3.石英杂砂岩;4.杂砂岩;5.粉砂岩;6.泥质粉砂岩;7.安山岩。

图2-53 西藏措美县哲古热玛布维美组(J_3w)实测剖面图

西藏措美县哲古热玛布维美组实测剖面:

上覆地层:桑秀组一段($J_3K_1s^1$)安山岩

——————————整合接触——————————

维美组二段(J_3w^2)	厚度240.0m
9 灰色薄层泥质粉砂岩夹薄层砂岩	69.2m
8 深灰色薄层粉砂质泥岩	170.8m

——————————整合接触——————————

维美组一段(J_3w^1)	厚度349.20m
7 浅黄色石英杂砂岩	21.2m
6 浅黄色含砾石英杂砂岩,砾石大者达1.5cm,砾石成分主要为石英、长石	20.4m
5 灰白色细粒石英杂砂岩,块状构造	28.0m
4 白色中厚层石英砂岩	35.9m

3	白色含氧化铁质中粒石英砂岩	41.6m
2	褐色杂砂岩。杂砂岩由铁质胶结,风化呈铁锈色	78.0m
1	白色中—厚层状石英砂岩	124.1m

————整合接触————

下伏地层:遮拉组三段(J_2z^3)泥质粉砂岩

2)西藏浪卡子县推瓦村维美组实测剖面

剖面位于浪卡子县推瓦村旁,剖面自南向北沿冲沟测制,剖面露头良好,剖面起点自遮拉组顶部,起点坐标为90°31′55″,28°36′06″,剖面终点位于维美组上部地层中,未见顶,终点坐标为90°32′06″,28°36′34″(图2-54)。剖面分层列述如下。

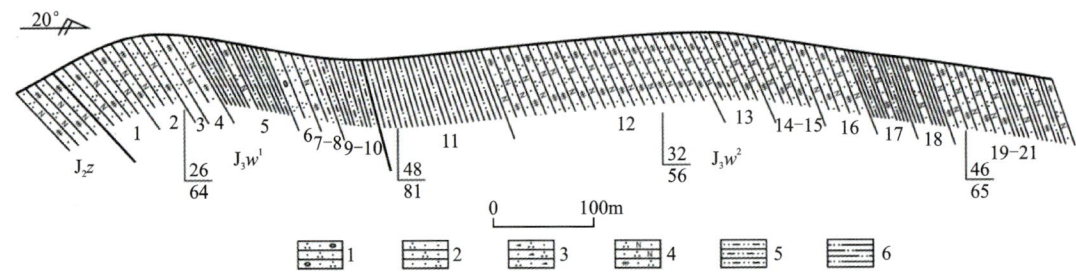

1.含砾石英砂岩;2.石英砂岩;3.岩屑石英砂岩;4.长石石英杂砂岩;5.泥质粉砂岩;6.粉砂质页岩。

图2-54 西藏浪卡子县推瓦村维美组实测剖面图

西藏浪卡子县推瓦村维美组实测剖面:

(未见顶)

上侏罗统维美组二段(J_3w^2)　　　　　　　　　　　　　　　　　　　　厚度>452.8m

21	灰黑色粉砂质页岩与深灰色薄层长石石英杂砂岩互层	115.7m
20	灰黑色粉砂质页岩夹深灰色薄层长石石英杂砂岩,二者厚度比例为4:1~6:1。偶见平行层理	9.8m
19	深灰色薄层长石石英杂砂岩。偶见平行层理	115.8m
18	灰黑色粉砂质页岩夹深灰色薄层长石石英杂砂岩,二者厚度比例为4:1~6:1	26.2m
17	灰黑色页岩夹深灰色薄层长石石英杂砂岩,二者厚度比例为4:1~6:1	20.4m
16	深灰色薄层长石石英杂砂岩	22.1m
15	深灰色薄层长石石英杂砂岩夹灰白色透镜状岩屑石英砂岩,二者厚度比例为8:1	1.7m
14	深灰色薄层长石石英杂砂岩	19.5m
13	深灰色薄层长石石英杂砂岩夹灰白色透镜状岩屑石英砂岩,二者厚度比例为8:1	19.3m
12	深灰色中—薄层长石石英杂砂岩	38.8m
11	灰黑色粉砂质页岩	63.5m

————整合接触————

上侏罗统维美组一段(J_3w^1)　　　　　　　　　　　　　　　　　　　　厚度219.6m

10	灰黑色粉砂质页岩与灰黑色薄层泥质粉砂岩互层	4.0m
9	灰黑色粉砂质页岩与灰黑色薄层泥质粉砂岩互层	74.2m
8	灰黑色薄层泥质粉砂岩夹深灰色薄层长石石英杂砂岩,二者厚度比例为4:1~6:1	7.0m
7	灰黑色薄层泥质粉砂岩夹深灰色薄层长石石英杂砂岩,二者厚度比例为4:1~6:1	11.9m
6	灰白色中厚层石英砂岩夹灰白色厚层含砾石英砂岩,二者厚度比例为6:1	9.9m
5	灰黑色粉砂质页岩夹深灰色薄层长石石英杂砂岩,二者厚度比例6:1~8:1	27.9m
4	深灰色薄层长石石英杂砂岩	9.7m

3	灰白色中层石英砂岩与深灰色中层长石石英杂砂岩互层,二者厚度比例为2∶1~3∶1	3.0m
2	深灰色中层长石石英杂砂岩夹灰白色中厚层石英砂岩,二者厚度比例为4∶1~6∶1	37.3m
1	深灰色中层长石石英杂砂岩夹灰白色中厚层石英砂岩,二者厚度比例为4∶1~6∶1	34.7m

————————整合接触————————

下伏地层:中侏罗统遮拉组(J_2z)深灰色薄层长石石英杂砂岩

3. 岩石地层综述

研究区上侏罗统维美组总体为一套石英砂岩与暗色页岩、粉砂岩组合,哲古镇及其东部区域石英砂岩主要发育于维美组下部,划为维美组一段(J_3w^1),石英砂岩发育平行层理与低角度斜层理(图2-55a),该区维美组一段上部初见粉砂岩夹层,发育槽状交错层理及沙纹层理(图2-55b),在哲古镇西侧剖面的石英砂岩层面见波痕构造,波痕指向89°(图2-55c),砂岩层面常见遗迹化石(图2-55c)。维美组一段石英砂岩地层之上以暗色粉砂质泥岩、粉砂岩与页岩为主,夹砂岩,区域划分为维美组二段(J_3w^2),泥页岩中发育水平层理。

a.维美组一段英砂岩;b.维美组一段上部砂岩;c.维美组一段波痕;d.维美组一段虫迹

图2-55 西藏措美县哲古地区上侏罗统维美组特征

在措美镇及其西部维美组的分段特征不明显,主要以石英砂岩、含砾石英砂岩与暗色泥岩、页岩的不等厚互层为特征,含砾砂岩层面见腕足类化石(图2-56a),底面可见重荷模(图2-56b),发育平行层理与槽状交错层理(图2-56c),泥页岩中常见硅铁质结核(图2-56d)。

研究区维美组发育有少量火山岩夹层,火山岩见于措美县城一带的才玛隆、如给郎及古堆南部的塔嘎地区(图2-57)。

4. 生物地层与年代地层

维美组化石丰富,产双壳类、菊石、箭石等。双壳类划分为 *Buchia conceilfrica-B.blonfordiana* 组

a. 含砾石英砂岩中的腕足类化石；b. 石英砂岩底面重荷模；c. 槽状交错层理砂岩；d. 粉砂质泥岩中的硅铁质结核

图 2-56　西藏措美县措美镇上侏罗统维美组特征

合带，该带见于维美组和桑秀组底部，其重要分子有 Buchia conceilfrica，B. blanfordiana，B. curtusa，Astarte spitiensis；组合分子甚多，常见有 Astartoides dingriensis，A. gonbaensis，Entolium sp.，Oxytoma sp.，Plagiostoma sp.，Pleuromya spitiensis 等；该组合以丰富的 Buchia 属为特征，其中有大量的 Astartoides 属混生。Buchia blanfordiana 常见于基末里期—提塘期，而 Oxytoma sp.，Entolium sp. 则以牛津期—基末里期为主，故该组合为晚侏罗世牛津期—提塘期。

菊石划分出 Berriasella oppeli-Haplophylloceras pinque 组合带。该带见于维美组和桑秀组下部，主要分子有 Haplophylloceras pinque，H. strigile，Berriasella oppeli，组合分子有 Phylloceras ellipticnm，Uhligites griesbachi。该组合中化石较为简单，时限较长，多以基末果阶—提塘阶为主；故该组合时代应为晚侏罗世基末果阶—提塘期。

箭石类化石组合划分出两个带：

①Belemnopsis geradi-B. rostatus 组合带。

见于维美组中下部，其重要分子以 Belemnopsis geradi 为主，组合分子有 Belemnopsis extenuateus；中有大量双壳类 Astare spitiensis，A. dingriensis 产出。其中 Belemnopsis geradi 常见于喜马拉雅地区牛津期—基末里早期，故该化石组合时限为晚侏罗世牛津期—基末里早期。

②Belemnopsis uhligi-Hibolithes hastatus 组合带。

见于维美组中上部及桑秀组中，该组合中箭石属种较为丰富，其重要分子有 Belemnopsis uhligi，B. cf. alfuricus，Hibolithes hastatus，H. flemingi 等，组合分子有 Belemnopsis aucklandica，B. extenuatus，Hibolithes jiabulensis，H. windhouweri 等。此外，尚有大量双壳类和菊石，Astarte spitiensis，Buchia blanfordina，Hoplophylloceras pinque 等伴生。其中 Belemnopsis uhligi 在北喜马拉雅地区上侏罗统门卡墩组上部产出。同盐岭地区的 Neocomian 箭石层可以对比，组合时代应为晚侏罗世提塘期，可能包括部分贝利阿斯期。

综合研究区维美组化石组合特征，将该组时代归为晚侏罗世。

第二章 区域地层

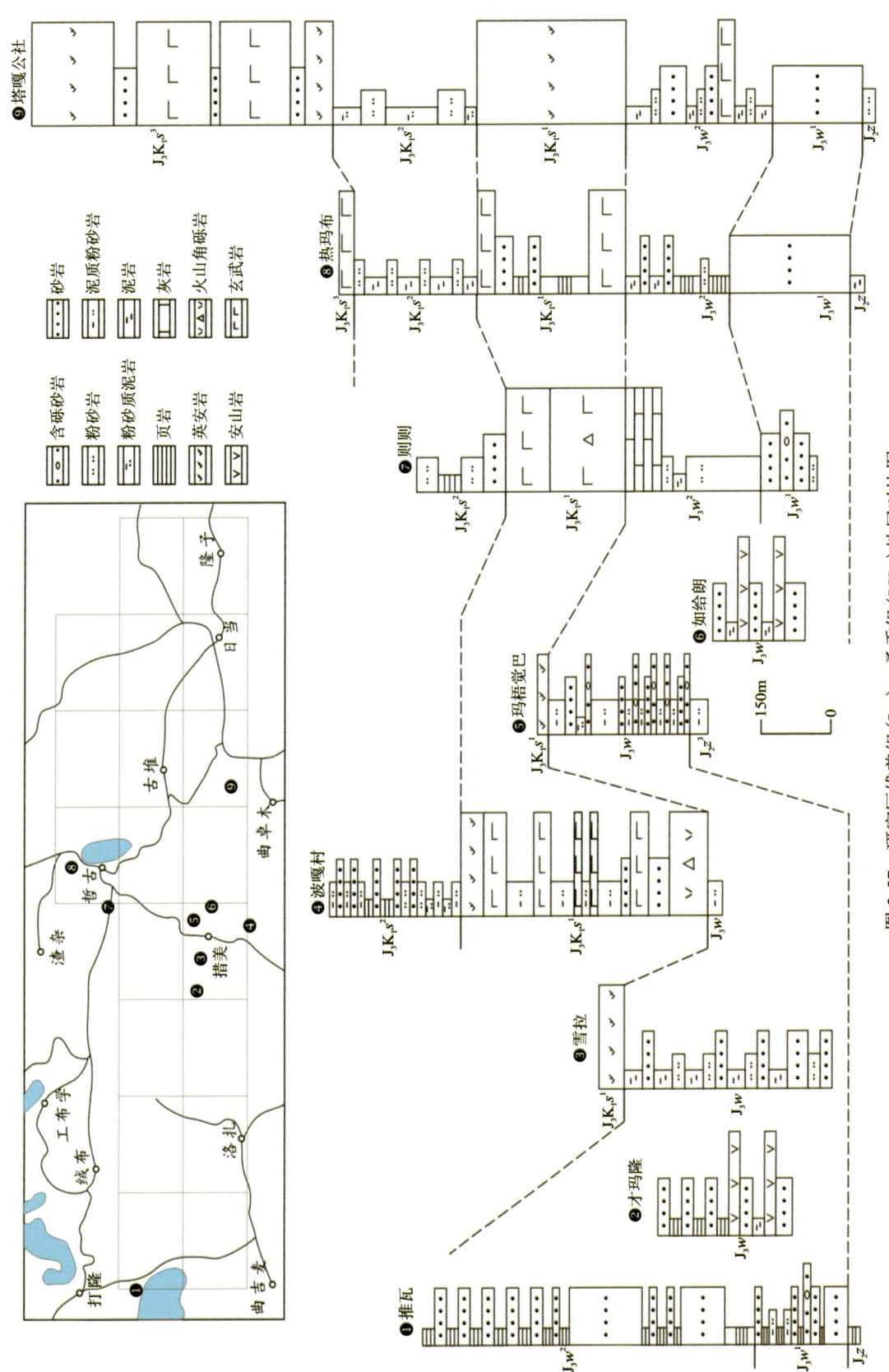

图 2-57 研究区维美组（J_3w）—桑秀组（J_3K_1s）地层对比图

七、上侏罗统—下白垩统桑秀组（J_3K_1s）

研究区上侏罗统—下白垩统桑秀组主要分布于研究区中部，多构成东西向向斜构造核部地层，为研究区中侏罗统遮拉组大套火山岩之后的第二个以大套火山岩为特征的地层单位。

1. 名称与沿革

1976—1983 年，王乃文等在浪卡子县多久乡卡东一带，将位于遮拉组之上的一套地层创名鱼浪白加群，该群包括了卡东组、桑秀组、日莫瓦组。其中桑秀组的含义为碎屑岩夹火山岩的一套岩石组合，相当于原甲不拉组底部的一段岩性，据菊石时代确定为早白垩世；1994 年，陕西区调队将原卡东组的上岩段和桑秀组的下岩段称为桑秀组，时代改为晚侏罗世；1997 年《西藏自治区岩石地层》中将桑秀组作为鱼浪白加群（J_3K_1Y）的一部分，未独立称组。2002 年，安徽省地质调查院将桑秀组定义为包括王乃文命名的桑秀组以及卡东组顶部 105m 的一套安山岩、凝灰岩、凝灰质砂岩及粉砂质页岩、钙质页岩、粉砂岩的一段地层；2004 年，云南省地质调查院沿用了这一方案。本书沿用安徽省地质调查院（2002）对桑秀组的修订后含义，与下伏上侏罗统维美组及上覆下白垩统甲不拉组均呈整合接触，时代为晚侏罗世—早白垩世。

2. 典型剖面列述

选择研究区桑秀组代表性实测剖面介绍如下。

1）西藏错那县塔嘎公社桑秀组实测剖面

剖面位于错那县塔嘎公社北东侧，剖面地层发生倒转，露头连续出露，剖面自北向南沿山脊测制，剖面起点自维美组顶部，剖面起点坐标为 E91°48′41.9″，N28°26′25.5″；剖面终点至坡脚第四系处，剖面终点坐标为 E91°47′41.9″，N28°23′39.6″（图 2-58）。剖面分层列述如下。

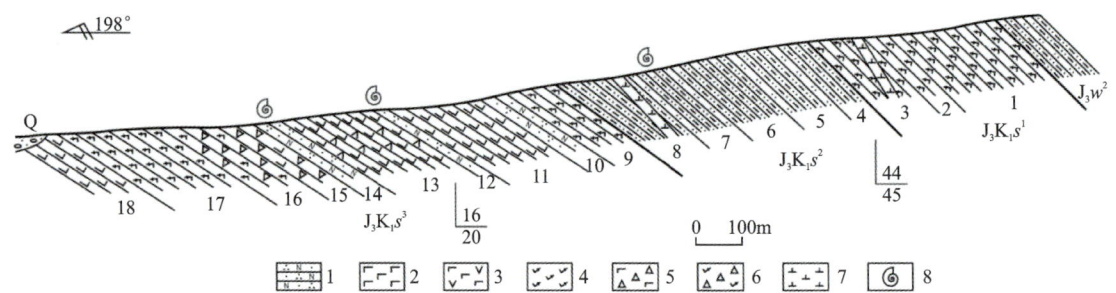

1. 长石石英砂岩；2. 玄武岩；3. 英安质玄武岩；4. 英安岩；5. 玄武质火山角砾岩；6. 英安质火山角砾岩；7. 闪长岩；8. 动物化石。

图 2-58 西藏错那县塔嘎公社桑秀组实测剖面图

西藏错那县塔嘎公社桑秀组实测剖面：

（未见顶）

| 桑秀组三段（$J_3K_1s^3$） | 厚度＞939.8m |

18 褐黄玄武岩，风化面灰白色，新鲜面深灰色，斑状结构，块状构造，斑晶主要为斜长石 ＞151.0m

17 深灰—灰褐色英安岩，斑状结构，基质为隐晶质结构，块状构造，斑晶为斜长石、石英，斜长石含量20%左右；石英含量5%左右 231.2m

16 灰黑色英安质火山角砾岩，角砾大小不一，一般2～8mm，个别可达15mm，角砾成分主要为斜长石，见少量石英，角砾分选差，棱角分明，胶结物为火山物质 81.0m

15 褐黄色玄武质火山角砾岩，角砾成分主要为斜长石、辉石、角闪石，角砾呈棱角状，

	粒径 2~10mm,个别达 35mm	29.6m
14	灰色中层状长石石英砂岩,含双壳类化石 *Astarte* sp.	51.5m
13	深灰—灰黑色安山质玄武岩,斑状结构,块状构造	154.5m
12	灰黄色中—薄层状长石石英砂岩。含双壳类化石	2.6m
11	灰—灰黑色玄武岩,斑状结构,块状构造	147.8m
10	灰白色,灰黄色中—薄层状长石石英砂岩	30.8m
9	灰白色斑状英安岩,斑状结构,基质为隐晶质结构,块状构造,斑晶为斜长石、石英,斜长石含量20%左右;石英含量5%左右	59.8m

——————— 整合接触 ———————

桑秀组二段($J_3K_1s^2$)　　　　　　　　　　　　　　　　　　　　　　　　厚度306.3m

8	灰色粉砂质泥岩,具绢云母化,局部见星点状黄铁矿	66.4m
7	灰色薄层状泥质粉砂岩,具绢云母化、黏土化,见褐铁矿。含菊石 *Macrocephalites bifurcates* Bathonian	50.0m
6	灰色粉砂质泥岩,具绢云母化	89.8m
5	灰色薄层状泥质粉砂岩,局部见黄铁矿和褐铁矿	76.4m
4	灰黑色薄层状粉砂质泥岩,具绢云母化	23.7m

——————— 整合接触 ———————

桑秀组一段($J_3K_1s^1$)　　　　　　　　　　　　　　　　　　　　　　　　厚度315.8m

3	灰白色斑状英安岩,具硅化,局部具零星的黄铁矿化及褐铁矿	87.8m
2	灰白色英安岩,基质为隐晶质结构,块状构造,斑晶为斜长石、石英	45.4m
1	灰白色杏仁英安岩,隐晶质结构,块状构造	182.7m

——————— 整合接触 ———————

下伏地层:维美组二段(J_3w^2)深灰色粉砂质泥岩夹泥质粉砂岩

2)西藏措美县热玛布桑秀组实测剖面

剖面位于措美县哲古镇北西热玛布一带,该区露头条件良好,剖面自南向北沿冲沟测制,剖面自维美组顶部页岩起测,剖面起点坐标为 E91°28′44.5″,N28°44′19.6″;剖面至桑秀组下部火山岩处结束,剖面终点坐标为 E91°28′50.1″,N28°43′43.0″(图2-59)。剖面分层列述如下。

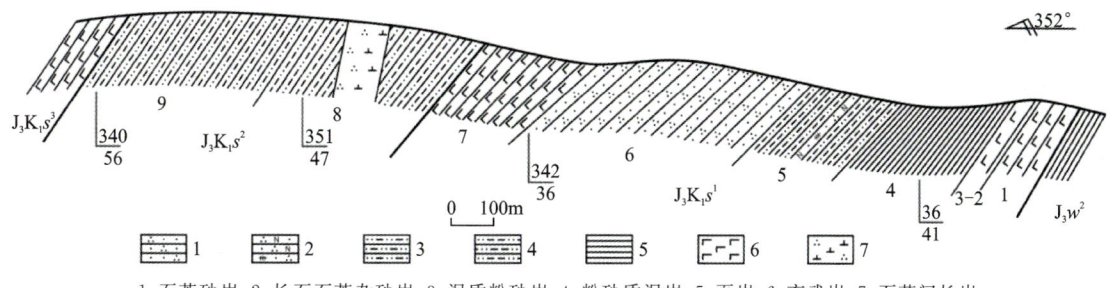

1.石英砂岩;2.长石石英杂砂岩;3.泥质粉砂岩;4.粉砂质泥岩;5.页岩;6.玄武岩;7.石英闪长岩

图 2-59　西藏措美县热玛布桑秀组实测剖面图

西藏措美县热玛布桑秀组实测剖面:

上覆地层:桑秀组三段($J_3K_1s^3$)玄武岩

——————— 整合接触 ———————

桑秀组二段($J_3K_1s^2$)　　　　　　　　　　　　　　　　　　　　　　　　厚度261.8m

9	灰黑色泥质粉砂岩	104.7m
8	灰黑色粉砂质泥岩	157.1m

―――――― 整合接触 ――――――

桑秀组一段（$J_3K_1s^1$）　　　　　　　　　　　　　　　　　　　　　　　　　厚度 315.2m

7　灰黑色厚层、巨厚层玄武岩　　　　　　　　　　　　　　　　　　　　　　44.4m
6　灰白色中厚层状石英砂岩　　　　　　　　　　　　　　　　　　　　　　　87.6m
5　灰黑色粉砂质泥岩夹灰白色中厚层长石石英杂砂岩,二者比例约为4∶3　　　　36.8m
4　灰黑色薄层状泥质页岩　　　　　　　　　　　　　　　　　　　　　　　101.4m
3　灰黑色厚层、巨厚层玄武岩,见气孔构造、杏仁构造,见球形风化　　　　　　12.8m
2　灰褐色薄层状页岩　　　　　　　　　　　　　　　　　　　　　　　　　　1.4m
1　灰黑色厚层、巨厚层玄武岩,见气孔构造、杏仁构造,见球形风化　　　　　　31.0m

―――――― 整合接触 ――――――

下伏地层：维美组二段（J_3w^2）灰黑色页岩

3. 岩石地层综述

本次工作依据桑秀组的火山-沉积岩石组合的垂向变化分为3段,一段、三段以发育火山岩为特征,二段主要为碎屑岩,研究区桑秀组的地层横向变化见图2-57。

桑秀组一段（$J_3K_1s^1$）在错那县塔嘎公社为一套英安岩,见杏仁构造（图2-58）；哲古镇北热玛布地区以玄武岩为顶底,中部发育页岩夹砂岩（图2-59）。措美县波嘎村以玄武岩、英安岩与火山角砾岩为主,夹有泥质粉砂岩与细砂岩；哲古错西侧桑秀组一段为一套玄武岩,其底界与维美组二段的页岩构成陡坡与缓坡的转折处,宏观特征明显（图2-60a）,桑秀组底部玄武岩内见有下伏维美组页岩地层的卷入,呈"喷发不整合"关系（图2-60b）。

桑秀组二段（$J_3K_1s^2$）在区域上为一套碎屑岩组合,错那县塔嘎公社及措美县哲古热玛布以泥岩、粉砂质泥岩夹粉砂岩为特征。措美县城南部波嘎村以砂岩与泥页岩不等厚互层为特征。在哲古错西侧,

a.区域三维遥感特征；b.桑秀组底部喷发不整合；c.桑秀组二段砂岩与含砾砂岩夹层特征；d.桑秀组二段箭石化石

图2-60　西藏措美县哲古地区桑秀组特征

桑秀组二段以泥页岩为主,夹砂岩与含砾砂岩(图 2-60c),含砾砂岩中见有箭石化石(图 2-60d)。

桑秀组三段($J_3K_1s^3$)在措美县哲古塔嘎公社一带出露较全,为一套火山岩为主夹少量砂岩组合,火山岩类型为英安岩与玄武岩(图 2-57)。

八、下白垩统甲不拉组(K_1j)

下白垩统甲不拉组仅在研究区北部哲古北侧格格龚一带少量出露,未见顶。

1. 名称与沿革

甲不拉组由 1957 年西藏煤田地质队在江孜县甲不拉沟所创名的"上、下加不拉岩系"演变而来,1962 年孙云涛和刘桂芳改称"加不拉阶",杨遵仪和吴顺宝(1962)正式命名为"加不拉组"。1976 年王义刚等重新厘定其含义,改称为"甲不拉组"。1993 年《西藏地质志》中将晚侏罗世—早白垩世地层称为加不拉组,原意是指以黑色页岩、硅质泥页岩为主夹灰岩、砂岩的一套岩性组合;1994 年陕西区调队 1∶20 万浪卡子、泽当幅将早白垩世地层称为多久组,晚白垩世地层称为谢里组;1997 年《西藏自治区岩石地层》中将晚侏罗世—早白垩世称为鱼浪白加群,早白垩世地层称为沙堆群;2002 年西藏自治区地质调查院 1∶5 万琼果、曲德贡幅区调根据岩性特征及所获微体化石将早白垩世地层命名为鱼浪加白组,晚白垩世地层命名为沙堆组,两者间为整合接触;2003 年安徽省地质调查院 1∶25 万洛扎幅区调将鱼浪加白组划分为桑秀组和甲不拉组,其中甲不拉组为一套黄绿色页岩、中薄层石英砂岩、微晶灰岩及透镜体组合;2004 年云南省地质调查院 1∶25 万隆子幅采用与洛扎幅相同的划分方案,本书沿用 2003 年安徽省地质调查院对甲不拉组的修订含义,并依据岩石组合的变化进一步划分为上下两段。

2. 典型化剖面列述

研究区甲不拉组出露范围仅限于哲古镇北部格格龚一带,对该区甲不拉组实测剖面介绍如下。

西藏措美县格格龚甲不拉组实测剖面

剖面位于措美县哲古镇北部格格龚一带,剖面露头连续,由南向北沿山梁方向实测,剖面起点位于山脊处桑秀组顶部玄武岩地层,剖面起点坐标为 E91°51′54.2″,N28°32′24.3″;剖面至坡脚第四系覆盖处结束,剖面终点坐标为 E91°51′56.2″,N28°33′39.9″(图 2-61)。剖面分层列述如下。

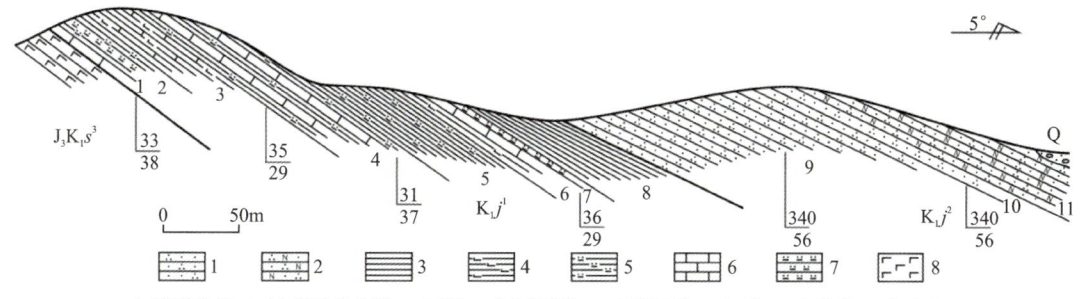

1.石英砂岩;2.长石石英砂岩;3.页岩;4.钙质页岩;5.硅质页岩;6.灰岩;7.硅质岩;8.玄武岩。

图 2-61　西藏措美县格格龚甲不拉组(K_1j)实测地层剖面图

西藏措美县格格龚甲不拉组(K_1j)实测剖面:

(未见顶)

甲不拉组二段(K_1j^2)	厚度>106.14m
11　灰白色中细粒长石石英砂岩,块状构造	11.13m
10　灰白色铁质胶结不等粒石英砂岩	4.96m
9　灰白色中细粒长石石英砂岩	90.05m

―――――――― 整合接触 ――――――――

甲不拉组一段（K_1j^1）	厚度129.77m
8　黑色薄层状页岩，水平纹层发育，岩石容易风化，地貌上为负地形	29.28m
7　深灰色含石英质粉砂屑硅质岩，薄层状构造，水平层理发育	2.44m
6　灰色钙质页岩与灰色微晶灰岩互层，钙质页岩单层厚度一般30～50cm，微晶灰岩呈灰色，单层厚度20～30cm，在灰岩表面常见溶蚀沟	13.47m
5　深灰色硅质页岩，薄层—中层状构造，单层厚度10～40cm	29.58m
4　深灰色硅质页岩与灰色微晶灰岩互层，硅质页岩单层厚度一般30～50cm，微晶灰岩单层厚度20～30cm	27.89m
3　灰色钙质页岩与灰色微晶灰岩互层，钙质页岩单层厚度一般30～50cm，微晶灰岩呈灰色，结晶好，细粒结晶结构，单层厚度20～30cm。在灰岩表面常见溶蚀沟	16.69m
2　深灰色含菱铁矿石英粉砂屑硅质页岩，层理发育，薄层状构造，局部夹硅质岩	10.10m
1　灰白色微晶灰岩，单层厚度0.3～0.5m	0.32m

―――――――― 整合接触 ――――――――

下伏地层：桑秀组三段（$J_3K_1s^3$）玄武岩

3. 岩石地层综述

下白垩统甲不拉组仅见于研究区北部哲古北侧格格龚一带，该区的甲不拉组的岩性与岩石组合特征呈现出下细上粗的变化，依据岩石组合的垂向变化特征，将甲不拉组进一步划分为2个岩性段（图2-61）。

甲不拉组一段（K_1j^1）：岩性为黑色页岩、深灰色钙质页岩夹灰色微晶灰岩、深灰色硅质页岩夹灰色微晶灰岩、灰色硅质岩等，底部为一层微晶灰岩，厚度30～40cm，整合于下伏的桑秀组三段的玄武岩之上。钙质页岩、硅质页岩和灰岩发育水平层理。厚度129.77m。

甲不拉组二段（K_1j^2）：上部岩石组合不清，未见顶，研究区出露的地层岩性为灰白色块状中细粒长石石英砂岩、灰色块状不等粒石英砂岩，呈巨厚层状。厚度大于106.14m。

研究区下白垩统甲不拉组与下伏桑秀组整合接触，未见顶。

九、上白垩统宗卓组（K_2z）

研究区的上白垩统宗卓组分布范围仅限于西北部的浪卡子县林西村一带。

1. 名称与沿革

宗卓组一名由1957年西藏煤田地质队在江孜县宗卓所创"宗卓岩系"演化而来，原义指岩性为含砂、钙硅质页岩、砂岩、页岩夹火山岩及灰岩透镜体。1962年孙云铸和刘桂芳改称为"下宗卓阶"和"中宗卓阶"；杨遵仪和吴顺宝（1962）正式将其称为"宗卓组"；1976年王义刚将"宗卓组"归入上白垩统；1997年《西藏自治区岩石地层》中予以推广，界线略作修改，指以灰色、黑色、深灰色钙、硅质页岩、页岩、砂岩为主偶夹灰岩透镜体的一套岩性组合。下与甲不拉组深灰黑色含细粉砂的钙、硅质页岩，上与基堵拉组灰白色石英砂岩整合接触。就本区而言，1976年王乃文和西藏综合普查大队将分布于羊卓雍错地区的这套未见顶（顶部出露不全）的晚白垩世含沉积岩块的地层命名为羊卓雍群，下辖两组，即工波学组和卓玛丁拉组；1994年陕西区调队开展1:20万浪卡子县幅调查时，又称为谢里组，均属同物异名现象。本书所采用宗卓组的含义沿用1997年《西藏自治区岩石地层》中的含义，在本区与下伏中生代地层呈低角度不整合接触，未见顶，时代划归晚白垩世。

2. 典型剖面列述

宗卓组在研究区出露范围小,露头条件一般,本次工作在研究区北侧浪卡子县林西村实施了剖面实测。

西藏浪卡子县林西村宗卓组实测剖面

剖面位于浪卡子县林西村,剖面自南向北沿冲沟测制,露头连续出露,剖面起点自宗卓组与下伏陆热组间不整合面处,剖面起点坐标为90°35′12″,28°37′41″;剖面至宗卓组与甲不拉组断裂相接处,剖面终点坐标为90°35′08″,28°39′58″(图2-62)。剖面分层列述如下。

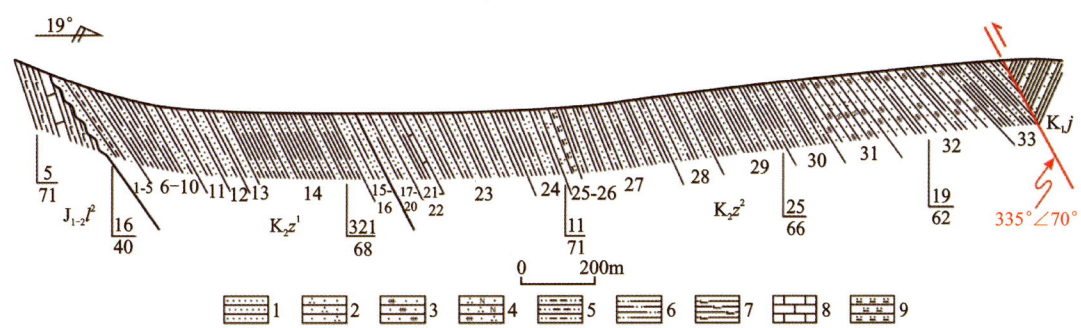

1.砂岩;2.石英砂岩;3.杂砂岩;4.长石石英杂砂岩;5.粉砂质泥岩;6.粉砂质页岩;7.钙质页岩;8.灰岩;9.硅质岩。

图2-62 西藏浪卡子县林西村宗卓组实测剖面图

西藏浪卡子县林西村宗卓组实测剖面:

下白垩统甲不拉组(K_1j):黄绿色页岩夹石英砂岩

══════断层接触══════

宗卓组二段(K_2z^2)	厚度>1 620.19m
33 黄绿—灰黑色粉砂质页岩夹黄褐色细砂岩	105m
32 灰白色中薄层杂砂岩、黄绿—灰黑色粉砂质页岩	305.59m
31 黄褐—紫红色中薄层杂砂岩、长石石英杂砂岩	196.2m
30 浅灰色粉砂质页岩夹薄层黄褐色细砂岩	69.26m
29 黄绿—灰黑色粉砂质页岩夹细砂岩、中砂岩	112.78m
28 黄褐色薄层—中层细砂岩夹浅灰色粉砂质页岩	48.21m
27 黄绿色粉砂质页岩与黄褐色细砂岩互层	126.29m
26 灰黑—浅黄色粉砂质页岩,夹黄褐色薄层状细砂岩、硅质岩	25.59m
25 黄褐色薄层状石英砂岩,夹灰黑色粉砂质页岩	13.75m
24 灰白—灰黑色粉砂质页岩,夹少量细砂岩	106.54m
23 灰黑色粉砂质页岩与黄褐色细砂岩互层,偶见中砂岩	352.77m
22 浅灰色中层灰岩,层理发育	1.41m
21 黄褐色细砂岩与灰黑色粉砂质页岩互层	61.33m
20 浅灰—灰白色粉砂质页岩	24.48m
19 浅灰色厚—巨厚层细砂岩	35.12m
18 浅灰—灰黑色粉砂质页岩	32.04m
17 厚—巨厚层状中粒砂岩,劈理较发育	3.83m

──────整合接触──────

宗卓组一段(K_2z^1)	厚度>1 079.61m
16 灰白色薄层状细砂岩夹灰黑色粉砂质页岩	18.61m

15	黄褐色厚层状中粒中砂岩	5.74m
14	黄绿—黄褐色粉砂质页岩夹薄层细砂岩	376.17m
13	中厚层细砂岩夹少量粉砂质页岩，前者棕红色，后者灰黑色，见波痕	19.45m
12	灰黑色粉砂质页岩夹有黄褐色薄层状细砂岩（2:1）	35.4m
11	灰黑色细砂岩夹粉砂质页岩	45.36m
10	黑色薄层状页岩与中薄层细砂岩互层，层理发育	18.41m
9	灰黑色粉砂质页岩与细砂岩互层，均为薄层状	36.88m
8	浅灰色中薄层状粉砂岩，浅黄绿色粉砂质页岩互层，具层理	11.02m
7	土黄—黄绿色粉砂质页岩	103.79m
6	黄—灰黑色粉砂质页岩	202.78m
5	黄褐色细砂岩，风化面为黄褐色，新鲜面为灰黑色，具层理	20.27m
4	黄褐色泥质砂岩夹少量泥质粉砂岩，风化弱	15.44m
3	浅灰—黄绿色泥质粉砂岩夹少量细砂岩	58.57m
2	灰白色粉砂质泥岩	15.89m
1	浅黄绿—黄绿色泥质粉砂岩	95.83m

————————角度不整合————————

下伏地层：中—下侏罗统陆热组二段（$J_{1-2}l^2$）钙质页岩夹灰岩

3. 岩石地层综述

研究区宗卓组虽出露面积有限，但地层出露厚度达2700m，依据岩性与岩石组合将宗卓组进一步分为上、下两段。

宗卓组一段（K_2z^1）：主要为黄褐色、灰黑色细砂岩、泥质粉砂岩、粉砂质页岩与含沉积"漂砾"泥质粉砂岩，沉积"漂砾"成分以灰岩、泥灰岩为主，呈悬浮状分布于泥质粉砂岩之中，灰质漂砾呈一定磨圆状，宏观上呈近顺层分布，直径变化较大，15～45cm不等，发育漂砾的泥质粉砂岩中见变形层理（图2-63a,b），宗卓组在区域上与下白垩统角度不整合接触（图2-63）。厚度大于1 079.61m。

a.宗卓组中灰质漂砾；b.宗卓组中泥灰质漂砾与变形层理

图2-63 推瓦北维美组与宗卓组不整合界线宏观特征

宗卓组二段（K_2z^2）：主要由一套黑色钙质页岩、黄绿色泥质粉砂质、粉砂质页岩及细—中砂岩、杂砂岩的岩石组合构成，砂岩中常见重荷模，与下伏宗卓组一段为整合接触，厚度大于1 620.19m。

十、生物地层与年代地层

中—下三叠统吕村组

梁定益等（1983）最早在吕村组下部找到菊石？*Protrachyceras* sp.，同年西藏区调队在该组中发现双壳类 *Halobia* cf. *rugosoides* Hsu，*Daonell* cf. *quizhouensis* Gam 等和菊石 *Trachysagenites* sp.。2000年，中国地质大学（武汉）区调队在吕村组中采获菊石 *Juvavites* sp.。

菊石 *Protrachyceras* sp. 为喜马拉雅中晚三叠世拉丁期常见化石，*Trachysagenites* 为喜马拉雅上三叠统下部卡尼阶分子，*Juvavites* 广布于喜马拉雅上三叠统；双壳类化石 *Daonell Quizhouensis* 与 *Halobia rugrosoides* 为云南、贵州中三叠统法朗组上部常见分子。综合分析，研究区吕村组以中—晚三叠世常见化石分子为特征，含晚三叠世菊石 *Juvavites*，说明区域上吕村组上限可能包括晚三叠世，将吕村组限定为中—晚三叠世。

上三叠统—下白垩统包含大量生物化石，门类繁多，其中以双壳类、菊石类、腹足类、箭石类尤为发育，根据所获化石和部分前人资料，可建立各门类化石带。

（1）双壳类：为研究区内重要的生物类别，可建立6个组合带。

①*Monotis haueri-Monotis. salinaria* 组合带。

以 *Monotis* 属高度繁盛为特征，包括 *Monotis digona*，*M. haueri*，*M. tenuicostata* 等，为晚三叠世诺利期的重要分子，常见于康马县涅如组剖面。

②*Halobia plicosa-H. norica* 组合带。

见于涅如组二段、三段，可延伸至一段、四段、五段，常覆于 Monotis 层之上。其重要分子有 *Halobia plicosa*，*H. norica*，*H. paracicula*，*H. superbescens*，*H. yunnanensis*，*H. yandongensis*，伴生分子有 *Entolium quotididianum*，*Myophoricardium tulongense*，*Nuculana yunnanensis*，*Posidouia yuangyuanensis* 等，化石以漂浮类为主，包括少量底栖类，为云南 *Halobia plicosa-Pergamidia eumenea* 带中的常见分子，时代为晚三叠世诺利期。

③*Hiatella arenicola-H. simemuriensis* 组合带。

常见于日当组下部，其重要分子有 *Hiatella arenicola*，*H. simemuriensis*，*H. curta*；组合分子有 *Astarte subvoltzii*，*Fimbra regularis*，*Luciniola problematica*，*Posidonia liassica* 等。其中 *Hiatella arenicola*，*H. simemuriensis* 为早侏罗世赫唐阶—辛涅缪尔阶的重要分子，其组合时代为早侏罗世赫唐期—辛涅缪尔期。

④*Parainoceramus matsumotoi-Steimania bronnii* 组合带。

常见于日当组上部和陆热组底部，其重要分子有 *Parainoceramus matsumotoi*，*P. lunaris*，*Steinmania bronnii*，*S.* cf. *stoliczkai*；组合分子有 *Mytiltus* sp.，*Parainoceramus subrotunda*，*Positra* sp.，*Luciniola cingulata* 等；局部较为丰富，以漂浮-底栖混合伴生为特征，其重要分子常见于早侏罗世普林斯巴赫期—土阿辛期，少量见于巴柔期；其组合时代为早侏罗世普林斯巴赫期—中侏罗世巴柔期。

⑤*Costamussium zandaensis-Quenstedtia xizangensis* 组合带。

常见于遮拉组，重要分子有 *Costamussium zandaensis*，*Quenstedtia xizangensis*，组合分子有 *Entolium demissum*，*E. corneolum*。该带化石时代延伸较长，多为巴通期—卡洛维期的常见分子，亦见于巴柔期，故组合时代为中侏罗世巴柔期—卡洛维期。

⑥*Buchia conceilfrica-B. blangfordiana* 组合带。

常见于维美组和桑秀组底部，其重要分子有 *Buchia conceilfrica*，*B. blanfordiana*，*B. curtusa*，

Astarte spitiensis；组合分子甚多，常见分子有 *Astartoides dingriensis*，*A. gonbaensis*，*Entolium* sp.，*Oxytoma* sp.，*Plagiostoma* sp.，*Pleuromya spitiensis* 等；该组合以丰富的 *Buchia* 属为特征，其中有大量的 *Astartoides* 属混生。*Buchia blanfordiana* 常见于基末里期—提塘期，而 *Oxytoma* sp.，*Entolium* sp. 则以牛津期—基末里期为主，故该组合为晚侏罗世牛津期—提塘期。

⑦*Inoceramus concenfricus-Oxytoma suboliqua* 亚带。

常见于桑秀组上部，其重要分子有 *Inocermus concenfricus*，*Oxytoma suboliqua*，*O.* cf. *expansa* 等，组合分子有 *Oxytoma* cf. *gyangzensis*，*Neithea aequicostata*，*N. aketoensis*；此外尚见有菊石类与其伴生，重要分子有 *Dipoloceras dingriensis*，*D. varicostatum* 等。其中 *Inoceramus* 限于晚侏罗世—早白垩世，而 *Oxytoma suboliqua* 则常见于早白垩世贝利阿斯期—欧特里夫期，故该亚带应为早白垩世贝利阿斯期—欧特里夫期。

（2）菊石类：在研究区内极为丰盛，分异度较高，为地层划分最为重要的化石，可建立 8 个组合带，从老到新，分述如下。

①*Arcestes rothplozi-Stenarcestes leiotracus* 组合带。

见于涅如组二段、三段，与双壳类 *Halobia plicosa-H. norica* 组合带伴生产出，重要分子有 *Arcestes rothpltzi*，*Stenarcestes leiotracus*，*Distichites concretus* 等，化石延伸时期较长，常见于晚三叠世。

②*Gumbelites philostrati* 带。

见于涅如组四段、五段，与双壳类 *Halobia plicosa-H. noria* 组合带伴生产出，化石种属较多，以 *Gumbelites philostrati*，*Plaeites perautus* 种属高丰度产出为特征，为珠峰地区 *Pimacoceras-Indijuvavites* 带中的常见分子，时代为晚三叠世诺利期。

③*Psiloceras psilonotum-Waehneroceras* 组合带。

常见于日当组底部，其主要分子有 *Psiloceras psilontum*，*P. provincialis*，*Wachnerceras latum*，*Schlotheimia* sp.。其中 *Psiloceras psilonotum* 是欧洲早侏罗世赫唐阶最下部的化石，而 *Wachnerceras latum* 则为阿尔卑斯东北地区 *Psiloceras calliphyllum* 带的主要分子；*Schlotheimia* 一属则是欧洲、喜马拉雅地区早侏罗世晚期的重要分子，故该组合时代基本可以肯定为早侏罗世赫唐期。

④*Arnioceras arnouldi-Longziceras longziensis* 组合带。

常见于日当组中上部，主要分子有 *Arnioceras arnouldi*，*Longziceras longziensis*，*Ectocentrites longziensis*；组合分子有 *Gleviceras* sp.，*Hantkeniceras* cf. *hantkeniensis*，*Juraphyllites kavasensis*，*Phylloceras* cf. *sclateri* 等，化石属种非常丰富。其中 *Ectocentrites longziensis* 与欧洲的 *Arietites buckland* 带层位相当，其时限为辛涅缪尔阶早期。而 *Arnioceras arnouldi* 是欧洲 *Arnioceras semicostatum* 带的重要分子，与喜马拉雅西段库蒙地区的 *Arnioceras-Schlotheimia* 层的上部可对比，时代为辛涅缪尔中晚期。而 *Oxynoticeras* sp. 的层位略高，故该组合时代应为早侏罗世辛涅缪尔期。

⑤*Prodactylioceras ende* 带。

常见于日当组顶部和陆热组底部，其重要分子有 *Prodactyliocera ende*，*Hantkeniceras* cf. *hantkeniensis*，*Juraphyllites* sp.，*Lytoceras* cf. *fimbriatum*，*Phylloceras* cf. *sclateri* 等。其中前两个属种可与欧洲普林斯巴赫阶的 *Prodactyliocera* cf. *davoei* 带对比，*Phylloceras* cf. *sclateris* 则时限较少，可以延至土阿辛期，故该带时代主要为早侏罗世普林斯巴赫期。

⑥*Nyalamoceras nyalamoensis* 带。

常见于陆热组中下部，重要分子有 *Nyalamoceras nyalamoensis*，*Lytoceras* cf. *fimbriatum*，组合分子有 *Hantkeniceras* sp.，*Geyeroceras* sp.，*Galaticera* sp. 等。其中重要分子有 *Nyalamoceras nyalamoensis*，*Lytoceras* cf. *fimbriatum* 常见于欧洲土阿辛阶 *Nyalamoceras* 带，故该带时代主要为早侏罗世土阿辛期。

⑦*Dorsetensia-Garatiana* 组合带。

常见于陆热组上部和遮拉组中下部，化石较少，重要分子有 *Dorsetensia* cf. *edouardiana*，*Garatiana* sp.，以 *Garatiana* 属高丰度产出为特征，是欧洲、北非、高加索等地晚巴柔期—巴通期的重要分子，故该组合时代为中侏罗世巴柔期—巴通期。

⑧*Dolirkephalites-Inocephalites* 组合带。

常见于遮拉组上部，重要分子有 *Dolikephalite* sp.，*Inocephalites* sp.，组合分子有 *Phylloceras* sp.，*Choffatia obtucostata* 等，其中两个带化石为欧洲、北非、高加索、印度卡奇等地中下卡洛阶的标准分子，故该组合时代为中侏罗世卡洛维期。

⑨*Berriasella oppeli-Haplophylloceras* 组合带。

常见于维美组和桑秀组下部，主要分子有 *Haplophylloceras pinque*，*H. strigile*，*Berriasella oppeli*，组合分子有 *Phylloceras ellipticnm*，*Uhligites griesbachi*。该组合中化石较为简单，时限较长，多以基末果阶—提塘阶为主，故该组合时代应为晚侏罗世基末果期—提塘期。

⑩*Himalayites seideli* 带。

常见于桑秀组中上部，化石较为简单，以 *Himalayites seidli* 高丰度产出为特征，少量 *Haplophylloceras* sp.，*Berriasella* sp.，*Blanfordicera* sp. 等。*Himalayites* 属为早白垩世贝利斯期—凡兰吟期的重要分子，兴盛于凡兰吟期，故该组合时代为早白垩世凡兰吟期。

（3）箭石类：在研究区内极为繁盛，从早到晚，个体逐步变大，可建立 5 个化石带。

①*Aractites longissima-Salpigoteuthis* 组合带。

常见于陆热组中上部，箭石个体较小，有 *Aractites longissima*，*Salpigoteuthis* sp.，*Hastitets* sp.，*Belemnopsis* sp. 等。其中 *Aractites* 和 *Salpigoteuthis* 在区内产出众多，兴盛于土阿辛阶—巴柔阶，故组合时代应为早侏罗世土阿辛期—中侏罗世巴柔期。

②*Holcobelus* cf. *blainvillei-Hastites* 组合带。

常见于遮拉组中，化石属种较少，以 *Holcobelus* cf. *blainvillei* 高度丰盛为特征。其时限较长，可能包括了中侏罗世巴柔期—卡洛维期。

③*Belemnopsis geradi-B. rostatus* 组合带。

常见于维美组中下部，其重要分子以 *Belemnopsis geradi* 为主，组合分子有 *Belemnopsis extenuateus*；中有大量双壳类 *Astare spitiensis*，*A. dingriensis* 产出。其中 *Belemnopsis geradi* 常见于喜马拉雅地区牛津期—基末里早期，故该化石组合时限为晚侏罗世牛津期—基末里早期。

④*Belemnopsis uhligi-Hibolithes hastatus* 组合带。

常见于维美组中上部及桑秀组中，该组合中箭石属种较为丰富，其重要分子有 *Belemnopsis uhligi*，*B.* cf. *alfuricus*，*Hibolithes hastatus*，*H. flemingi* 等，组合分子有 *Belemnopsis aucklandica*，*B. extenuatus*，*Hibolithes jiabulensis*，*H. windhouweri* 等。此外，尚有大量双壳和菊石，*Astarte spitiensis*，*Buchia blanfordina*，*Hoplophylloceras pinque* 等伴生。其中 *Belemnopsis uhligi* 在北喜马拉雅地区上侏罗统门卡墩组上部产出。同盐岭地区的 *Neocomian* 箭石层可以对比，组合时代应为晚侏罗世提塘期，可能包括部分贝利阿斯期。

⑤*Hibolites jiabulensis-H. xizangensis* 组合带。

常见于桑秀组上部，重要分子有 Hibolites *jiabulensis*，*H. xizangensis*，组合分子有 *H. subfusiformis*，*H. jiangziensis*，*Belemnopsis elongatus*。此外，尚可见少量菊石与之伴生，有 *Himalayites seideli* 等。其中 *Hibolites jiabulensis*，*H. xizangensis* 为贝利阿斯阶—欧特里夫阶的重要分子，故该组合时限为早白垩世贝利阿斯期—欧特里夫期。

通过上述典型化石与化石带的建立，研究区内年代地层基本可以厘定。

吕村组：以中—晚三叠世常见化石分子为特征，包括双壳类 *D. quizhouensis*，*H. rugrosoides*，菊石类 *Juvavites* sp.，*Trachysagenites* sp.，*Protrachyceras* sp.，故将吕村组限定为中—晚三叠世。

涅如组：化石丰富，门类繁多，包括菊石类、双壳类、腹足类、海百合、方锥石和遗迹化石等，其中尤以菊石类、双壳类、腹足类发育，可建立 4 个化石带。包括双壳类：①*Monotis haueri-Monotis. salinaria* 组合带，② *Halobia plicosa-H. norica* 组合带；菊石类：① *Arcestes rothplozi-Stenarcestes leiotracus* 组合带，② *Gumbelites philostrati* 带。可与晚三叠世诺利期的化石带相对比，故将涅如组约束为晚三叠世诺利期。

日当组：生物较为丰富，盛产混生双壳和漂浮类菊石。包含 5 个化石带，双壳类：① *Hiatella arenicola-H. simemuriensis* 组合带，② *Parainoceramus matsumotoi-Steinmania bronnii* 组合带；菊石类：③ *Psilocera psilonotum-Waehneroceras latum* 组合，④ *Arniocera arnouldi-Longziceras longziensis* 组合带，⑤ *Prodactyliocera enodum* 带等。其中尤以菊石化石较为分异明显，演化清晰，基本上可与欧洲赫唐期—普林斯巴赫期的化石带对比，故日当组时限应为早侏罗世赫唐期—普林斯巴赫期。

陆热组：生物丰盛，盛产漂浮类双壳和菊石，见少量箭石。包括 5 个化石带，双壳类：① *Parainoceramus matsumotoi-Steimania bronnii* 组合带。菊石类：② *Prodactylioceras ende* 带，③ *Nyalamoceras nyalamoensis* 带，④ *Dorsetensia-Garatiana* 带。箭石类：⑤ *Aractites longissima-Salpigteuthis* 组合带。其中菊石分带较为清晰，可与欧洲普林斯赫期—巴柔期化石带对比，故陆热组时代应为早侏罗世普林斯巴赫期—中侏罗世巴柔期。此外，底部化石带与日当组顶部相同，说明在不同地区具同时异相沉积特点。

遮拉组：化石较为稀少，仅在火山喷发间期及沉积相中产少量双壳、菊石和箭石。包括 4 个化石带。双壳类：① *Costamussium zandaensis-Quenstedtia xizangensis* 组合带。菊石类：② *Dorsetensia-Garatiana* 组合带，③ *Dolirkephalites-Inocephalites* 组合带。箭石类：④ *Holcobelus* cf. *blainvillei-Hastites* 组合带。其中两个菊石化石带分别为欧洲、北非等地巴柔期—巴通期、卡洛维期的标准分子，故遮拉组时限应为中侏罗世巴柔期—卡洛维期。

维美组：生物丰富，盛产双壳、菊石、箭石等，包括 4 个化石带，双壳类：① *Buchia conceilfrica-B. blonfordiana* 组合带。菊石类：② *Berriasella oppeli-Haplophylloceras pinque* 组合带。箭石类：③ *Belemnopsis geradi-B. rostatus* 组合带。④ *Belemnopsis uhligi-Hibolithes hastatus* 组合带。其中两个箭石带为喜马拉雅地区牛津—基未界期、提塘期的箭石层对比，故维美组时限应为晚侏罗世牛津期—提塘期。

甲不拉组：生物门类繁多，含双壳、腕足、菊石、箭石等。其中双壳、腕足极为丰盛，常见分子有 *Olcostephanus* cf. *schenki*，*O. madagascriensis*，*Kilianella* sp.，*Valangintes xizangensis*；*Valdedorsella* sp.，*Proleymerella* sp.，*Leymeriella* sp.，*Oxytropidoceras* sp. 等，均为凡兰吟阶—阿尔比阶的重要分子，故甲不拉组时代为早白垩世凡兰吟期—阿尔比期。

宗卓组：含有菊石 *Turrilites* sp.，*Protexanites* sp.；放射虫 *Dictyomitra leptocostata*，*Novixitus noumalis* 等，化石面貌显示晚白垩世特征。

第三章 岩浆岩

特提斯喜马拉雅岩浆岩分布广泛,时代从古生代至新生代均有发育,其分布呈现与构造地层分区的相关性:花岗岩侵入岩主要分布于核杂岩的内核及内拆离带,时代有晚寒武世—早奥陶世和新生代两期,其中新生代花岗岩构成核杂岩的内核,晚寒武世—早奥陶世花岗岩分布其外;晚古生代火山岩以夹层形式分布于北喜马拉雅地层分区;中生代火山岩与白垩纪超基性—中基性岩脉分布于康马-隆子地层分区的中生代地层之中。本书以中生代火山-沉积记录为核心,古生代岩浆岩作为中生代盆地基底的地质记录在本章予以简要介绍,中生代岩浆岩按年代顺序关系重点阐述,研究区新生代岩浆活动作为后期改造记录未纳入本书。

第一节 晚寒武世—早奥陶世岩浆岩

这一阶段侵入岩的分布与核杂岩及藏南拆离系关系紧密,包括东北部雅拉香波核杂岩内拆离带的康不真日岩体和西南部库拉岗日岩体,呈岩株状产出,出露总面积约 $80km^2$。侵入岩多以二长花岗岩、黑云斜长花岗岩为主。时代在 518~463Ma,形成于泛非运动晚期。康不真日花岗岩体与库拉岗日花岗岩体的岩石学特征与形成年代相近,一并介绍如下。

一、岩石学特征

主要在库拉岗日岩体和拉隆岩体边缘局部见该期次侵入岩。库拉岗日岩体产出状态为一岩基。岩性主要为弱片理化中细粒二云二长花岗岩、中粒黑云二长花岗岩、片麻状黑云斜长花岗岩及黑云角闪二长片麻岩等。库拉岗日花岗岩与拉轨岗日岩群片岩呈韧性剪切接触关系(图 3-1)。在岩体与围岩接触带附近,可见红柱石、石榴子石及透闪石等变质矿物。

a.库拉岗日花岗岩宏观;b.康不真日花岗岩露头

图 3-1 晚寒武世—早奥陶世花岗岩特征

片麻状花岗岩：岩石主要由粒径 0.5～2.5mm 的他形板柱状斜长石、钾长石、石英及片状白云母、黑云母等相互紧密镶嵌组成，构成花岗结构。岩石中片状矿物定向分布或围绕斜长石分布，呈片麻状构造。其中，斜长石：含量约 40%，透镜状、棱角状、板柱状，晶体中裂隙发育，部分晶体边缘动态重结晶呈新晶粒，斜长石与钾长石、石英接触处偏斜长石一侧大量发育蠕英石，部分蠕英石可能为应力作用所致。钾长石：含量约 14%，他形粒状，具条纹结构。石英：含量约 30%，它形粒状、连晶集合体状，波状消光，晶体大多已经亚晶粒化。黑云母：含量约 10%，片状，定向分布。白云母：含量约 6%，片状，定向排列（图 3-2a）。

弱片理化中细粒二云二长花岗岩：岩石主要由粒径 0.2～4mm 显定向排列的半自形板柱状、他形粒状斜长石、钾长石，他形粒状石英，片状黑云母、白云母，少量电气石、不透明、半透明矿物组成，中细粒花岗结构，块状构造，略显定向构造。钾长石：含量约 27%，半自形板柱状，他形粒状，具微纹结构、卡式双晶，受应力发育裂纹并定向排列。斜长石：含量约 38%，半自形板柱状，具聚片双晶，卡钠复合双晶，绢云母化、黏土化，受应力定向排列。石英：含量约 27%，他形粒状，他形粒状集合体状，一级亮白干涉色，受应力显碎裂化，波状消光，压扁拉长。黑云母：含量约 3%，片状，褐色，多色性、吸收性明显，定向排列。白云母：含量约 4%，片状，干涉色鲜艳，解理清晰，分布在长英质粒间，定向排列。不透明矿物：微量，凝粒状，黑褐色，分散分布。电气石：含量约 1%，柱状，绿褐色，具反吸收（图 3-2b，c）。

黑云二长花岗岩：岩石主要由粒径 1～4.7mm 的半自形板柱状斜长石、斜长石，他形粒状石英，片状黑云母、白云母，少量不透明矿物等相互镶嵌组成，构成中粒花岗结构，块状构造。钾长石：含量约 35%，半自形板柱状，他形粒状，具微纹结构，卡式双晶，受应力发育裂纹，显波状消光，包含小的石英、斜长石包体。斜长石：含量约 33%，半自形板柱状，具聚片双晶、卡钠复合双晶，绢云母化、黏土化。受应力发育裂纹，显波状消光。石英：含量约 28%，他形粒状，他形粒状集合体状，一级亮白干涉色，受应力显波状消光、亚晶粒化。黑云母：含量约 4%，小片状，片状，褐色，多色性、吸收性明显，多绿泥石化。不透明矿物：微量，凝粒状，黑褐色，分散分布（图 3-2d）。

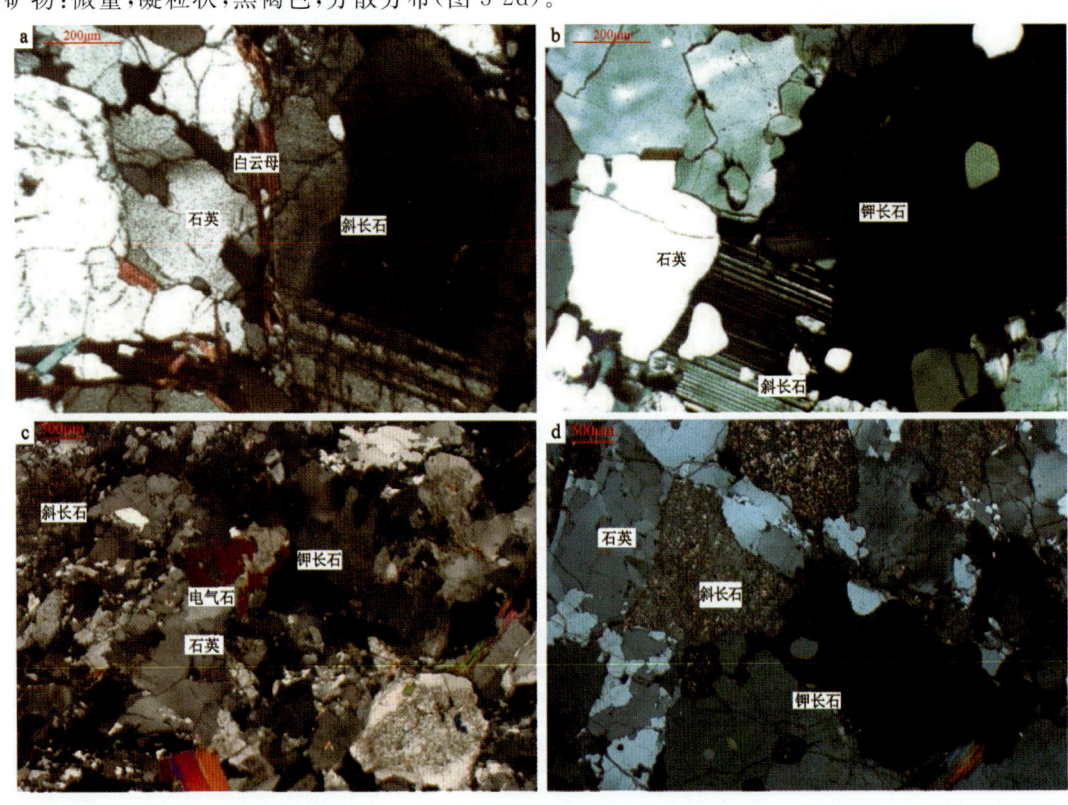

a. 弱片麻状花岗岩（+）；b，c. 弱片麻状二云二长花岗岩（+）；d. 中粒黑云二长花岗岩（+）

图 3-2　晚寒武世—早奥陶世花岗岩镜下特征

二、岩石地球化学特征

晚寒武世—早奥陶世花岗岩常量元素和微量元素详细数据见表3-1。本次共采集13件早奥陶世侵入岩样品进行岩石地球化学分析，13件均为花岗岩。其岩石化学特征如下。

表3-1 晚寒武世—早奥陶世花岗岩常量元素(%)和微量元素(10^{-6})含量表

样品号	2694-QY	D51-QY	D52-QY	01-1-QY	02-2-QY	07-4-QY	PM3-31-1	PM3-31-2	PM3-33-1	D4301-1	D4308-1	D4309-1	D4310-1
	康不真日花岗岩						库拉岗日花岗岩						
SiO_2	72.61	72.17	71.43	76.84	72.68	75.20	68.33	73.93	70.76	71.99	57.24	71.20	71.54
TiO_2	0.22	0.21	0.26	0.05	0.17	0.03	0.13	0.41	0.05	0.06	0.85	0.11	0.14
Al_2O_3	15.31	15.36	15.82	13.44	15.27	14.13	16.41	12.52	16.91	16.04	17.92	13.84	16.02
MnO	0.02	0.02	0.03	0.06	0.01	0.01	0.06	0.06	0.03	0.02	0.21	0.03	0.04
MgO	0.53	0.33	0.67	0.14	0.27	0.07	0.18	1.16	0.15	0.15	2.92	0.21	0.39
CaO	2.73	2.18	2.82	0.53	1.48	0.96	0.77	0.90	0.49	0.51	6.06	0.50	0.55
Na_2O	3.72	4.15	3.53	2.04	4.23	5.85	4.25	2.63	3.40	3.25	1.85	3.30	3.43
K_2O	2.31	3.24	3.06	3.09	4.03	1.80	5.82	2.21	4.69	4.94	2.48	5.01	5.02
P_2O_5	0.04	0.05	0.09	0.12	0.09	0.04	0.04	0.05	0.05	0.13	0.11	0.12	0.10
Sc	2.68	2.48	4.01	7.31	1.96	1.68	303	149	253.6	338.3	193.5	341.1	302.7
V	14.61	15.29	23.72	9.07	18.14	11.87	149.4	589.4	151.5	154.6	492	234.1	322.2
Cr	3.81	6.93	12.58	6.68	8.47	5.21	7.35	11.19	7.54	7.5	6.26	7.75	8.01
Co	17.89	9.1	14.14	20.16	12.03	19.33	16.26	3.73	6.09	2.7	1.83	2.77	2.04
Ni	8.53	1.98	5.11	0.92	1.59	0.96	6.6	11.9	11.93	10.45	12.69	10.04	13.83
Rb	76.7	163.1	126.8	244.8	242	89.94	303	149	253.6	338.3	193.5	341.1	302.7
Ba	576.5	350.5	508.4	79	506.6	25.73	149.4	589.4	151.5	154.6	492	234.1	322.2
Th	10.32	6.5	12.1	7.55	8.69	4.52	7.35	11.19	7.54	7.5	6.26	7.75	8.01
U	1.93	1.51	0.98	2.47	3.4	3.29	16.26	3.73	6.09	2.7	1.83	2.77	2.04
Nb	8.29	13.25	8.24	20.67	13.32	6.66	6.6	11.9	11.93	10.45	12.69	10.04	13.83
Ta	0.71	2.07	1.07	3.16	1.52	1.45	0.88	1.63	1.72	2.03	1.54	2.08	2.88
La	20.59	13.16	30.95	7.61	16.27	5.3	35.85	130.43	36.4	36.12	72.38	32.91	37.65
Ce	38.91	23.56	60.42	17.18	31	11.75	30.75	92.22	32.54	32.2	55.74	29.54	32.78
Pb	37.87	46.24	84	18.45	69.55	54.36	303	149	253.6	338.3	193.5	341.1	302.7
Pr	4.88	2.74	6.76	2.13	3.56	1.36	17.7	75.25	19.58	18.43	43.8	16.53	23.94
Sr	329.6	250.5	452.1	27.31	248.1	49.24	89.2	114.4	73	53.6	189.5	62.6	93.6
Nd	16.87	9.96	25.11	8.03	13	5.16	12.53	54.18	14.14	12.99	32.66	11.49	17.87
Zr	66	112	125	66	78	26	19.92	28.66	14.25	14.69	17.95	14.68	11.93

续表 3-1

样品号	2694-QY	D51-QY	D52-QY	01-1-QY	02-2-QY	07-4-QY	PM3-31-1	PM3-31-2	PM3-33-1	D4301-1	D4308-1	D4309-1	D4310-1
	康不真日花岗岩						库拉岗日花岗岩						
Hf	5.09	3.27	3.07	4.77	5.45	2.98	1	1.14	0.95	1.04	1.53	0.98	0.96
Sm	3.36	1.91	4.63	2.69	2.93	1.79	0.19	23.27	2.15	0.56	11.1	0.11	3.8
Eu	0.87	0.59	1.23	0.12	0.97	0.2	0.32	9.82	1.04	0.74	8.12	1.19	0.45
Gd	3.03	1.66	3.59	2.43	2.4	1.49	0.08	11.4	0.08	0.25	5.48	0.04	0.13
Tb	0.48	0.24	0.42	0.64	0.32	0.28	4.85	10.67	3.1	1.2	8.59	0.29	4.19
Dy	2.52	1.29	1.6	4.57	1.18	1.29	2.2	2.97	0.17	0.17	4	0.1	0.14
Y	12.13	8.19	7.17	29.49	4.97	5.56							
Ho	0.54	0.26	0.27	1.06	0.17	0.23	0.15	0.46	0.46	0.62	0.77	0.77	0.77
Er	1.37	0.79	0.66	3.43	0.39	0.48	6.43	1.7	0.11	0.26	4.82	0.26	0.11
Tm	0.26	0.14	0.09	0.76	0.05	0.07	1.03		0.69	1.03	1.03	0.69	0.34
Yb	1.31	0.84	0.47	5.4	0.26	0.4	3.23	0.1	0.1	0.15	0.1	0.21	0.1
Lu	0.27	0.13	0.06	0.82	0.04	0.06	1.04	1.04	0.69	0.69	1.04	0.69	0.35
δEu	0.82	0.99	0.89	0.15	1.09	0.36	6.76	1.63	2.48	5.23	2.82	44.92	0.61
(La/Yb)$_N$	11.27	11.24	47.34	1.01	44.21	9.6	7.961 359	935.573 8	261.097	172.725 7	519.181 4	112.411 1	270.063 3
ΣREE	95.26	57.27	136.24	56.86	72.54	29.86	116.35	414.2	111.25	105.41	249.63	94.82	122.62

花岗岩样品 SiO_2 含量介于 57.24%～78.31% 之间，平均值为 71.61%，全碱（Na_2O+K_2O）含量为 4.33%～10.07%，平均值为 7.21%；TiO_2 含量为 0.85%～0.03%，平均值为 0.20%；$Fe_2O_3^T$ 含量为 0.82%～10.14%，平均值为 2.97%；MgO 含量为 0.071%～2.92%，平均值为 0.55%，Mg$^\#$ 值为 29～85；Al_2O_3 含量在 12.52%～17.92% 之间，平均值为 15.38%。在 TAS 图解中样品主要分布于花岗岩区域（图 3-3a）；在 SiO_2-K_2O 图解中样品显示钙碱性—高钾钙碱性玄武岩特征（图 3-3b）；在 Y+Nb-Rb 图解中两件库拉岗日花岗岩样品表现为板内花岗岩特征，其余样品表现为同碰撞花岗岩特征（图 3-3c）。在 A/CNK-A/NK 图解中所有样品均表现出过铝质特征（图 3-3d）。在主量元素双变量协变图解中，13 件花岗岩样品的 SiO_2、$Fe_2O_3^T$、P_2O_5、TiO_2、Al_2O_3、CaO 含量和 MgO 含量呈较强的线性趋势（图 3-4a—f），反映其应存在成因上的联系，为同期岩浆活动的产物。

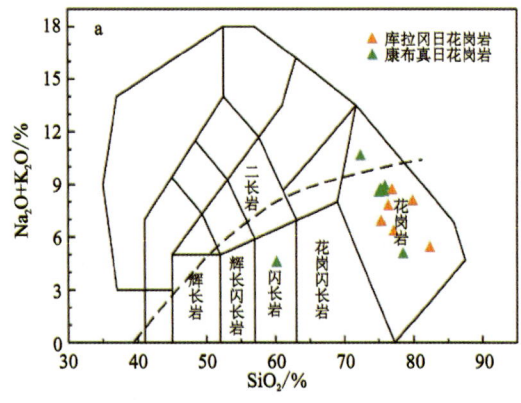
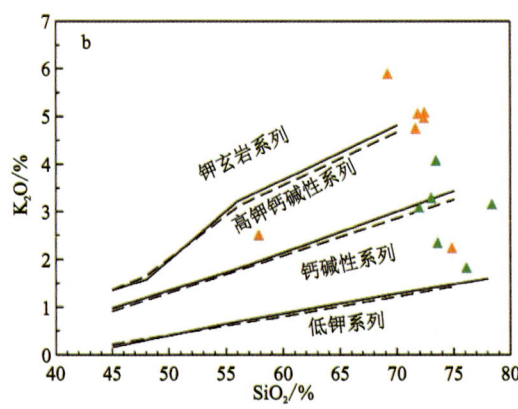

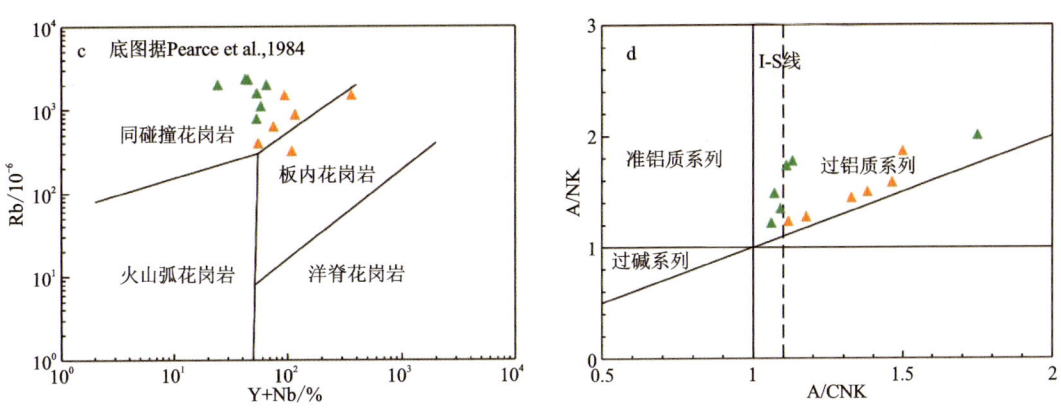

图 3-3 晚寒武世—早奥陶世花岗岩岩石类型地球化学判别图解

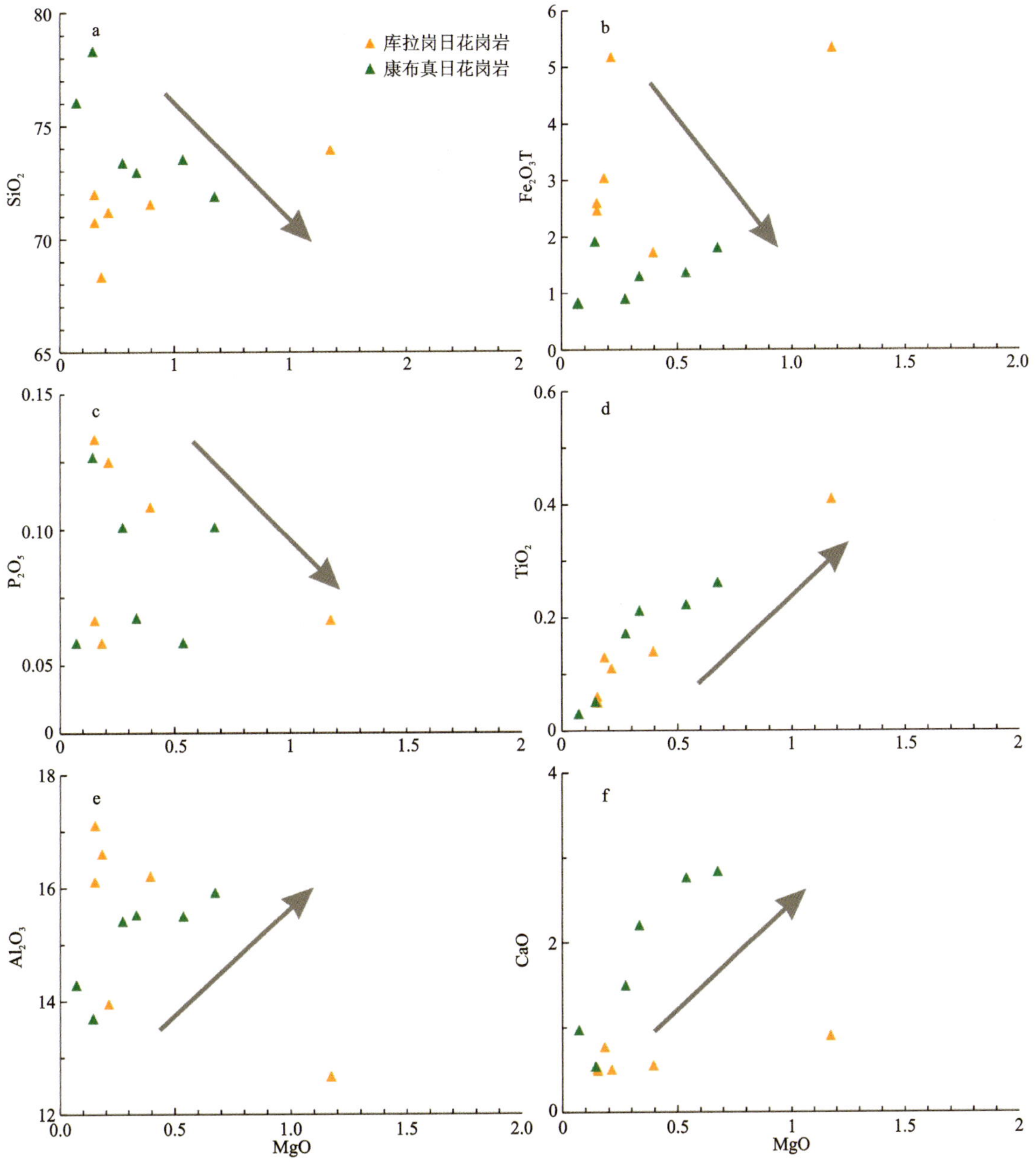

图 3-4 晚寒武世—早奥陶世花岗岩主量元素协变图解

康布真日岩体花岗岩样品中的稀土元素含量 ΣREE 为 $29.86×10^{-6} \sim 136.24×10^{-6}$,平均为 $74.67×10^{-6}$,轻、重稀土元素比值 ΣLREE/ΣHREE=$1.97 \sim 18.03$,平均为 9.74,$(La/Yb)_N=1.01 \sim 47.34$,平均为 20.77,指示出轻重稀土分馏程度较大,球粒陨石标准化稀土元素配分曲线呈较强的右倾趋势(图 3-5a),相对富集轻稀土,亏损重稀土元素。在康不真日岩体花岗岩中显示弱 Eu 负异常($\delta Eu=0.12 \sim 1.23$,平均为 0.66),可能与斜长石分离结晶作用有关。从微量元素组成来看,康布真日岩体花岗岩具有大离子元素 Rb、U、Pb 明显正异常,高场强元素 Nb 呈明显负异常,Hf 元素高度富集的特征(图 3-5b)。

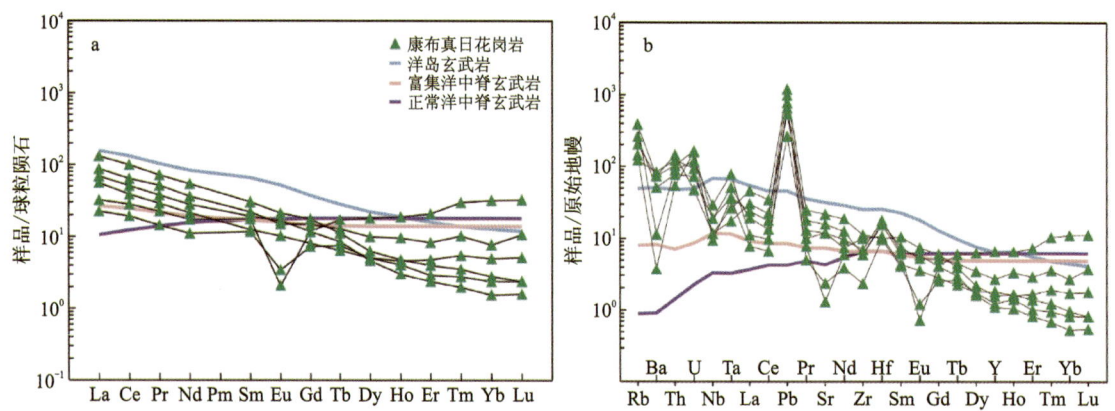

图 3-5　晚寒武世—早奥陶世花岗岩球粒陨石标准化稀土元素配分模式图(a)和原始地幔标准化微量元素蛛网图(b)

三、锆石 U-Pb 年代学特征

黑云斜长花岗岩分离出来的单颗粒锆石晶体具有较好的晶型,结构较为简单,多数锆石具振荡环带,结构较为均一。根据阴极发光照片选择测点位置,同时结合透反射照片,测点尽量避开裂纹位置。黑云二长花岗岩分离的锆石长 $100 \sim 220 \mu m$,均呈自形—半自形短柱状—板状,长宽比为 $2:1 \sim 1:1$(图 3-6)。

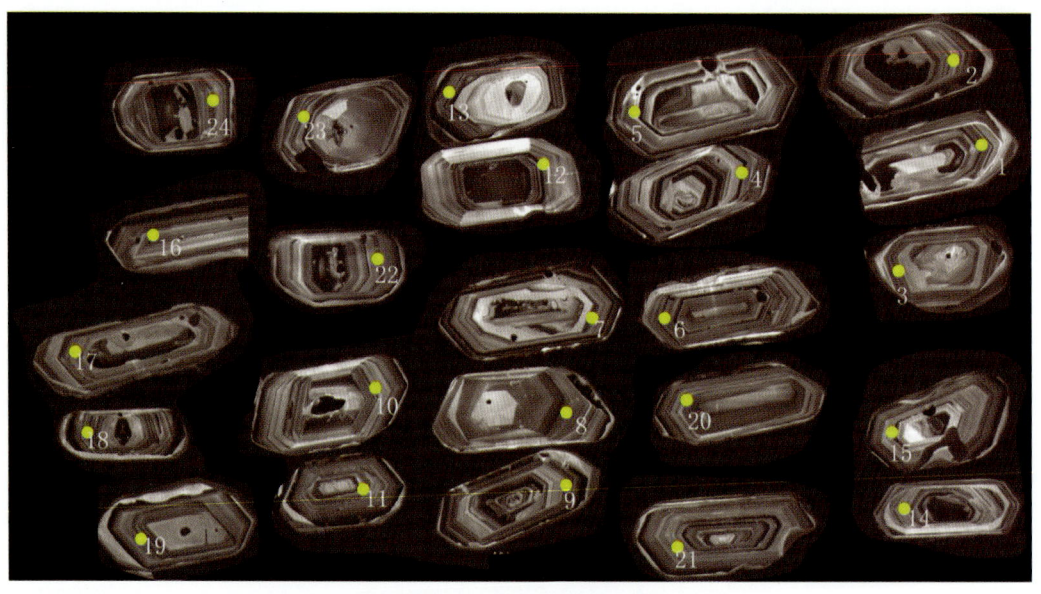

图 3-6　库拉岗日黑云斜长花岗锆石阴极发光图像

对其进行了 LA-ICP-MS 锆石 U-Pb 年代学分析,详细数据见表 3-2。24 件黑云斜长花岗岩样品的锆石 Th、U 含量分别为 $148×10^{-6} \sim 2038×10^{-6}$ 和 $420×10^{-6} \sim 1910×10^{-6}$,Th/U 比值为 $0.38 \sim$

1.32。结合阴极发光图像中多数锆石具有振荡环带的特征,因此上述特征表明24件样品的锆石均为典型岩浆锆石成因(Hoskin and Black,2002)。去除10个谐和度低于95%样品后,14个分析测点位于谐和线上(图3-7a),锆石^{206}U/^{238}Pb年龄为523.3~512.5Ma,加权平均年龄为517.9±5.4Ma,代表花岗岩的结晶年龄(图3-7b)。

表3-2 库拉岗日黑云斜长花岗岩 LA-ICP-MS 锆石 U-Pb 分析结果

测点	Total Pb 10^{-6}	^{232}Th 10^{-6}	^{238}U 10^{-6}	Th/U	^{207}Pb/^{235}U 比值	1σ	^{206}Pb/^{238}U 比值	1σ	^{207}Pb/^{235}U 年龄(Ma)	1σ	^{206}Pb/^{238}U 年龄(Ma)	1σ	谐和度
TW-PM3-15	96	679	987	0.69	0.648 86	0.017 26	0.080 93	0.001 26	508	11	502	8	0.98
TW-PM3-10	80	611	752	0.81	0.654 05	0.017 05	0.081 38	0.001 08	511	10	504	6	0.98
TW-PM3-4	98	950	908	1.05	0.647 36	0.015 93	0.082 14	0.001 1	507	10	509	7	0.99
TW-PM3-11	74	382	775	0.49	0.654 06	0.017 34	0.082 28	0.001 1	511	11	510	7	0.99
TW-PM3-13	103	915	944	0.97	0.653 92	0.016 54	0.082 51	0.001 09	511	10	511	6	0.99
TW-PM3-12	100	690	972	0.71	0.673 2	0.015 35	0.082 53	0.000 96	523	9	511	6	0.97
TW-PM3-18	123	624	1259	0.5	0.676 55	0.016 84	0.082 74	0.001 09	525	10	512	6	0.97
TW-PM3-20	97	564	977	0.58	0.688 5	0.017 77	0.082 95	0.001 15	532	11	514	7	0.96
TW-PM3-24	92	755	868	0.87	0.657 65	0.020 38	0.083 36	0.001 17	513	12	516	7	0.99
TW-PM3-8	117	675	1174	0.57	0.676 25	0.017 17	0.083 69	0.001 07	525	10	518	6	0.98
TW-PM3-23	219	2038	1910	1.07	0.664 11	0.015 11	0.083 8	0.001 09	517	9	519	6	0.99
TW-PM3-19	92	603	898	0.67	0.676 59	0.018 24	0.083 83	0.001 05	525	11	519	6	0.98
TW-PM3-5	91	588	914	0.64	0.666 43	0.016 79	0.083 88	0.001 12	519	10	519	7	0.99
TW-PM3-14	54	461	495	0.93	0.676 88	0.021 93	0.084 27	0.001 21	525	13	522	7	0.99

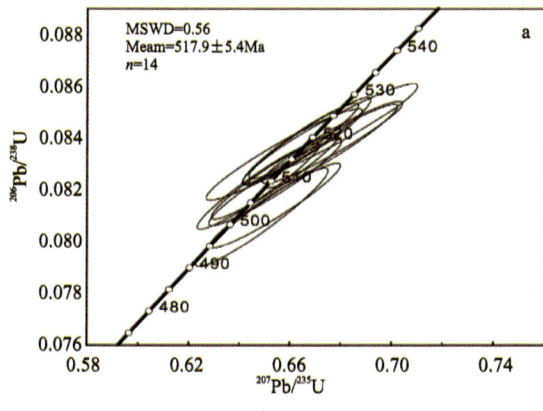
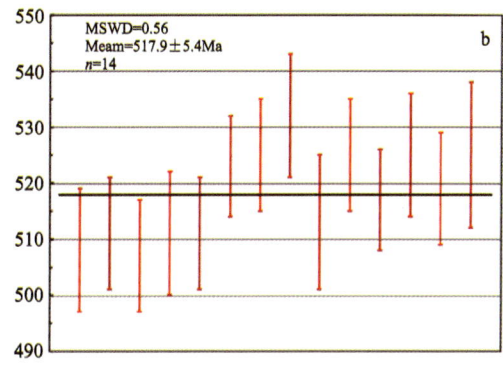

图3-7 库拉岗日黑云斜长花岗岩 U-Pb 年龄谐和图(a)和加权年龄分布图(b)

四、岩石成因

早奥陶世康布真日花岗岩显示弱的 Nb、Ta 负异常,无明显 Zr、Hf 异常(图3-5b),反映其可能遭受地壳混染的影响。Th/Ta 值可以指示岩浆是否源于原始地幔。一般来说大陆地壳的 Th/Ta 值(>10)

明显高于原始地幔(约为2)。而康布真日岩体花岗岩的Th/Ta值为2.38~14.53,平均值为6.70,表明其受地壳混染作用影响。花岗岩的微量元素含量具轻、重稀土分异的特征(图3-5a),富集大离子亲石元素和高场强元素(图3-5b),Sm/Th比值(0.29~0.39,平均为0.34)较低,Th/Y比值(0.25~1.74,平均为1.02)较高,表明其来源于富集地幔源区的可能性较大。

康布真日岩体花岗岩的MgO含量与SiO_2和$Fe_2O_3^T$均呈负线性相关(图3-4a,b),表明发生了橄榄石分馏结晶,而斜辉石未发生明显分馏结晶;与P_2O_5呈负线性相关,与TiO_2呈正线性相关(图3-4c,d),表明磷灰石为主要结晶相;与Al_2O_3呈正线性相关(图3-4e),与CaO呈负线性相关(图3-4f),结合Eu弱负异常特征,表明斜长石存在分馏结晶作用。康布真日岩体花岗岩样品高度富Pb、U和Hf,较为富集Zr、Sr,相对亏损Ti、Nd、Ba。在微量元素原始地幔蛛网图上,呈现出多个"M"形多峰谷型式。由于该岩体常量元素的变化范围有限,因此它们在不相容元素上含量的变化不可能是由岩浆分异作用引起的,而可能与它们的岩浆源区组成特征和形成的熔体分数有关。此外,测区花岗岩样品具有较低的Sm/Th比值(分别为0.01~2.10,平均值为0.52)和较高的Th/Y比值(分别为0.25~1.70,平均值为1.02),表明其可能来源于富集地幔源区。在3Ta-Hf-Rb/30图解中显示康布真日岩体形成的构造条件多为板内环境,而库拉岗日花岗岩体形成的构造条件为碰撞后环境(图3-8a)。在Rb/Sr-Rb/Ba图解中显示多数库拉岗日花岗岩原岩为富黏土原岩,2件库拉岗日花岗岩样品落入页岩区域;康布真日花岗岩类型包括杂砂岩、页岩和富黏土原岩(图3-8b)。

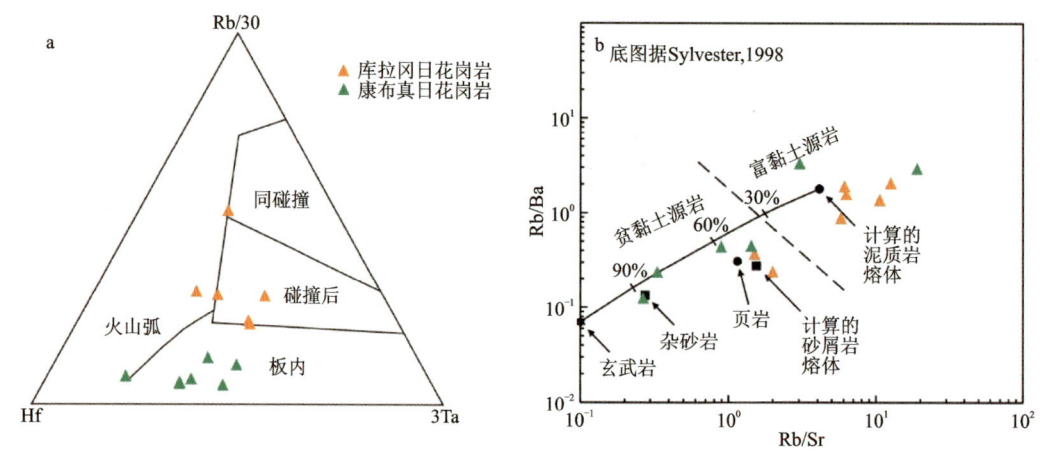

图3-8 晚寒武世—早奥陶世花岗岩3Ta-Hf-Rb/30图解(a)和Rb/Sr-Rb/Ba图解(b)

第二节 晚三叠世火山岩

晚三叠世火山岩出露范围局限,主要分布在哲古—谷堆一带,呈夹层状产于上三叠统涅如组二段(T_3n^2)、三段(T_3n^3)中(图3-9a),厚度在几十厘米至数米不等,可能代表分散的小范围、局部火山活动。岩性主要为灰绿色蚀变玄武岩和安山质玄武岩,气孔、杏仁构造发育(图3-9b),部分呈致密块状构造,偶见枕状构造,岩石普遍经历浅变质作用。

一、岩石学特征

玄武岩:岩石主要由粒径0.05~0.2mm的长板条状斜长石和分布斜长石不规则格架中的细小辉石、石英、不透明矿物等组成,构成间粒结构。其中,斜长石:含量约65%,自形长板条状,构成不规则的

a. 火山岩与板岩接触界线；b. 火山岩中气孔与杏仁构造

图 3-9 晚三叠世火山岩宏观特征

格架，方解石化、弱绢云母化。辉石含量约 28%，不规则短柱状，方解石化、弱绿泥石化。石英含量约 2%，他形粒状，分布在长石和辉石粒间。不透明矿物含量约 5%，他形粒状，长板条状，较均匀分散分布（图 3-10a）。

安山质玄武岩：岩石主要由粒径 0.08～0.16mm 细长条状斜长石、他形角闪石、石英、玻璃质和不透明—半透明钛铁氧化物等组成，斜长石格架间充填玻璃质和脱玻化雏晶、不透明矿物等，构成交织结构、间隐结构。岩石富含杏仁体、气孔，孔径 1～4mm，其间充填棕红色、橘红色铁质、玻璃质等。其中：斜长石含量约 57%，显微板条状，互相交织，无规则分布。角闪石含量约 25%，长柱状，具浅褐—深褐色多色性，绿泥石化。玻基质含量约 10%，隐晶状，多铁染为黄褐色，部分脱玻化，雏晶状。石英含量约 3%，他形粒状，填隙于斜长石粒间。不透明钛铁氧化物含量约 5%，不透明他形，浸染状分散分布（图 3-10b）。

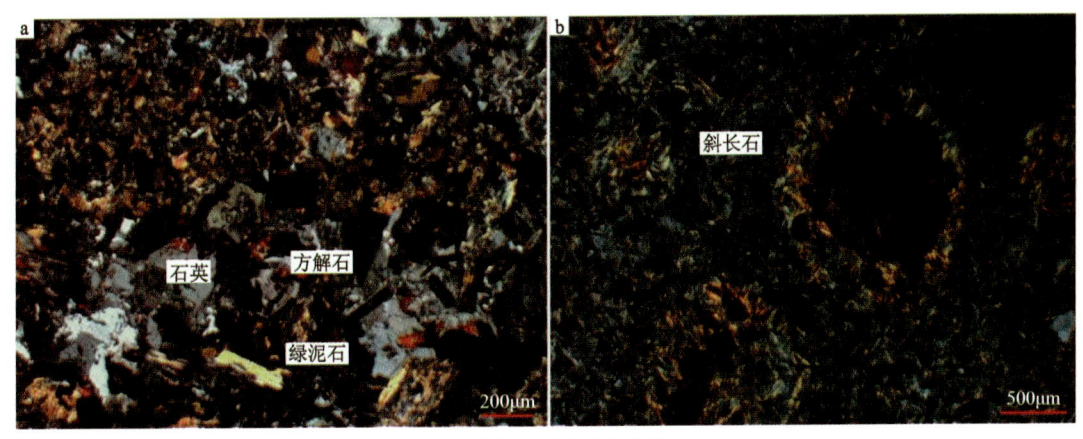

a. 玄武岩；b. 安山质玄武岩

图 3-10 晚三叠世火山岩岩石学特征（正交偏光，下同）

二、岩石地球化学特征

在晚三叠世地层中共采集 9 件玄武岩和安山质玄武岩样品进行岩石地球化学分析，详细数据见表 3-3。晚三叠世火山岩样品 SiO_2 含量介于 47.70%～52.15% 之间，平均值为 49.98%，全碱（Na_2O+K_2O）含量为 1.88%～4.07%，平均值为 2.62%；TiO_2 含量为 1.49%～2.62%，平均值为 1.89%；$Fe_2O_3^T$ 含量为 1.02%～4.87%，平均值为 2.06%；MgO 含量为 4.06%～9.10%，平均值为 7.03%，$Mg^\#$ 值为 65～94；Al_2O_3 含量在 12.70%～14.90% 之间，平均值为 13.57%。在 TAS 图解中所有样品均落入玄武安山岩区域（图 3-11a）；在 SiO_2-K_2O 图解中样品显示低钾-钙碱性玄武岩特征（图 3-11b），但是在 Co-Th 图解中则表现为钙碱性系列(图 3-11c)。在主量元素双变量协变图解中,9 件玄武岩样品的 SiO_2、$Fe_2O_3^T$、P_2O_5、TiO_2、Al_2O_3、CaO 含量和 MgO 含量呈较强的线性趋势(图 3-12a—f),反映其应存在成因上的联系,为同期岩浆活动的产物。

表 3-3 晚三叠世玄武岩主量元素(%)和微量元素($\times 10^{-6}$)含量

样品号	PM12-2-Q	PM12-7-Q	PM12-13-Q	131-1	RD08-1	RD08-2	131-2	RD09-1	RD09-3
SiO_2	53.43	53.30	55.21	54.27	54.10	54.18	54.67	55.09	55.37
TiO_2	1.66	1.98	2.49	1.86	1.84	1.96	2.75	1.67	2.29
Al_2O_3	14.35	14.19	14.48	15.56	15.05	13.77	15.18	14.39	15.92
$Fe_2O_3^T$	10.93	10.50	10.99	11.03	10.55	10.78	9.64	9.59	9.97
MnO	0.14	0.20	0.20	0.29	0.22	0.17	0.19	0.16	0.15
MgO	8.47	8.26	7.78	4.52	7.55	9.44	7.15	9.68	5.99
CaO	8.03	8.91	6.23	7.85	8.03	7.12	6.70	5.77	5.47
Na_2O	2.17	1.79	1.86	3.40	1.35	1.86	2.94	2.98	3.68
K_2O	0.30	0.38	0.26	0.43	0.88	0.17	0.16	0.31	0.67
P_2O_5	0.37	0.35	0.36	0.30	0.32	0.29	0.34	0.24	0.33
Total	99.85	99.85	99.87	99.51	99.90	99.75	99.70	99.89	99.84
$Mg^\#$	61	61	58	45	59	63	59	67	54
Sc	22.37	20.27	22.20	20.80	24.52	25.06	25.55	27.92	23.90
V	249.20	246.10	255.80	242.00	279.00	312.84	256.40	317.52	145.40
Cr	413.00	329.90	317.50	180.00	251.00	387.00	78.54	408.00	49.24
Co	43.68	34.76	41.36	33.37	36.81	44.61	31.20	42.14	33.40
Ni	69.05	53.24	60.72	43.11	90.23	115.50	17.73	92.66	26.59
Rb	13.47	16.57	14.28	28.33	37.10	6.36	11.48	11.62	22.93
Ba	127.00	87.70	44.40	93.39	227.60	201.10	222.30	93.04	185.30
Th	3.83	3.70	4.05	3.84	4.30	3.71	6.96	4.33	5.21
U	0.58	0.61	0.72	0.58	0.61	0.40	0.74	0.65	0.88
Nb	8.25	9.52	11.81	10.06	10.40	10.13	11.19	10.77	12.26
Ta	0.92	1.26	1.30	0.63	1.07	1.17	1.18	1.02	1.10
La	22.57	22.72	23.76	22.96	24.28	21.91	25.09	20.37	25.62
Ce	46.68	46.89	49.91	46.48	51.00	46.07	51.27	42.89	54.09
Pb	9.45	4.33	7.62	9.79	15.67	10.10	11.71	4.97	7.55
Pr	6.61	6.61	6.93	6.04	6.79	6.15	6.81	5.73	7.07
Sr	207.40	146.80	127.50	90.56	188.90	319.70	394.50	372.00	315.90
Nd	29.67	29.61	31.49	27.32	29.98	27.29	27.73	25.00	30.77
Zr	223.00	217.00	231.00	200.00	236.00	228.00	253.00	206.00	261.00
Hf	1.87	1.73	2.72	6.12	6.31	5.92	8.41	6.96	6.85
Sm	7.16	7.28	7.47	5.82	6.69	6.09	5.86	5.79	7.08
Eu	1.69	2.10	2.24	1.52	1.70	1.93	1.60	1.89	2.11
Ti	8 931.05	10 609.36	13 666.30	10 009.96	9 950.02	10 909.06	15 704.25	9 410.56	12 827.14

续表 3-3

样品号	PM12-2-Q	PM12-7-Q	PM12-13-Q	131-1	RD08-1	RD08-2	131-2	RD09-1	RD09-3
Gd	6.21	6.30	6.65	5.47	6.20	5.98	5.25	5.43	6.57
Tb	1.13	1.18	1.18	0.93	1.06	1.11	0.86	1.03	1.21
Dy	6.41	6.80	6.69	5.13	5.89	6.45	4.78	6.09	7.10
Y	38.86	40.19	40.69	27.23	26.00	33.44	23.22	31.70	36.02
Ho	1.43	1.48	1.50	1.06	1.13	1.32	0.98	1.27	1.44
Er	3.10	3.11	3.26	2.80	2.85	3.41	2.57	3.13	3.63
Tm	0.48	0.50	0.51	0.41	0.44	0.52	0.39	0.48	0.54
Yb	2.23	2.37	2.36	2.08	2.58	3.04	1.90	2.95	3.28
Lu	0.33	0.33	0.35	0.32	0.38	0.43	0.41	0.42	0.42
δEu	0.77	0.95	0.97	0.82	0.81	0.98	0.88	1.03	0.95
ΣREE	135.70	137.28	144.30	128.34	140.97	131.70	135.50	122.47	150.93
LREE/HREE	5.36	5.22	5.41	6.05	5.87	4.92	6.91	4.89	5.24
$(La/Yb)_N$	7.26	6.88	7.22	7.92	6.75	5.17	9.47	4.95	5.60

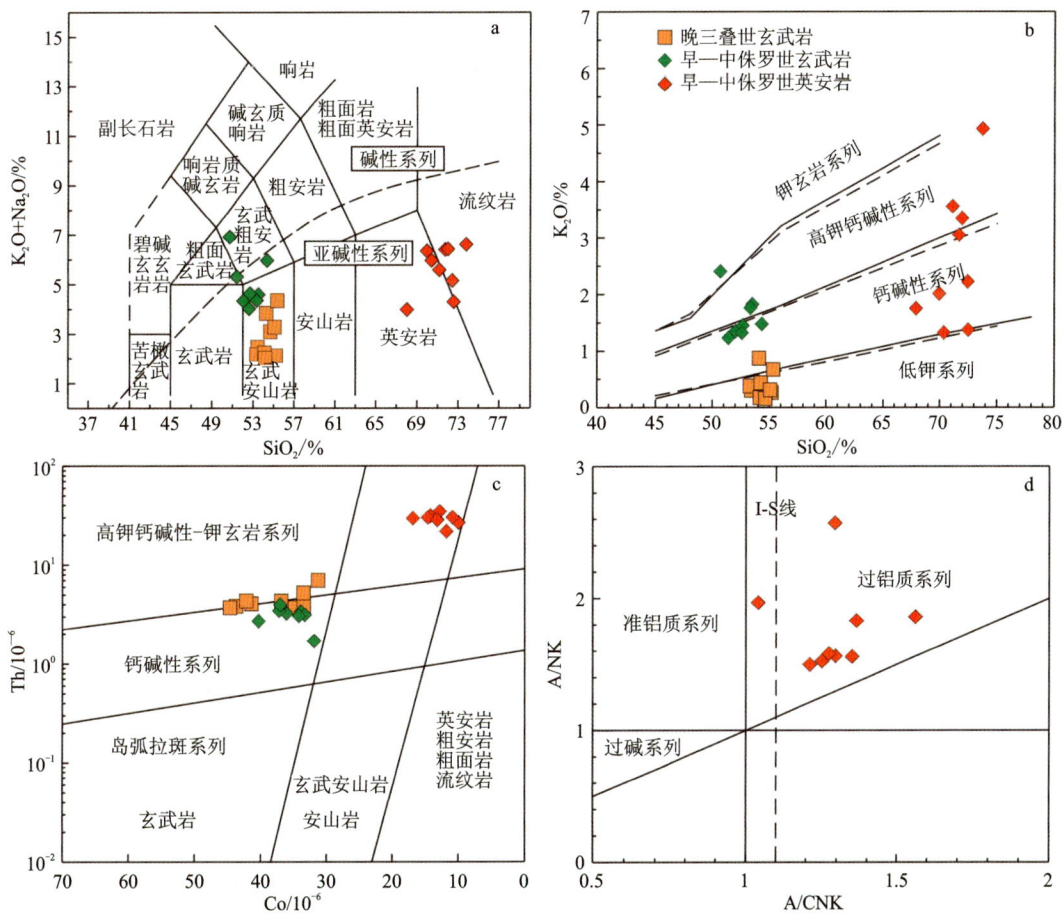

a. TAS 判别图解(据 Le Mailtre,1989);b. SiO_2-K_2O 图解(据 Peccerillo and Taylor,1976);c. Co-Th 图解(据 Hastie et al.,2007);
d. A/CNK-A/NK 图解(据 Maniar and Piccoli,1989)

图 3-11 晚三叠世—中侏罗世火山岩岩石类型地球化学判别图解

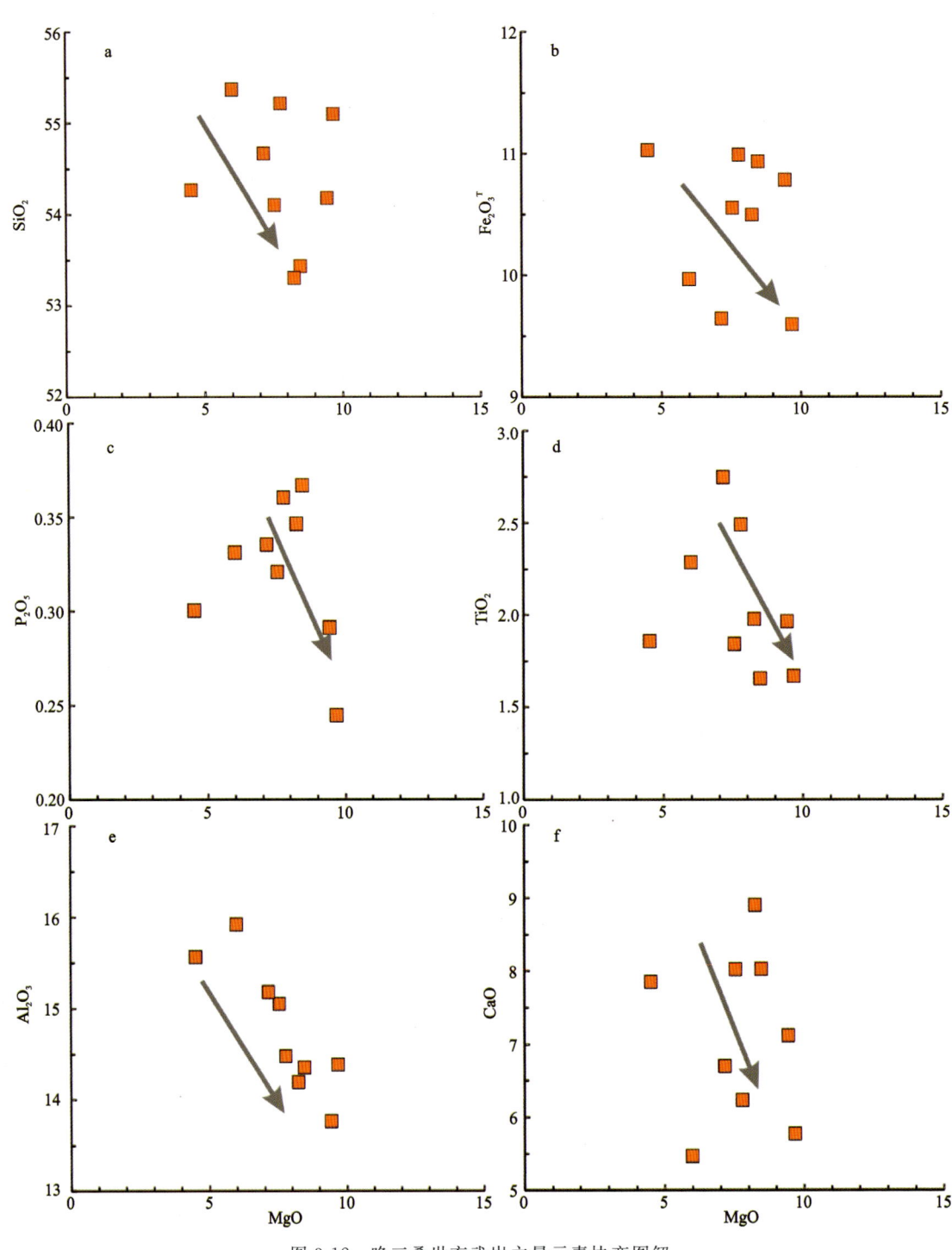

图 3-12 晚三叠世玄武岩主量元素协变图解

9件火山岩样品的稀土元素含量 ΣREE 为 $122.47\times10^{-6}\sim150.93\times10^{-6}$，平均为 136.35×10^{-6}，轻、重稀土元素比值 $\Sigma LREE/\Sigma HREE=4.89\sim6.91$，平均为 5.54，$(La/Yb)_N=4.95\sim9.47$，平均为 6.80。球粒陨石标准化稀土元素配分曲线呈右倾趋势（图 3-13a），显示轻稀土相对富集，重稀土相对亏损的配分模式，无明显 Eu 异常（$\delta Eu=0.77\sim1.03$，平均为 0.91）。从微量元素组成来看，所有样品均富集大离子亲石元素和高场强元素，显示弱的 Ba、Nb、Sr 负异常，个别样品显示 Hf 负异常，原始地幔标准化微量元素蛛网图显示 OIB 型特征（图 3-13b）。

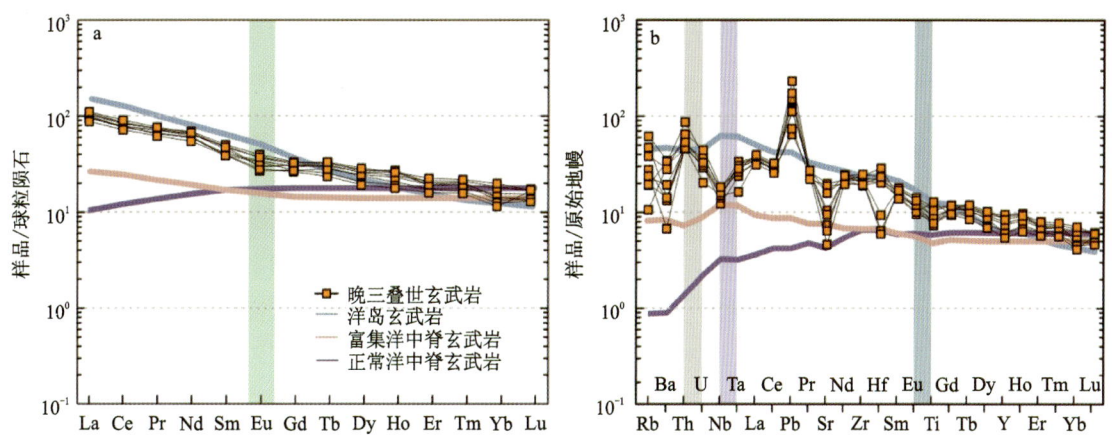

图 3-13　球粒陨石标准化稀土元素配分模式图(a)和原始地幔标准化微量元素蛛网图(b)
(球粒陨石与原始地幔标准化值据 Sun and McDonough,1989,下同)

三、岩石成因

岩石学和地球化学特征表明晚三叠世火山岩主要为低钾-钙碱性玄武安山岩系列。通常玄武质岩浆上升侵位过程中会受到地壳组分的混染而显示 Zr、Hf、Th、Pb 富集和 Nb、Ta 亏缺(Rudnick and Gao,2003),因此在原始地幔标准化微量元素蜘蛛图中显示负的 Nb、Ta 和正的 Zr、Hf 异常。喜马拉雅晚三叠世玄武岩显示出弱的 Nb、Ta 负异常和 Zr、Hf 正异常(图 3-13b),无明显地壳混染特征。Th 和 Ta 元素对地壳污染很敏感,典型大陆地壳的 Th/Ta 值(>10)明显高于原始地幔(约为 2)。晚三叠世玄武岩的 Th/Ta 值为 2.94~6.10,平均为 4.26,同样表明受地壳混染作用影响有限。晚三叠世玄武岩的 $Mg^\#$ 值较为分散,在 64~94 之间,Cr(49.24×10^{-6}~413.00×10^{-6},平均为 268.24×10^{-6})和 Ni(17.73×10^{-6}~115.50×10^{-6},平均为 63.20×10^{-6})含量低且分散,表明其经历了母岩浆基性矿物(如橄榄石和斜辉石)一定程度的分离结晶。玄武岩 MgO 含量与 SiO_2 和 $Fe_2O_3^T$ 均呈负线性相关(图 3-12a,b),表明橄榄石发生分馏结晶,斜辉石可能未发生明显分馏结晶;与 P_2O_5 和 TiO_2 呈负相关(图 3-12c,d),表明磷灰石和含钛矿物(如金红石、钛铁矿和榍石)为主要结晶相;与 Al_2O_3 呈负相关(图 3-12e),与 CaO 相关性较弱(图 3-12f),而且无明显的 Eu 异常(图 3-13a),表明斜长石几乎没有分馏结晶。

晚三叠世玄武岩以轻稀土元素、大离子亲石元素和高场强元素富集为特征,无明显 Nb、Ta 和 Ti 负异常(图 3-13b),具有典型 OIB 特征。玄武岩的 Sm/Th 比值(0.84~1.97)较低,Th/Y 比值(0.09~0.30)较高,表明其可能来源于富集地幔源区(图 3-14a)。在 TiO_2/Yb-Nb/Yb 图解中也显示玄武岩岩浆起源于深部富集地幔(图 3-14b)。对于大多数基性矿物,稀土元素、高场强元素具有相似的配分系数,它们的比例在部分熔融和分离结晶过程中保持稳定,因此可以用来约束地幔源的性质和深度(Weaver,1991)。低程度熔融的石榴石二辉橄榄岩产生的岩浆显示出重稀土元素的高度分馏,而尖晶石二辉橄榄岩熔融产生的岩浆显示出轻稀土元素的亏损(Niu et al.,2002;Workman and Hart,2005)。Tb/Yb 比值通常对晶体分选不敏感,因此是源区矿物学的一个特别判断特征。前人研究表明$(Tb/Yb)_N$ 值是区分尖晶石$[(Tb/Yb)_N<1.8]$和石榴石$[(Tb/Yb)_N>1.8]$为主的熔融体的可靠指标(Wang et al.,2002)。晚三叠世玄武岩的$(Tb/Yb)_N$ 值为 1.59~2.31,平均值为 1.98,表明其主要来源于深部含石榴石二辉橄榄岩的部分熔融(Wang et al.,2002)。$(Sm/Yb)_N$ 与 $(La/Sm)_N$ 图解显示晚三叠世玄武岩是由石榴石二辉橄榄岩不同程度(20%~40%)的部分熔融形成(图 3-15)。

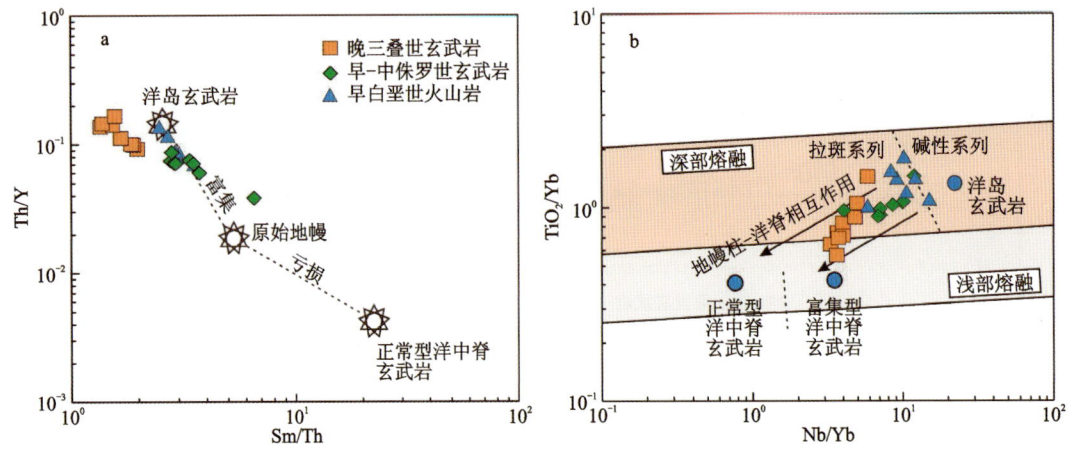

a. Sm/Th-Th/Y 判别图解;b. Nb/Yb-TiO₂/Yb 判别图解

图 3-14 玄武岩岩浆源区地球化学判别图解(底图据 Pearce,2008)

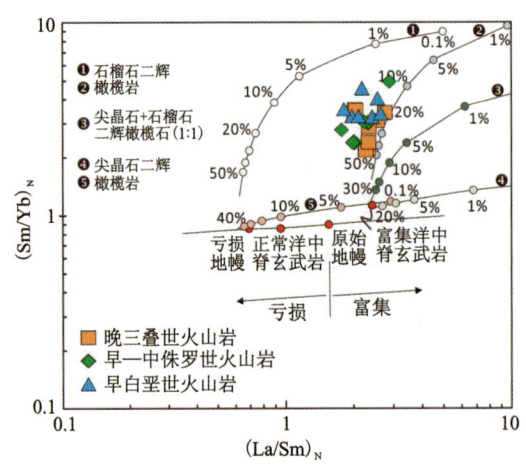

图 3-15 玄武岩岩浆源区判别图解(底图据 Aldanmaz et al.,2000)

第三节 早—中侏罗世火山岩

早—中侏罗世火山岩在区域上分布广泛，主要出露地层包括下侏罗统日当组二段(J_1r^2)、下—中侏罗统陆热组二段($J_{1-2}l^2$)和中侏罗统遮拉组二段(J_2z^2)，多为裂隙式喷发。岩石类型主要为玄武岩、英安岩和玄武质火山角砾岩。日当组火山岩以玄武岩和英安岩为主，呈现2~4个喷发沉积旋回，玄武岩厚0.5~2m，英安岩厚度为2~20m，均遭受强烈蚀变。陆热组火山岩以玄武岩和玄武质火山角砾岩为主，呈现2~3个喷发沉积旋回，玄武岩、玄武质火山角砾岩厚1~3m，均遭受强烈蚀变(图3-16a)。遮拉组二段火山岩以玄武岩为主，呈现2~3个喷发沉积旋回，玄武岩厚0.5~2m，岩石经历浅变质和强蚀变作用，表现为绢云母化、绿泥石化、硅化和方解石化。遮拉组火山岩总体呈现3个喷发-沉积旋回，均为基性火山岩喷发。第一个喷发沉积旋回以玄武岩的喷发开始，玄武岩呈致密块状，风化程度低，厚度为20.6m；第二个喷发沉积旋回以玄武质火山角砾的喷发开始，厚度为15.9m，玄武质火山角砾岩呈杂色，发育气孔状构造(图3-16b)，气孔为后期形成的硅质、碳酸盐矿物充填；第三个喷发沉积旋回以玄武岩的喷发开始，玄武岩厚度为22.3m，呈气孔状，风化程度低。喷发间歇期，沉积以灰岩与泥质粉砂岩为主，局部夹杂砂岩。

a. 早—中侏罗世蚀变玄武岩宏观特征;b. 中侏罗世火山岩中气孔构造

图 3-16 早—中侏罗世火山岩宏观特征

一、岩石学特征

玄武岩:岩石主要由具长板条状长石假象的方解石、绿泥石、少量绢云母和分布方解石粒间的不规则粒状石英、残留的板条状斜长石、角闪石、钛铁氧化物等组成,构成片状粒状柱状变晶结构,交代残余结构,块状构造。其中:斜长石含量约20%,呈残留的板条状,绢云母杂乱分布。方解石含量约15%,他形粒状,不规则形态,交代长石等。石英含量约20%,他形粒状,多分布板条状假象的格架中,部分呈集合体状。绿泥石含量约38%,不规则叶片状、叶片集合体状,淡绿色,具"柏林蓝"异常干涉色,交代长石、石英等。角闪石含量约2%,菱面体状,分散分布。钛铁氧化物含量约5%,他形粒状、半自形、针柱状、浸染状分布(图3-17a)。

英安岩:岩石主要由粒径1~2.5mm的他形—半自形石英,不规则板条状斜长石、钾长石斑晶和霏细状长英质基质,不透明氧化铁质等组成,构成斑状结构,基质为霏细结构、显微嵌晶结构。石英含量约11%,斑晶状,浑圆状,部分被溶蚀成不规则状,周边具较宽的溶蚀反应边,方解石化。斜长石含量约18%,斑晶状,不规则板条状,周边被溶蚀,具聚片双晶,绢云母化。钾长石含量约12%,斑晶状,不规则板条状、他形粒状,周边被溶蚀,具卡式双晶,绢云母、黏土化。长英质基质含量约53%,霏细状,绢云母化、黏土化,部分为显微晶粒状的长石、石英。氧化铁质含量约5%,不规则粒状,较均匀分散分布,或分布在岩石微裂隙中。方解石含量约1%,他形粒状,交代长石、石英(图3-17b)。

a. 玄武岩;b. 英安岩

图 3-17 早—中侏罗世火山岩岩石学特征

二、岩石地球化学特征

在早—中侏罗世地层中共采集17件样品进行岩石地球化学分析,其中玄武岩样品8件,英安岩样品9件,分析数据见表3-4、表3-5。玄武岩样品SiO_2含量介于50.72%~54.35%之间,平均值为52.59%,全碱(Na_2O+K_2O)含量为4.02%~6.92%,平均值为5.02%;TiO_2含量为3.55%~4.40%,平均值为4.01%;$Fe_2O_3^T$含量为1.01%~11.55%,平均值为4.75%;MgO含量为2.01%~6.61%,平均为4.63%,$Mg^{\#}$值为26~90;Al_2O_3含量在13.76%~15.23%之间,平均值为14.23%。英安岩样品SiO_2含量介于68.02%~73.80%之间,平均值为71.34%,全碱(Na_2O+K_2O)含量为4.30%~6.62%,平均值为5.65%;TiO_2含量为0.65%~1.10%,平均值为0.86%;$Fe_2O_3^T$含量为2.26%~5.74%,平均值为3.50%;MgO含量为0.37%~1.78%,平均为1.29%,$Mg^{\#}$值为11~53;Al_2O_3含量在12.40%~14.53%之间,平均值为13.49%。在TAS图解中玄武岩样品主要落入玄武安山岩和玄武粗安岩区域,英安岩样品落入英安岩和流纹岩区域(图3-11a);在SiO_2-K_2O图解中玄武岩和英安岩样品均显示钙碱性-高钾钙碱性特征(图3-11b),在Co-Th图解中玄武岩显示钙碱性系列,英安岩显示高钾钙碱性-钾玄岩系列(图3-11c)。英安岩的A/CNK值为1.03~1.55,在A/CNK-A/NK图解中显示过铝质系列(图3-11d)。

表3-4 晚三叠世玄武岩主量元素(%)和微量元素($\times 10^{-6}$)含量

编号	PM12-2-Q	PM12-7-Q	PM12-13-Q	131-1	RD08-1	RD08-2	131-2	RD09-1	RD09-3
SiO_2	53.43	53.30	55.21	54.27	54.10	54.18	54.67	55.09	55.37
TiO_2	1.66	1.98	2.49	1.86	1.84	1.96	2.75	1.67	2.29
Al_2O_3	14.35	14.19	14.48	15.56	15.05	13.77	15.18	14.39	15.92
$Fe_2O_3^T$	10.93	10.50	10.99	11.03	10.55	10.78	9.64	9.59	9.97
MnO	0.14	0.20	0.20	0.29	0.22	0.17	0.19	0.16	0.15
MgO	8.47	8.26	7.78	4.52	7.55	9.44	7.15	9.68	5.99
CaO	8.03	8.91	6.23	7.85	8.03	7.12	6.70	5.77	5.47
Na_2O	2.17	1.79	1.86	3.40	1.35	1.86	2.94	2.98	3.68
K_2O	0.30	0.38	0.26	0.43	0.88	0.17	0.16	0.31	0.67
P_2O_5	0.37	0.35	0.36	0.30	0.32	0.29	0.34	0.24	0.33
Total	99.85	99.85	99.87	99.51	99.90	99.75	99.70	99.89	99.84
$Mg^{\#}$	61	61	58	45	59	63	59	67	54
Sc	22.37	20.27	22.20	20.80	24.52	25.06	25.55	27.92	23.90
V	249.20	246.10	255.80	242.00	279.00	312.84	256.40	317.52	145.40
Cr	413.00	329.90	317.50	180.00	251.00	387.00	78.54	408.00	49.24
Co	43.68	34.76	41.36	33.37	36.81	44.61	31.20	42.14	33.40
Ni	69.05	53.24	60.72	43.11	90.23	115.50	17.73	92.66	26.59
Rb	13.47	16.57	14.28	28.33	37.10	6.36	11.48	11.62	22.93
Ba	127.00	87.70	44.40	93.39	227.60	201.10	222.30	93.04	185.30
Th	3.83	3.70	4.05	3.84	4.30	3.71	6.96	4.33	5.21
U	0.58	0.61	0.72	0.58	0.61	0.40	0.74	0.65	0.88
Nb	8.25	9.52	11.81	10.06	10.40	10.13	11.19	10.77	12.26

续表 3-4

编号	PM12-2-Q	PM12-7-Q	PM12-13-Q	131-1	RD08-1	RD08-2	131-2	RD09-1	RD09-3
Ta	0.92	1.26	1.30	0.63	1.07	1.17	1.18	1.02	1.10
La	22.57	22.72	23.76	22.96	24.28	21.91	25.09	20.37	25.62
Ce	46.68	46.89	49.91	46.48	51.00	46.07	51.27	42.89	54.09
Pb	9.45	4.33	7.62	9.79	15.67	10.10	11.71	4.97	7.55
Pr	6.61	6.61	6.93	6.04	6.79	6.15	6.81	5.73	7.07
Sr	207.40	146.80	127.50	90.56	188.90	319.70	394.50	372.00	315.90
Nd	29.67	29.61	31.49	27.32	29.98	27.29	27.73	25.00	30.77
Zr	223.00	217.00	231.00	200.00	236.00	228.00	253.00	206.00	261.00
Hf	1.87	1.73	2.72	6.12	6.31	5.92	8.41	6.96	6.85
Sm	7.16	7.28	7.47	5.82	6.69	6.09	5.86	5.79	7.08
Eu	1.69	2.10	2.24	1.52	1.70	1.93	1.60	1.89	2.11
Ti	8 931.05	10 609.36	13 666.30	10 009.96	9 950.02	10 909.06	15 704.25	9 410.56	12 827.14
Gd	6.21	6.30	6.65	5.47	6.20	5.98	5.25	5.43	6.57
Tb	1.13	1.18	1.18	0.93	1.06	1.11	0.86	1.03	1.21
Dy	6.41	6.80	6.69	5.13	5.89	6.45	4.78	6.09	7.10
Y	38.86	40.19	40.69	27.23	26.00	33.44	23.22	31.70	36.02
Ho	1.43	1.48	1.50	1.06	1.13	1.32	0.98	1.27	1.44
Er	3.10	3.11	3.26	2.80	2.85	3.41	2.57	3.13	3.63
Tm	0.48	0.50	0.51	0.41	0.44	0.52	0.39	0.48	0.54
Yb	2.23	2.37	2.36	2.08	2.58	3.04	1.90	2.95	3.28
Lu	0.33	0.33	0.35	0.32	0.38	0.43	0.41	0.42	0.42
δEu	0.77	0.95	0.97	0.82	0.81	0.98	0.88	1.03	0.95
ΣREE	135.70	137.28	144.30	128.34	140.97	131.70	135.50	122.47	150.93
LREE/HREE	5.36	5.22	5.41	6.05	5.87	4.92	6.91	4.89	5.24
$(La/Yb)_N$	7.26	6.88	7.22	7.92	6.75	5.17	9.47	4.95	5.60

表 3-5 早—中侏罗世玄武岩主量元素(%)和微量元素($\times 10^{-6}$)含量

编号	D1382	KD04-3	KD04-4	KD05-2	KD05-3	KD05-4	PM18-6-Q1	PM18-10-Q1
SiO_2	50.72	54.35	53.51	52.05	52.69	52.6	51.41	53.36
TiO_2	3.55	4.4	4.25	3.8	3.93	4.17	3.83	4.16
Al_2O_3	14.05	13.96	14.03	15.23	14.84	14.13	13.76	13.85
$Fe_2O_3^T$	12.19	10.33	10.49	10.33	10.33	11.18	10.23	10.61
MnO	0.26	0.16	0.15	0.15	0.15	0.16	0.15	0.16
MgO	2.01	4.73	4.74	4.82	4.45	4.55	6.61	5.13
CaO	8.59	5.43	7.5	8.68	8.36	8.53	7.3	6.9
Na_2O	4.51	4.49	2.76	2.98	3.18	2.7	4.08	2.59
K_2O	2.41	1.48	1.83	1.36	1.45	1.32	1.24	1.76

续表 3-5

编号	D1382	KD04-3	KD04-4	KD05-2	KD05-3	KD05-4	PM18-6-Q1	PM18-10-Q1
P_2O_5	0.56	0.57	0.57	0.45	0.43	0.47	0.49	0.52
Total	98.85	99.90	99.83	99.85	99.81	99.81	99.10	99.04
$Mg^\#$	25	48	47	48	46	45	56	49
Sc	22.45	24.88	24.09	24.18	23.86	25.56	28.41	25.06
V	158.87	235.44	230.88	233.52	231	246	301.7	272.6
Cr	21.13	67.07	65.03	77.08	65.21	58.61	172.1	46.16
Co	31.79	33.79	33.22	36	34.1	37.15	40.25	36.95
Ni	16.01	42.5	46.93	60.92	54.84	56.3	93.33	30.2
Rb	39.92	37.12	38.36	28.03	33.81	25.68	45.47	50.71
Ba	698.77	619.2	595.5	318.8	307.4	317.1	262.4	370.5
Th	1.69	3.37	3.13	3.23	3.05	3.44	2.7	3.97
U	0.68	1.01	0.93	0.85	0.82	0.85	0.67	0.87
Nb	29.3	41.43	40.2	29.65	28.48	31.91	16.16	34.84
Ta	2.2	3.31	3.19	2.69	2.33	2.53	1.37	2.48
La	48.7	40.24	39.01	27.84	27.05	30.56	27.17	38.28
Ce	56.03	85.74	83.49	61.1	59.01	67.32	58.28	77.1
Pb	3.77	92.38	35.31	12.34	10.13	9.73	7.33	9.21
Pr	11.07	11.63	11.32	8.49	8.3	9.4	8.59	10.74
Sr	266.28	466.7	631.7	624.5	649	602.7	383.2	430.9
Nd	48.27	51.16	50.57	38.43	37.38	42.74	39.55	47.38
Zr	339.99	411	413	327	350	355	274	322
Hf	8.79	13.33	14.78	13.16	13.52	13.52	4.96	7.06
Sm	10.9	11.2	10.84	8.86	8.67	9.93	9.89	11.07
Eu	3.54	3.58	3.54	3.02	2.9	3.29	3.12	3.61
Ti	21 308.54	26 348.42	25 490.36	22 800.6	23 577.65	24 979.03	22 969	24 941.85
Gd	11.58	9.79	9.75	7.92	7.96	9.02	8.65	9.35
Tb	1.26	1.69	1.64	1.48	1.44	1.66	1.6	1.68
Dy	7.77	9.05	8.99	8.36	8.19	9.38	9.14	9.46
Y	44.3	44.88	44.89	43.57	42.77	48.78	45.23	45.76
Ho	1.97	1.77	1.78	1.68	1.63	1.9	1.86	1.91
Er	3.48	4.41	4.47	4.32	4.15	4.86	4.79	5.01
Tm	0.61	0.67	0.69	0.68	0.65	0.76	0.76	0.78
Yb	2.44	4.13	3.95	4.15	3.98	4.62	3.96	4.03
Lu	0.4	0.5	0.54	0.6	0.58	0.66	0.61	0.65
δEu	0.96	1.05	1.05	1.1	1.07	1.06	1.03	1.08
ΣREE	208.02	235.56	230.58	176.93	171.89	196.1	177.97	221.05
LREE/HREE	6.05	6.36	6.25	5.06	5.01	4.97	4.67	5.72
$(La/Yb)_N$	14.32	6.99	7.08	4.81	4.88	4.74	4.92	6.81

在主量元素双变量协变图解中,玄武岩样品的 SiO_2、$Fe_2O_3^T$、P_2O_5、TiO_2、Al_2O_3、CaO 含量和 MgO 含量呈线性趋势(图 3-18a—f),反映其应存在成因上的联系。

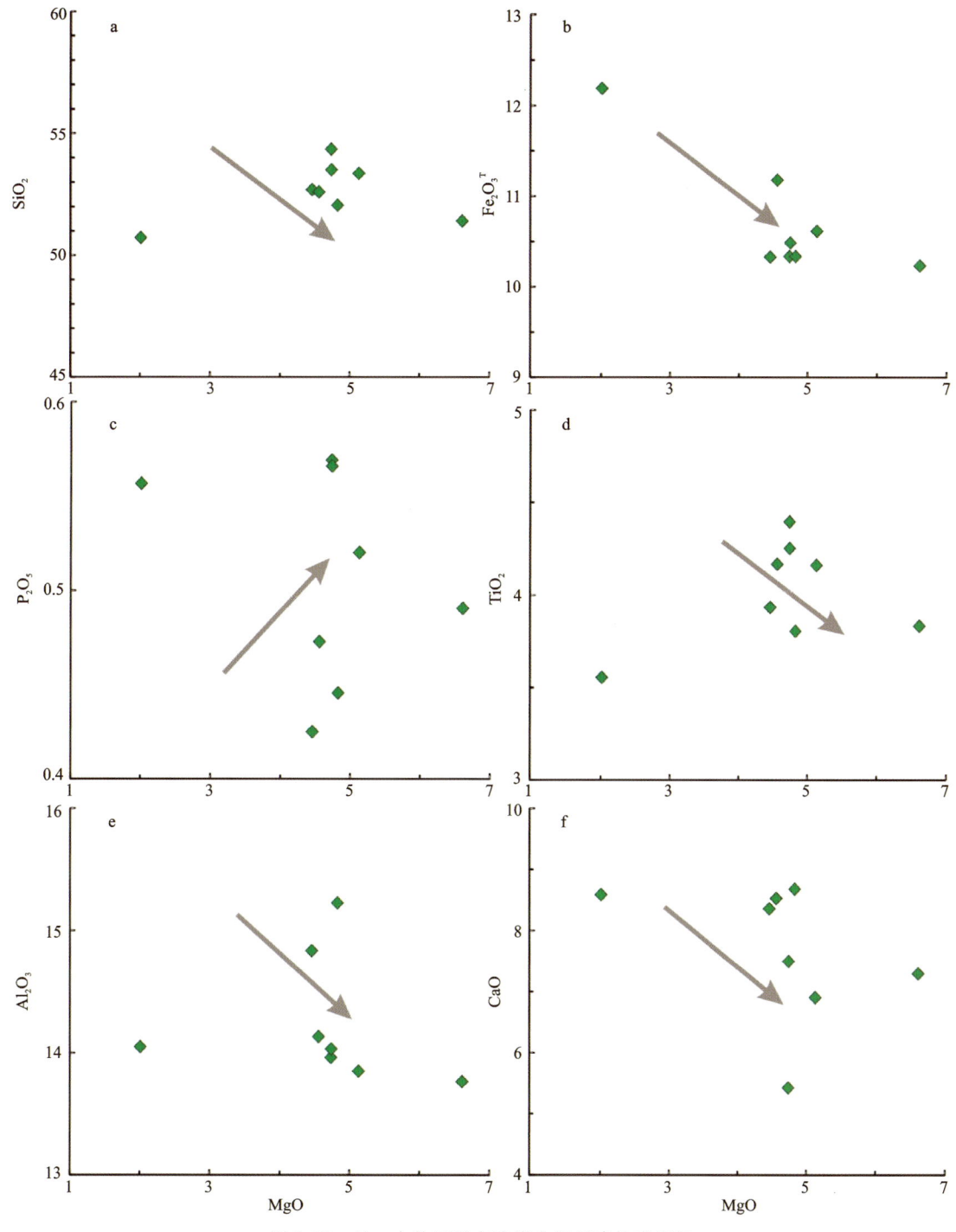

图 3-18　早—中侏罗世玄武岩主量元素协变图解

玄武岩样品的稀土元素含量 ΣREE 为 $171.89\times10^{-6}\sim235.56\times10^{-6}$,平均为 202.26×10^{-6},轻、重稀土元素比值 $\Sigma LREE/\Sigma HREE=4.67\sim6.36$,平均为 5.51,$(La/Yb)_N=4.74\sim14.32$,平均为 6.82。球粒陨石标准化稀土元素配分曲线均呈右倾趋势(图 3-19a),显示轻稀土相对富集,重稀土相对亏损的配分模式,且无明显 Eu 异常($\delta Eu=0.96\sim1.10$,平均为 1.05)。原始地幔标准化微量元素蛛网图显示玄武岩富集大离子亲石元素和高场强元素,具有弱的 Th、U、Sr 负异常,无明显 Nb、Ta、Ti 异常

(图 3-19b)。英安岩样品的稀土元素含量 ΣREE 为 $169.26\times10^{-6}\sim418.60\times10^{-6}$，平均为 344.68×10^{-6}，轻、重稀土元素比值 $\Sigma LREE/\Sigma HREE=4.81\sim11.91$，平均为 8.86，$(La/Yb)_N=4.93\sim21.53$，平均为13.56。球粒陨石标准化稀土元素配分曲线均呈右倾趋势（图 3-19c），显示轻稀土相对富集，重稀土相对亏损的配分模式，且具有负的 Eu 异常（$\delta Eu=0.59\sim0.68$，平均为 0.62）。原始地幔标准化微量元素蛛网图显示英安岩样品富集大离子亲石元素和高场强元素，显示 Sr、Zr、Hf 负异常，富集 Th、U 元素（图 3-19d）。

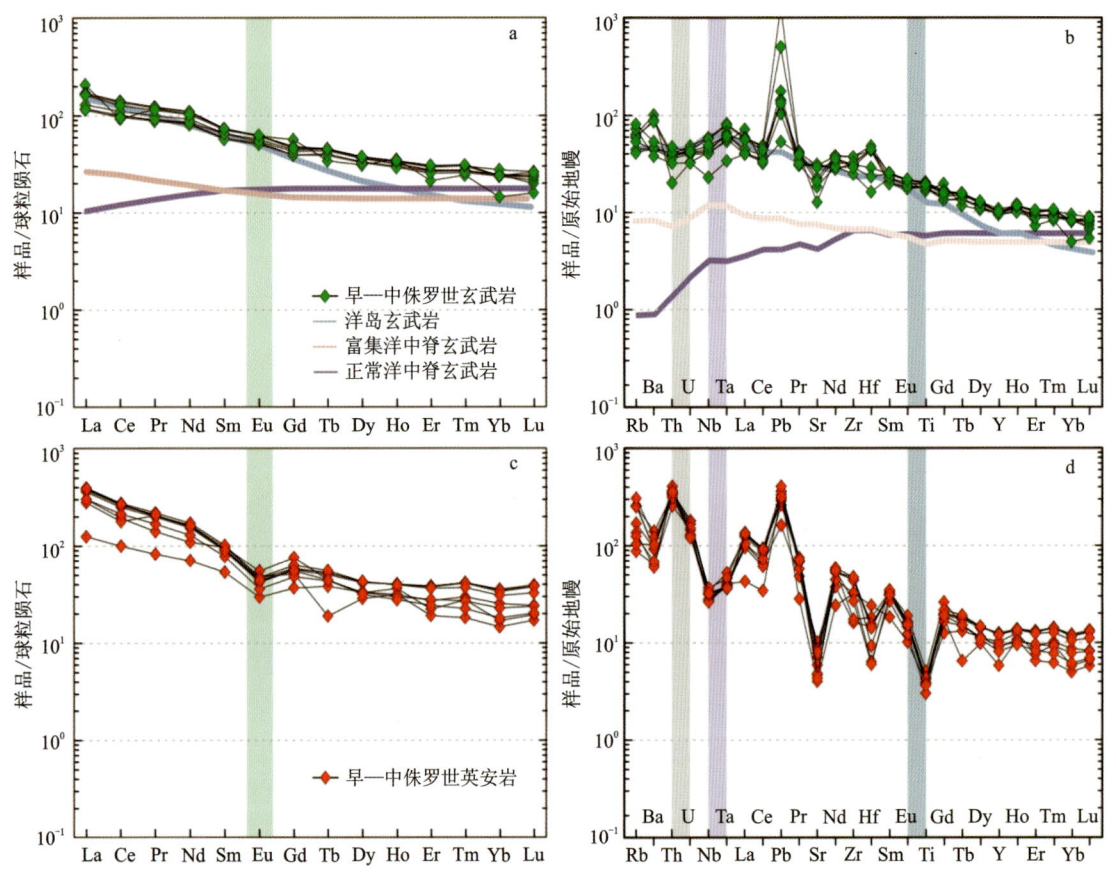

图 3-19　早—中侏罗世火山岩球粒陨石标准化稀土元素配分模式图（a,c）和原始地幔标准化微量元素蛛网图（b,d）

三、岩石成因

早—中侏罗世火山岩表现为钙碱性—高钾钙碱性玄武粗安岩-玄武安山岩和英安岩-流纹岩系列，显示双峰式火山岩特征。

早—中侏罗世玄武岩显示弱的 Nb、Ta 负异常，无明显 Zr、Hf 异常（图 3-19b），表明其受地壳混染程度较弱。Th 和 Ta 元素对地壳污染很敏感，典型大陆地壳的 Th/Ta 值（>10）明显高于原始地幔（约为 2）。早—中侏罗世玄武岩的 Th/Ta 值为 $0.77\sim1.97$，平均为 1.28，同样表明未受地壳混染作用影响。早—中侏罗世玄武岩的 $Mg^{\#}$ 值较为分散，在 $26\sim90$ 之间，Cr（$21.13\times10^{-6}\sim172.10\times10^{-6}$，平均$71.55\times10^{-6}$）和 Ni（$16.01\times10^{-6}\sim93.33\times10^{-6}$，平均 50.113×10^{-6}）含量较低，表明其经历了母岩浆基性矿物（如橄榄石和斜辉石）的分离结晶。玄武岩 MgO 含量与 SiO_2 和 $Fe_2O_3^T$ 含量均呈负线性相关（图 3-18a,b），表明橄榄石发生了分馏结晶，而斜辉石可能未发生明显分馏结晶；与 P_2O_5 含量呈正线性相关（图 3-18c），表明磷灰石不是主要的结晶相；与 TiO_2 含量呈弱的负线性相关（图 3-18d），反映含钛矿物(如金红石、钛铁矿和榍石)的分馏结晶;与 Al_2O_3 含量呈负线性相关(图3-18e),与 CaO 呈较弱的负相关(图3-18f),结合无明显 Eu 异常特征(图3-19a),表明斜长石几乎没有分馏结晶。早—中侏罗世玄武岩以轻稀土元素、大离子亲石元素和高场强元素富集为特征,显示弱的 Nb、Ta 负异常,无明显 Ti 负异常(图3-19b),具有典型 OIB 特征。玄武岩的 Sm/Th 比值(2.74~6.45)较低,Th/Y 比值(0.04~0.09)较高,表明其可能来源于富集地幔源区(图3-14a)。在 TiO_2/Yb-Nb/Yb 图解中也显示玄武岩岩浆起源于深部富集地幔(图3-14b)。Tb/Yb 比值通常对晶体分选不敏感,因此是源区矿物学的一个特别判断特征。前人研究表明$(Tb/Yb)_N$ 值是区分尖晶石($(Tb/Yb)_N<1.8$)和石榴石[$(Tb/Yb)_N>1.8$]为主的熔融体的可靠指标(Wang et al.,2002)。早—中侏罗世玄武岩的$(Tb/Yb)_N$ 值为 1.63~2.36,平均值为 1.85,表明其主要来源于深部含石榴石二辉橄榄岩的部分熔融(Wang et al.,2002)。$(Sm/Yb)_N$ 与 $(La/Sm)_N$ 图解显示早—中侏罗世玄武岩是由石榴石二辉橄榄岩不同程度(10%~40%)的部分熔融形成(图3-15)。

关于双峰式火山岩酸性端元的成因,目前普遍接受的观点为以下两种:①酸性岩与基性岩来自同一源区(Dennis et al.,1995;李献华等,2002),即基性岩由于受到分离结晶作用和富硅质围岩的同化混染作用从而演变为酸性岩浆。这种由同一岩浆经结晶分异作用形成的双峰式岩浆岩在微量元素和同位素方面往往具有类似的特征,而且生成的酸性岩体量要远少于基性岩(王焰,2000)。②酸性岩与基性岩来自不同源区(Liu et al.,2018;Chang,et al.,2020),即由于岩石圈深部物理化学条件的改变,下地壳或地幔发生部分熔融产出具有较高温度的基性岩浆,岩浆向上侵位过程中导致地壳岩石圈部分熔融从而形成酸性岩浆。这种模式下产出的酸性岩与基性岩在微量元素和同位素组成方面往往存在较大的不同,而且产出酸性岩的体量要大于基性岩(王焰,2000)。早—中侏罗世英安岩 A/CNK 值为 1.03~1.55,属过铝质系列(图3-11d),微量元素组成显示 Th、Pb、Zr 富集,Sr、Ti 负异常特征,区别于同期玄武岩的微量元素组成(图3-19b),反映地壳组分特征(Rudnick and Gao,2003)。英安岩的 $Mg^{\#}$ 值为 11~53,且具有较高的 Al_2O_3 含量,明显区别于幔源区特征(Atherton and Petford,1993)。英安岩的 Th/Ta 值为 13.25~20.37,平均为 17.60,Sm/Nd 值为 0.19~0.29,平均为 0.21,反映壳源源区组分特征(Rudnick and Gao,2003)。结合早—中侏罗世玄武岩较弱的结晶分异作用,表明英安岩与玄武岩可能源自不同源区,英安岩应为壳源岩浆部分熔融的产物。

第四节 早白垩世岩浆岩

早白垩世岩浆岩主要分布在措美—隆子一线,火山岩和侵入岩均有发育。火山岩具有厚度大,喷发溢流旋回多的特点,厚度在热玛布地区最大,大于 2504m。出露地层为下侏罗统—上白垩统桑秀组一段$(J_3K_1s^1)$ 和三段$(J_3K_1s^3)$,岩性主要为玄武岩、英安岩、流纹岩、玄武质火山角砾岩、英安质火山角砾岩、流纹质火山角砾岩和流纹质凝灰岩等。火山岩主体呈现2个喷发-沉积旋回,第一个喷发-沉积旋回中,火山岩以基性为主,主要为玄武质火山角砾岩喷发,局部见玄武质火山集块岩,集块粒径超过60cm,火山物质胶结,部分砾块与胶结物界线不清晰,后期以玄武岩喷发为主,玄武岩中见气孔构造(图3-20a)。第二个喷发-沉积旋回中火山岩以"双峰式"为主,以玄武岩的喷发开始,玄武岩具枕状构造(图3-20b),后期喷发主要为英安岩,岩石蚀变强烈,以硅化和方解石化为主。喷发间歇期主要为泥质粉砂岩和长石砂岩沉积,见菊石类、双壳类和箭石类化石。侵入岩主要包括辉石岩、辉长岩和辉绿岩等(图3-20c,d),具块状构造,蚀变较为强烈,呈岩脉状产出,近东西向展布,厚度在几厘米至数米,延伸长度不等。部分基性岩脉局部可见碎裂岩发育,受断裂控制以及区域构造控制特点明显。基性岩脉围岩主要为中侏罗统遮拉组泥质粉砂岩、下—中侏罗统陆热组泥质粉砂岩和灰岩,与围岩多呈顺层侵入或低角度切割关系(图3-20c),少数斜切地层(图3-20d),与围岩间发育宽窄不同的接触变质带。

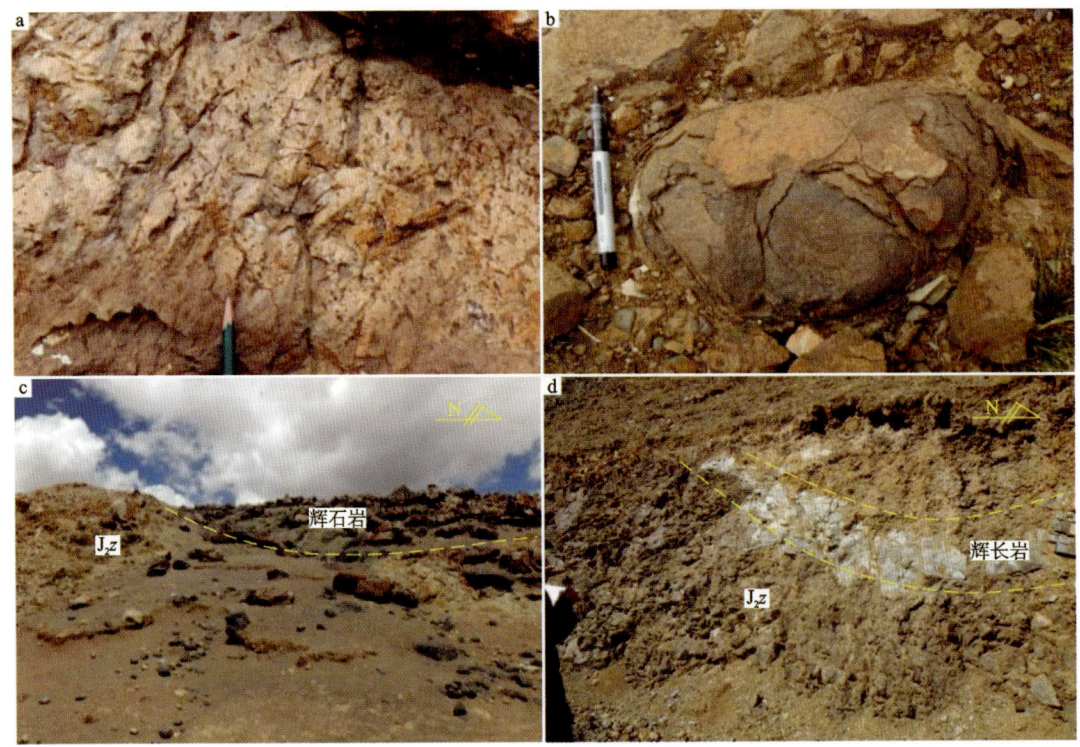

a. 火山岩中气孔构造；b. 玄武岩中枕状构造；c. 辉石岩，侵入地层为中侏罗统遮拉组；d. 辉长岩脉，侵入地层为中侏罗统遮拉组

图 3-20　早白垩世岩浆岩宏观特征

一、岩石学特征

方解石化绢云母化玄武岩：岩石主要由绢云母化板状斜长石斑晶和杂乱分布的微细晶板条状斜长石基质，以及填隙于斜长石粒间的隐晶至鳞片状绿泥石、不透明钛铁氧化物和少量气孔组成，斑状结构，基质为间粒、间隐结构，块状构造。其中：斜长石含量约67%，强绢云母化，方解石化，少量为斑晶状，多为细板条状，杂乱分布。绿泥石含量约25%，隐晶状、显微叶片状、叶片状，填隙于基质斜长石格架中。钛铁氧化物含量约7%，针状、板条状，分布在基质斜长石格架中。气孔含量约1%，不规则状，充填脱玻化玻璃质等（图3-21a）。

粗玄岩：岩石主要由自形条状斜长石组成的不规则格架和充填其中的细小辉石、不透明钛铁氧化物组成，粒径0.2~0.6mm，间粒结构（近似辉绿结构），局部发育气孔，气孔中充填绿泥石、方解石。辉石含量约44%，短柱状、柱粒状，无色，多绿泥石化。钛铁氧化物含量约为4%，片状、板状、他形粒状。绿泥石含量约2%，叶片状集合体状，充填岩石气孔。方解石含量约1%，他形粒状，充填岩石气孔（图3-21b）。

英安岩：岩石主要由他形—半自形石英，不规则板条状斜长石、钾长石斑晶和霏细状长英质基质，不透明氧化铁质组成，粒径1~2.5mm，斑状结构，基质为霏细结构、显微嵌晶结构。石英含量约4%，斑晶状、浑圆状，周边具较宽的溶蚀反应边。斜长石含量约15%，斑晶状、不规则板条状，周边被溶蚀，具聚片双晶，绢云母化、铁染。钾长石含量约5%，斑晶状、不规则板条状、他形粒状，周边被溶蚀，具卡式双晶，绢云母化、黏土化、铁染。长英质基质含量约70%，霏细状、绢云母化、黏土化，部分为显微晶粒状的长石、石英，铁染。氧化铁质含量约6%，不规则粒状，较均匀分散分布，或分布在岩石微裂隙中（图3-21c）。

沉凝灰岩：岩石主要成分为石英晶屑、火山尘和铁质，凝灰结构。石英晶屑含量约4%，棱角状，粒径0.02~0.05mm，个别大的可达1mm；火山尘含量约90%，隐晶质结构，部分重结晶和绢云母化；铁质含量约6%，不规则状，浸染状分布（图3-21d）。

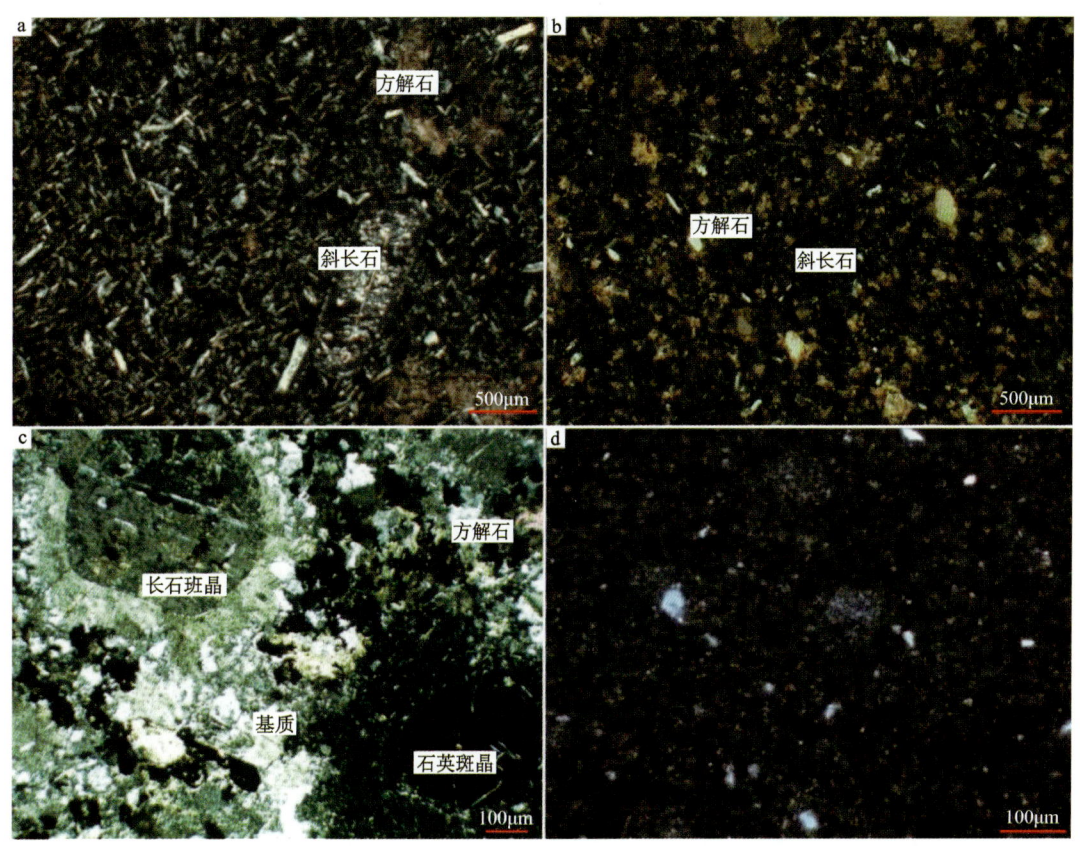

a.方解石化绢云母化玄武岩；b.粗玄岩；c.英安岩；d.沉凝灰岩

图3-21 早白垩世火山岩岩石学特征

蚀变黑云母辉石岩：岩石主要由辉石、少量斜长石、片状黑云母、不透明磁铁矿和微量磷灰石组成，粒径0.2~3.9mm，不等粒柱状结构、交代残留结构，块状构造。其中：辉石含量约85%，呈大小不一的柱状、短柱状，具辉石式解理，正突起高，主要为古铜辉石、普通辉石等，微裂纹发育，沿微裂纹或解理缝强蛇纹石化、绿泥石化。斜长石含量约5%，半自形板条状，绢云母化，隐显聚片双晶。黑云母含量约5%，片状，不规则片状，褐黄色、红褐色，分散分布。部分被绿泥石交代。不透明磁铁矿、钛铁矿等含量约5%，半自形板状、不规则粒状，分散分布或分布黑云母中。磷灰石微量，长柱状，中正突起，星散分布（图3-22a）。

蚀变辉石岩：岩石主要由辉石、少量黑云母、石英、斜长石、磁铁矿等不透明矿物以及微量磷灰石组成，粒径0.3~3.0mm，半自形—自形柱状结构，块状构造。其中：辉石含量约88%，短柱状、柱状，强绿泥石化、纤闪石化，部分仅呈柱状轮廓，可见辉石式解理，也有呈残留的柱粒状、柱状。斜长石含量约4%，半自形板条状，泥化，表面浑浊状，偶见与石英呈文象交生。黑云母含量约4%，较规则片状，褐黄色，稍有绿泥石化，分散分布。石英含量约1%，他形粒状，星散填隙于辉石粒间。磁铁矿、钛铁矿等不透明矿物含量约3%，半自形板状、不规则粒状，分散分布或分布黑云母中。磷灰石微量，长柱状，中正突起，星散分布（图3-22b）。

辉长岩：岩石主要由板条状交错分布的斜长石和充填斜长石格架中的短柱状辉石、他形石英、不透明钛铁氧化物组成，粒径0.7~2.2mm，辉长结构。岩石次闪石化、碳酸盐化蚀变强烈，构成交代残留结构。其中：斜长石含量约63%，多为不规则板状，表面混浊，次闪石化、碳酸盐化、绢云母化、绿帘石化。辉石含量约32%，半自形、他形粒状，具辉石式解理，次闪石化，充填于斜长石格架内。不透明钛铁氧化物含量约5%，不透明，板柱状、他形粒状（图3-22c）。

辉绿岩：岩石主要由斜长石组成的三角形格架和分布格架中的他形辉石，少量不透明钛铁氧化物组成，粒径0.2～0.9mm，辉绿结构。岩石发育微裂隙，裂隙中充填晶粒石英、碳酸盐微脉。斜长石含量约59%，自形—半自形板柱状，黏土化强烈，绢云母化微弱。辉石含量约32%，他形板状、粒状，正高突起，可见两组解理，偶见简单双晶，分布在斜长石的三角形格架中。碳酸盐含量约3%，他形粒状，呈不规则状交代辉石、斜长石，少量充填岩石微裂隙。不透明钛铁氧化物含量约5%，呈线纹状、针状，杂乱分布。脉状石英含量约1%，他形晶粒状，分布在岩石微裂纹中（图3-22d）。

a.蚀变黑云母辉石岩；b.蚀变辉石岩；c.辉长岩；d.辉绿岩

图3-22 早白垩世侵入岩岩石学特征

二、岩石地球化学特征

共采集26件早白垩世岩浆岩样品进行岩石地球化学分析，其中，辉石岩4件，辉长岩7件，辉绿岩8件，玄武岩7件。详细数据见表3-6。

辉石岩样品SiO_2含量介于50.05%～52.64%之间，平均值为51.12%，全碱（Na_2O+K_2O）含量为1.29%～3.46%，平均值为2.05%；TiO_2含量为1.43%～2.09%，平均值为1.71%；$Fe_2O_3^T$含量为9.36%～12.41%，平均值为11.34%；MgO含量为10.03%～22.29%，平均为16.58%，$Mg^\#$值为66～76；Al_2O_3含量在7.72%～12.37%之间，平均值为9.96%。辉长岩样品SiO_2含量介于50.97%～54.51%之间，平均值为53.06%，全碱（Na_2O+K_2O）含量为3.26%～5.84%，平均值为4.91%；TiO_2含量为

2.35%~4.29%,平均值为 3.43%;$Fe_2O_3^T$ 含量为 9.37%~11.49%,平均值为 10.47%;MgO 含量为 3.44%~9.07%,平均值为 5.41%,$Mg^\#$ 值为 38~61;Al_2O_3 含量在 12.88%~14.98%之间,平均值为 14.18%。辉绿岩样品 SiO_2 含量介于 49.96%~53.77%之间,平均值为 52.55%,全碱(Na_2O+K_2O)含量为 3.47%~4.75%,平均值为 4.25%;TiO_2 含量为 2.33%~4.45%,平均值为 3.39%;$Fe_2O_3^T$ 含量为 9.44%~11.98%,平均值为 10.47%;MgO 含量为 5.46%~6.47%,平均值为 5.77%,$Mg^\#$ 值为 47~53;Al_2O_3 含量在 12.66%~16.07%之间,平均值为 14.21%。玄武岩样品 SiO_2 含量介于 46.56%~56.53%之间,平均值为 52.12%,全碱(Na_2O+K_2O)含量为 4.18%~7.22%,平均值为 5.63%;TiO_2 含量为 4.05%~5.16%,平均值为 4.44%;$Fe_2O_3^T$ 含量为 7.00%~13.07%,平均值为 11.11%;MgO 含量为 2.82%~5.74%,平均值为 4.49%,$Mg^\#$ 值为 30~53;Al_2O_3 含量在 12.92%~18.44%之间,平均值为 14.67%。在 TAS 图解中样品比较分散,主要位于玄武岩、粗面玄武岩、玄武安山岩和玄武粗安岩区域(图 3-23a);在 SiO_2-K_2O 图解中样品显示低钾-高钾钙碱性玄武岩特征(图 3-23b)。在主量元素双变量协变图解中,所有样品的 SiO_2、$Fe_2O_3^T$、P_2O_5、TiO_2、Al_2O_3、CaO 含量和 MgO 含量呈明显线性趋势(图 3-24a—f)。

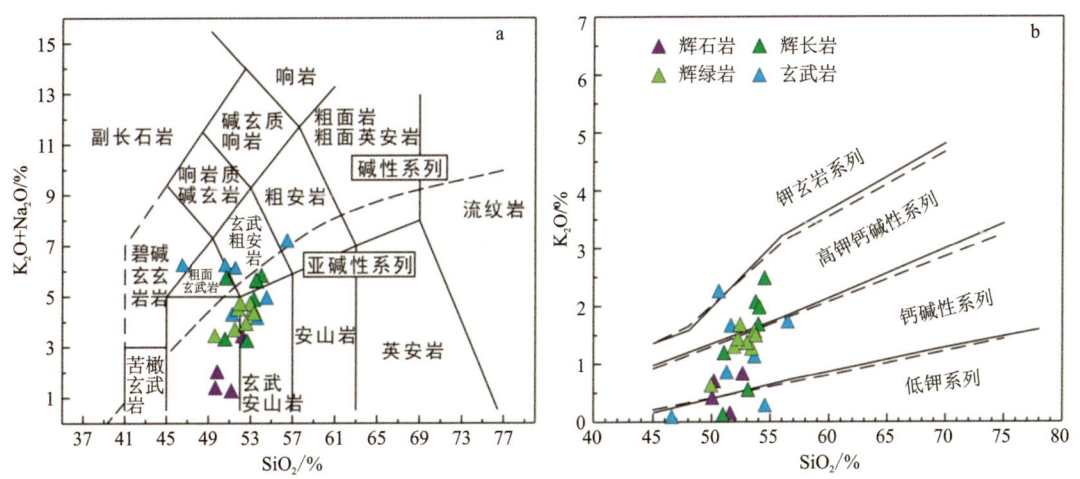

a. TAS 判别图解(据 Le Mailtre,1989);b. SiO_2-K_2O 图解(据 Peccerillo and Taylor,1976)

图 3-23 早白垩世岩浆岩岩石类型地球化学判别图解

辉石岩样品的稀土元素含量 ΣREE 为 $100.40×10^{-6}$~$172.83×10^{-6}$,平均为 $131.18×10^{-6}$,轻、重稀土元素比值 ΣLREE/ΣHREE=4.66~5.40,平均为 4.92,$(La/Yb)_N$=4.51~5.29,平均为 4.83。球粒陨石标准化稀土元素配分曲线呈弱的右倾趋势(图 3-25a),相对富集轻稀土,亏损重稀土元素,具有弱的负 Eu 异常(δEu=0.84~0.94,平均为 0.90)。从微量元素组成来看,辉石岩样品富集大离子亲石元素和高场强元素,显示弱的 Nb 负异常,微量元素组成介于洋岛玄武岩和富集洋中脊玄武岩之间(图 3-25b)。

辉长岩样品的稀土元素含量 ΣREE 为 $184.20×10^{-6}$~$358.19×10^{-6}$,平均为 $258.13×10^{-6}$,轻、重稀土元素比值 ΣLREE/ΣHREE=5.10~7.82,平均为 6.35,$(La/Yb)_N$=5.10~12.19,平均为 7.91。辉绿岩样品的稀土元素含量 ΣREE 为 $190.50×10^{-6}$~$317.00×10^{-6}$,平均为 $249.07×10^{-6}$,轻、重稀土元素比值 ΣLREE/ΣHREE=5.06~6.44,平均为 5.70,$(La/Yb)_N$=5.09~11.37,平均为 7.68。辉长岩与辉绿岩具有相似的稀土和微量元素组成,球粒陨石标准化稀土元素配分曲线均呈右倾趋势(图 3-25c),显示轻稀土相对富集,重稀土相对亏损的配分模式,且无明显 Eu 异常(δEu=0.93~1.40,平均为 1.08)。从微量元素组成来看,辉长岩和辉绿岩样品均富集大离子亲石元素和高场强元素,具弱的 Sr、Ti 负异常,无明显 Nb、Ta 异常,原始地幔标准化微量元素蛛网图显示洋岛玄武岩特征(图 3-25d)。

表 3-6　早白垩世岩浆岩主量元素（%）和微量元素（10^{-6}）含量表

编号	D2208-1	D2209-1	D5285	D8170	D2182/1	D2051/1	D7302/1	PM8/3	PM4QY002	11PM102	11PM301
	辉石岩	辉石岩						辉长岩			
SiO_2	50.21	52.64	51.58	50.05	53.10	54.51	53.75	54.07	53.99	50.97	51.05
TiO_2	1.51	2.09	1.82	1.43	2.35	2.93	3.72	4.00	3.77	2.97	4.29
Al_2O_3	8.44	12.37	11.29	7.72	12.88	14.98	13.80	13.76	14.45	14.49	14.91
$Fe_2O_3^T$	12.24	9.36	11.35	12.41	10.56	10.19	9.37	9.71	10.56	11.49	11.42
MnO	0.18	0.18	0.16	0.15	0.17	0.18	0.15	0.14	0.16	0.17	0.16
MgO	19.43	10.03	14.59	22.29	9.07	3.44	5.30	5.08	3.67	6.65	4.65
CaO	5.45	9.37	7.51	3.90	7.85	6.17	8.23	6.89	6.75	9.30	7.05
Na_2O	1.32	2.62	1.13	0.99	2.70	3.36	2.83	3.65	3.98	3.21	4.56
K_2O	0.71	0.84	0.16	0.42	0.56	2.49	2.08	1.99	1.69	0.13	1.19
P_2O_5	0.21	0.27	0.26	0.22	0.33	1.26	0.55	0.58	0.68	0.36	0.49
LOI	2.61	2.44	4.99	4.76	3.12	2.53	2.33	3.24	2.89	3.19	2.52
Total	100	100	100	100	100	100	100	100	100	100	100
$Mg^\#$	74	66	70	76	60	38	50	48	38	51	42
Sc	19.21	34.36	22.41	13.57	25.54	18.13	22.34	21.85	19.60	26.80	23.60
V					271.40				237.80	271.40	312.00
Cr	1033	592	653	1150	47.59	8.04	100.00	72.11	12.20	132.60	18.80
Co	66.66	41.10	69.08	95.49	88.79	34.95	46.89	47.12	40.80	45.50	52.20
Ni	385.10	68.39	186.90	437.00	14.41	5.59	63.56	49.50	17.60	49.60	18.70
Rb	23.84	24.42	8.03	15.99	306.20	75.02	43.83	36.29	22.20	5.00	20.40
Ba	162.90	271.80	167.10	115.30		678.40	369.00	568.70	433.00	155.70	205.80
Th	3.43	4.73	3.91	2.85	4.51	5.48	3.33	3.95	3.64	1.40	3.00
U	0.56	0.66	0.68	0.58	0.62	0.70	0.63	0.61	1.06	0.28	0.69
Nb	9.23	13.25	9.70	8.51	13.39	30.90	34.20	32.16	61.70	18.19	41.99
Ta	1.00	1.69	0.63	0.18	1.81	3.14	4.10	3.99	3.54	0.97	2.54

续表 3-6

编号	D2208-1	D2209-1	D5285	D8170	D2182/1	D2051/1	D7302/1	PM8/3	PM4QY002	11PM102	11PM301
	辉石岩							辉长岩			
La	14.05	21.13	16.97	12.39	24.40	40.43	35.81	36.46	57.72	38.74	24.02
Ce	30.88	46.88	38.59	29.23	51.64	89.05	77.01	76.73	119.20	94.78	65.64
Pb					22.67	17.40	18.78	16.30	13.80	5.70	13.70
Pr	4.36	6.71	5.56	4.19	7.41	12.56	10.76	10.83	15.94	13.70	9.15
Sr	231.30	349.80	172.60	178.00	319.20	630.60	600.70	722.90	441.60	121.70	183.80
Nd	19.95	30.22	24.55	18.46	32.77	56.57	47.58	47.29	75.72	69.13	45.03
Zr	88.96	185.48	158.00	135.00	217.59	418.52	256.37	279.96	914.80	332.10	598.30
Hf	6.44	6.95	3.50	2.25	6.26	9.56	10.86	10.99	12.80	5.40	6.80
Sm	4.70	7.24	5.76	4.26	7.85	12.52	10.97	10.80	14.45	13.58	9.56
Eu	1.23	2.15	1.66	1.20	2.18	5.28	3.40	3.18	4.45	5.85	3.32
Ti	9039	12 533	10 885	8541	14 068	17 568	22 304	23 988	22 591	17 796	25 696
Gd	4.06	6.40	5.09	3.69	6.85	10.66	9.25	9.27	11.96	11.28	8.25
Tb	0.75	1.21	0.96	0.65	1.25	1.86	1.65	1.62	2.08	1.90	1.53
Dy	4.55	7.21	5.50	3.59	7.20	10.06	9.44	9.04	10.39	8.67	7.69
Y	21.73	33.95	26.51	17.76	35.53	44.99	42.65	40.90	48.98	35.19	36.53
Ho	0.93	1.48	1.15	0.74	1.46	1.93	1.82	1.73	2.04	1.59	1.57
Er	2.45	3.99	3.11	2.00	3.86	4.94	4.75	4.51	5.38	3.70	4.02
Tm	0.38	0.61	0.46	0.30	0.57	0.67	0.66	0.61	0.73	0.41	0.55
Yb	2.14	3.15	2.70	1.68	3.10	3.54	3.41	3.29	4.74	2.28	3.38
Lu	0.33	0.50	0.43	0.26	0.47	0.53	0.51	0.49	0.69	0.31	0.49
δEu	0.84	0.94	0.92	0.90	0.93	0.96	0.95	0.94	1.01	1.40	1.12
ΣREE	112.49	172.83	138.98	100.40	186.54	295.61	259.66	256.76	358.19	265.92	184.20
LREE/HREE	4.82	4.66	4.80	5.40	5.10	6.33	5.89	6.06	7.56	7.82	5.70
(La/Yb)$_N$	4.71	4.81	4.51	5.29	5.65	8.19	7.53	7.95	8.73	12.19	5.10

续表 3-6

样品号	D7150/1	D4207/1	D3261/1	11Q6	11Q8	PM2-2-Q1	PM2-20-Q2	PM2-20-Q3	PM1-100	PM1-101	PM22-102	PM22-103	PM22-104	PM1-23	PM4-27
				辉绿岩							玄武岩				
SiO_2	51.93	53.66	53.41	53.77	53.01	49.96	52.23	52.42	50.61	51.31	54.56	53.67	56.53	51.63	46.56
TiO_2	2.86	3.68	3.77	2.52	2.33	4.45	3.75	3.73	4.69	5.16	4.05	4.06	4.24	4.47	4.4
Al_2O_3	14.18	13.84	13.88	14.93	16.07	12.66	13.80	14.31	13.44	13.41	12.92	14.04	16.57	13.89	18.44
$Fe_2O_3^T$	10.39	9.95	10.54	10.25	9.44	11.98	10.80	10.41	12.62	12.86	10.87	9.43	7.00	11.95	13.07
MnO	0.17	0.15	0.16	0.17	0.16	0.16	0.15	0.14	0.19	0.2	0.17	0.14	0.12	0.16	0.09
MgO	6.47	5.57	5.46	5.54	5.68	6.26	5.42	5.75	4.62	5.27	5.74	5.26	3.1	4.63	2.82
CaO	9.60	7.82	7.23	7.96	8.90	10.28	8.62	7.74	6.26	6.21	5.46	7.98	4.47	5.89	6.55
Na_2O	2.41	2.95	3.46	2.85	2.58	2.84	3.09	3.07	4.01	3.45	4.69	3.04	5.48	4.5	6.24
K_2O	1.31	1.58	1.27	1.50	1.37	0.64	1.44	1.68	2.27	0.86	0.29	1.14	1.74	1.68	0.03
P_2O_5	0.36	0.49	0.57	0.30	0.27	0.53	0.54	0.54	0.66	0.43	0.46	0.59	0.65	0.59	0.75
LOI	1.77	1.92	2.38	2.02	2.49	4.73	2.70	3.22							
Total	100	100	100	100	100	100	100	100	99.37	99.16	99.21	99.35	99.90	99.39	98.95
$Mg^{\#}$	53	50	48	49	52	48	47	50	42	45	51	53	47	43	30
Sc	24.23	22.80	23.04	26.30	25.40	38.00	32.00	35.00	24.08	23.02	24.04	20.68	21.19	23.11	15.47
V				273.20	257.30	341.00	186.00	273.00	344.4	243.1	287.6	268.1	277.6	324.2	300.5
Cr	63.83	90.52	92.90	131.70	115.80	275.00	180.00	218.00	66.39	30.58	43.24	91.56	53.09	59.59	14.2
Co	48.48	48.52	48.22	43.83	41.65	38.00	30.00	33.00	60.87	52.24	54.94	50.1	48.63	37.2	32.51
Ni	34.27	53.45	43.99	20.33	24.01	94.00	67.00	83.00	52.38	20.49	33.64	60.88	32.26	66.79	15.93
Rb	35.69	35.50	21.87	50.30	49.92	29.00	271.00	82.00	30.49	13.19	4.04	14.87	15.68	24.58	1.98
Ba	296.80	343.50	279.90	355.40	279.40	372.00	511.00	632.00	3399	372.9	634.5	2552	356.1	4078	183.8
Th	4.71	3.13	2.69	5.80	5.61	4.09	7.18	4.24	4.39	2.86	2.4	3.49	4.08	4.47	5.27
U	0.50	0.49	0.49	0.61	0.81	0.88	1.00	0.92	1.06	0.7	0.6	0.82	0.8	1.14	1.03
Nb	13.26	30.43	33.35	26.44	28.56	41.00	35.00	38.00	65.02	29.19	22.03	36.46	36.49	25.99	28.98
Ta	1.60	3.79	4.19	0.72	0.63	3.00	2.00	3.00	7.62	3.46	2.59	4.47	4.92	1.78	2.18

续表 3-6

样品号	D7150/1	D4207/1	D3261/1	11Q6	11Q8	PM2-2-Q1	PM2-20-Q2	PM2-20-Q3	PM1-100	PM1-101	PM22-102	PM22-103	PM22-104	PM1-23	PM4-27
	辉绿岩								玄武岩						
La	25.32	30.25	31.55	37.34	32.84	51.47	46.11	54.39	47.05	25.49	23.7	32.9	43.31	54.96	43.82
Ce	54.02	64.96	68.94	78.77	68.17	93.41	102.22	98.31	98.01	55.78	52.8	70.63	90.33	104.07	89.56
Pb	20.44	26.05	26.21	21.65	24.77	17.47	14.99	13.18	17.12	27.54	17.02	27	15.58	6.9	8.28
Pr	7.60	9.19	9.91	10.23	8.78	14.15	16.86	15.73	13.3	7.94	7.8	9.8	11.71	14.33	12.84
Sr	540.10	696.30	779.90	394.30	412.30	502.00	820.00	1 159.00	573.7	505.8	245	612	128.4	533.9	141.6
Nd	33.88	41.14	44.60	43.64	37.50	52.02	57.59	53.91	57.43	36.04	35.26	43.8	49.92	60.45	56.18
Zr	224.67	211.63	259.70	273.60	216.30	724.00	751.00	762.00	388.15	319.7	283.59	395.19	396.3	386	403
Hf	3.11	7.03	11.66	7.21	10.82	15.00	17.00	15.00	18.26	10.99	10.36	17.06	13.77	6.89	4.46
Sm	7.76	9.62	10.73	10.34	8.86	12.38	13.44	12.69	12.51	8.34	8.42	10.05	10.9	13.42	12.92
Eu	2.50	3.14	3.60	4.38	3.86	4.25	4.25	3.99	6.09	2.67	2.72	4.53	3.42	5.14	3.71
Ti	17 131	22 052	22 591	15 087	13 936	26 643	22 495	22 332	28 083.67	30 957.74	24 263.16	24 337.47	25 418.73	26 787.34	26 358.28
Gd	6.73	8.20	8.88	9.35	8.17	13.27	13.97	13.63	10.79	7.2	7.08	8.27	8.82	11.4	10.15
Tb	1.30	1.48	1.59	1.72	1.49	1.92	1.99	1.92	1.89	1.32	1.27	1.47	1.49	1.96	1.66
Dy	7.57	8.50	8.99	10.39	9.08	10.11	10.71	10.21	10.71	7.64	7.06	8.5	7.86	10.59	8.41
Y	34.49	38.24	41.21	55.17	49.69	30.64	32.00	41.00	50.26	36.06	33.59	39.39	35.04	52.62	38.57
Ho	1.49	1.62	1.76	2.05	1.83	2.01	2.09	2.03	2.06	1.48	1.35	1.68	1.49	2.17	1.61
Er	3.87	4.24	4.53	5.45	4.91	4.71	5.08	4.89	5.43	3.87	3.55	4.29	3.84	5.47	4.02
Tm	0.55	0.57	0.64	0.86	0.79	0.62	0.66	0.60	0.78	0.52	0.49	0.62	0.56	0.83	0.59
Yb	2.98	3.01	3.41	5.05	4.63	3.40	3.72	3.43	4.27	2.83	2.62	3.41	2.98	4.41	3.12
Lu	0.43	0.46	0.53	0.74	0.72	0.41	0.48	0.42	0.62	0.42	0.39	0.52	0.42	0.73	0.43
δEu	1.06	1.08	1.13	1.36	1.39	1.01	0.95	0.93	1.6	1.05	1.08	1.52	1.07	1.27	0.99
$\sum$REE	190.50	226.42	240.86	220.31	191.63	294.80	311.00	317.00	270.94	161.54	154.51	200.47	237.05	289.93	249.02
LREE/HREE	5.26	5.64	5.58	5.19	5.06	6.25	6.21	6.44	6.41	5.39	5.49	5.97	7.63	6.72	7.3
$(La/Yb)_N$	6.09	7.21	6.64	5.30	5.09	10.86	8.89	11.37	7.9	6.46	6.49	6.92	10.42	8.94	10.07

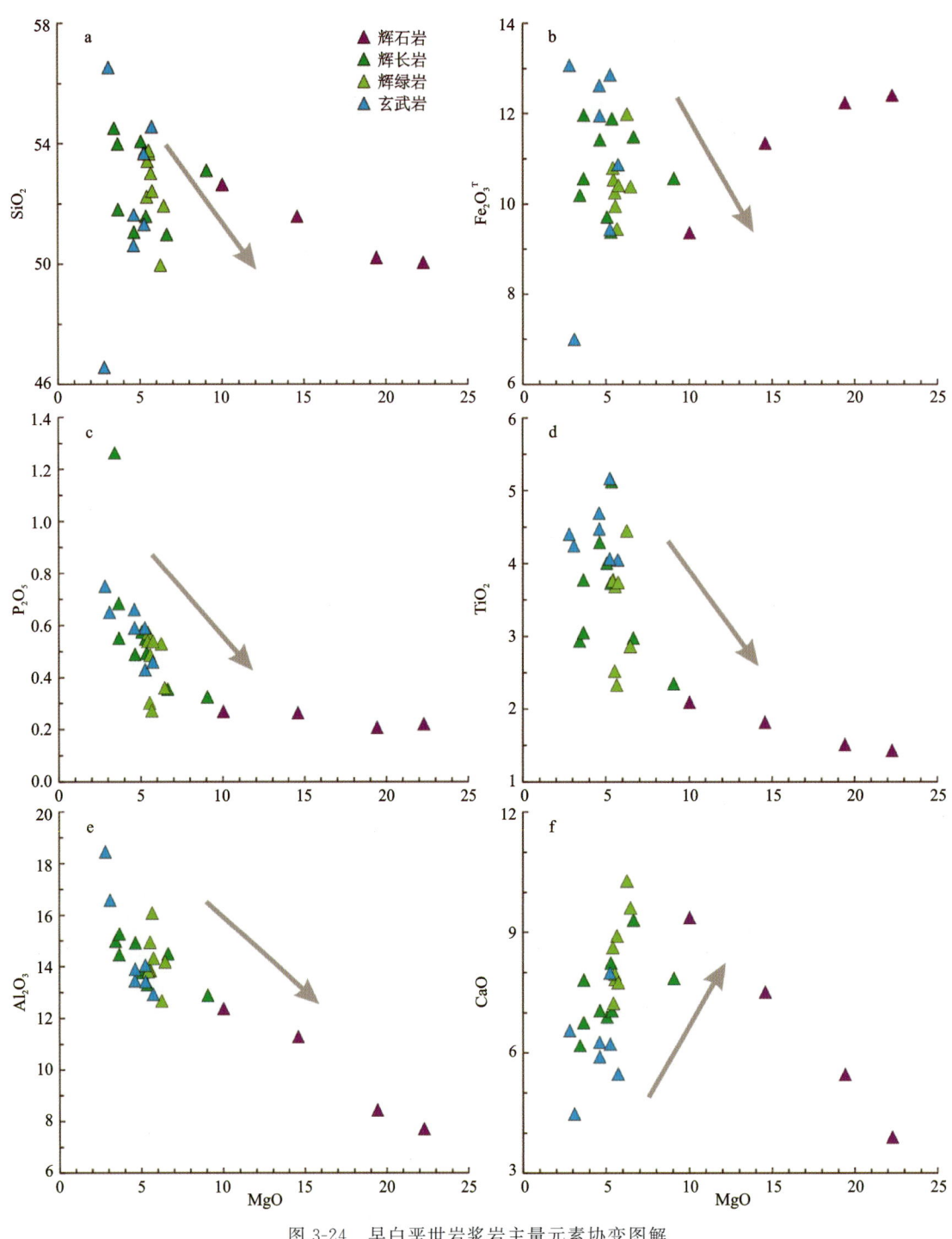

图 3-24 早白垩世岩浆岩主量元素协变图解

玄武岩样品的稀土元素含量 ΣREE 为 $154.51×10^{-6}\sim289.93×10^{-6}$，平均为 $223.35×10^{-6}$，轻、重稀土元素比值 ΣLREE/ΣHREE＝5.39～7.63，平均为 6.42，$(La/Yb)_N$＝6.46～10.42，平均为 8.17。球粒陨石标准化稀土元素配分曲线呈右倾趋势(图 3-25e)，显示轻稀土相对富集、重稀土相对亏损的配分模式，具有弱的 Eu 正异常(δEu＝0.99～1.60，平均为 1.23)。从微量元素组成来看，所有样品均富集大离子亲石元素和高场强元素，无明显的 Nb、Ta、Ti 负异常，个别样品显示 Sr 负异常，原始地幔标准化微量元素蛛网图显示 OIB 型特征(图 3-25f)。

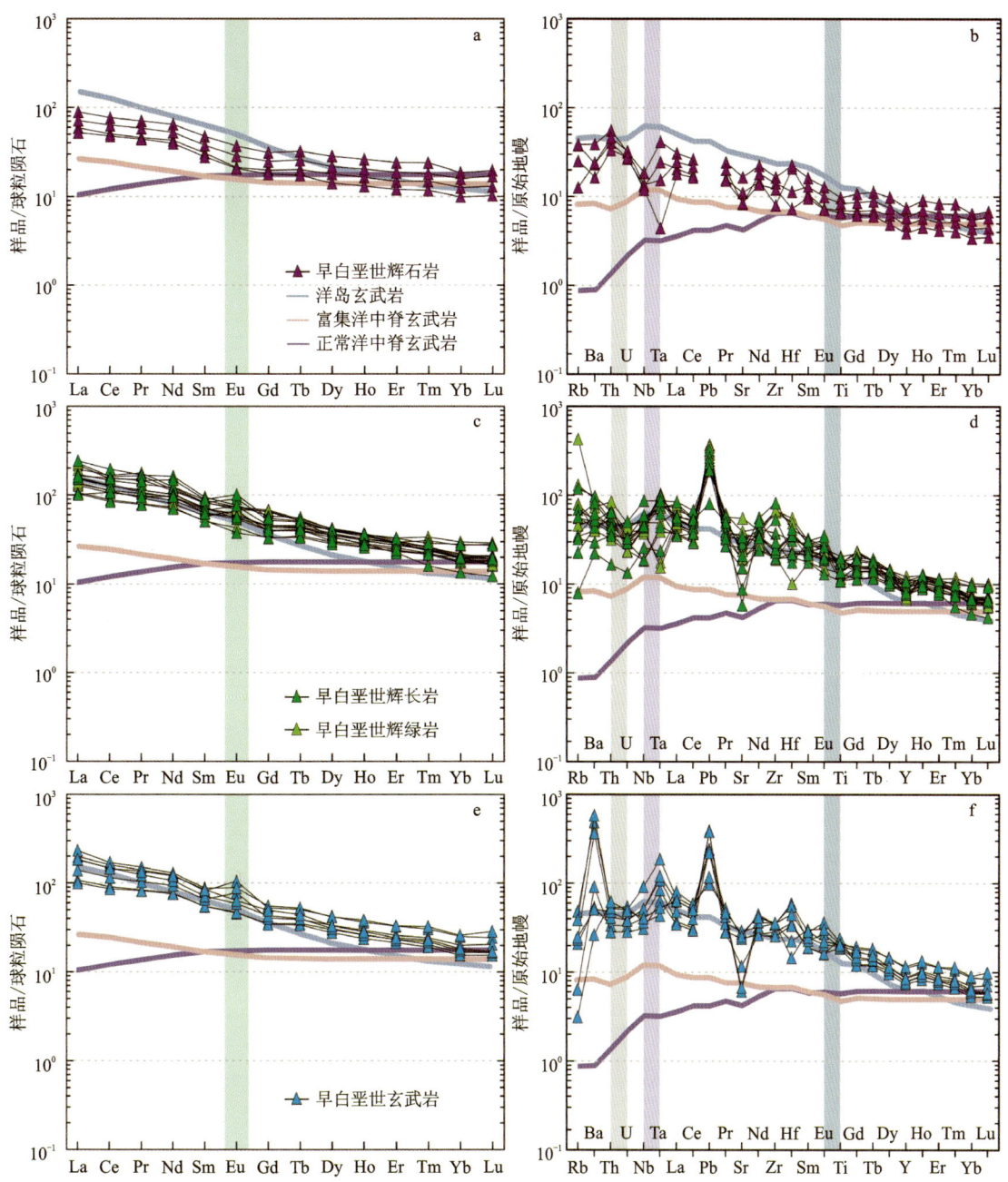

图 3-25　早白垩世岩浆岩球粒陨石标准化稀土元素配分模式图(a、c、e)和原始地幔标准化微量元素蛛网图(b、d、f)

三、锆石 U-Pb 年代学特征

对早白垩世辉长岩和辉绿岩脉分别进行了 SHRIMP 锆石 U-Pb 年代学分析,详细数据见表 3-7。

2 件样品的锆石颗粒均呈自形—半自形短柱状—板状,长径在 $100 \sim 200 \mu m$ 之间,长宽比在 1.5∶1∼ 2∶1 之间(图 3-26a,c)。辉长岩样品(11PM3TW01)的锆石 Th、U 含量分别为 $92 \times 10^{-6} \sim 2629 \times 10^{-6}$ 和 $210 \times 10^{-6} \sim 1302 \times 10^{-6}$,Th/U 比值为 0.45∼3.09。辉绿岩样品(11TW6)的锆石 Th、U 含量分别为 $684 \times 10^{-6} \sim 3840 \times 10^{-6}$ 和 $23 \times 10^{-6} \sim 659 \times 10^{-6}$,Th/U 比值为 1.86∼3.09。上述特征表明 2 件样品

的锆石均为典型岩浆锆石成因(Hoskin and Black,2002)。辉长岩样品9个分析测点位于谐和线上(图3-26a),锆石^{206}U/^{238}Pb年龄为135.5～130.8Ma,加权平均年龄为133.8±0.8Ma,代表辉长岩的结晶年龄(图3-26b)。辉绿岩样品10个分析测点位于谐和线上(图3-26c),锆石^{206}U/^{238}Pb年龄为140.3～136.0Ma,加权平均年龄为137.7±0.9Ma,代表辉绿岩的结晶年龄(图3-26d)。

表3-7 早白垩世侵入岩SHRIMP锆石U-Pb年龄数据表

测点	^{206}Pbc %	U ×10^{-6}	Th	^{232}Th/^{238}U ×10^{-6}	^{206}Pb*	^{207}Pb*/^{206}Pb*	±%	^{207}Pb*/^{235}U	±%	^{206}Pb*/^{238}U	±%	误差相关系数	^{206}Pb/^{238}U 年龄/Ma	±%
辉长岩(11PM3TW01)														
S-1.1	2.28	210	92	0.45	3.8	0.044 9	18.1	0.13	18.2	0.020 5	1.7	0.095	130.8	2.2
S-2.1	0	1302	1962	1.56	23.4	0.049 7	1.8	0.14	1.9	0.020 9	0.5	0.284	133.6	0.7
S-3.1	1.74	1043	2010	1.99	19.1	0.053 4	8.2	0.15	8.2	0.020 9	0.8	0.098	133.6	1.1
S-4.1	2.04	991	2028	2.11	18.3	0.048 5	9.5	0.14	9.6	0.021 1	0.9	0.093	134.5	1.2
S-6.1	1.52	408	810	2.05	7.5	0.043 9	17	0.13	17.1	0.021	1.4	0.08	134.3	1.8
S-7.1	1.13	1020	2629	2.66	18.7	0.042 7	10.2	0.12	10.2	0.021 1	1.2	0.121	134.4	1.7
S-8.1	0.68	628	1343	2.21	11.5	0.047 1	7.5	0.14	7.6	0.021 2	1.2	0.162	135.5	1.6
S-9.1	1.31	818	2446	3.09	15.1	0.049	8.2	0.14	8.3	0.021 1	0.9	0.109	135.2	1.2
S-10.1	0.52	718	1567	2.26	12.8	0.051 9	3.9	0.15	4.1	0.020 7	1	0.25	131.8	1.3
辉绿岩(11TW6)														
S-1.1	1.21	549	1156	2.17	10.5	0.047 3	13.6	0.14	13.6	0.022	1.3	0.094	140.3	1.8
S-2.1	0.68	933	1914	2.12	17.3	0.053 3	9.7	0.16	9.7	0.021 4	1	0.103	136.5	1.4
S-3.1	1.71	585	1118	1.97	11.1	0.044 7	16.9	0.13	17	0.021 6	1.3	0.076	137.9	1.8
S-4.1	0.49	589	1061	1.86	11.1	0.050 1	4.7	0.15	4.8	0.021 9	0.9	0.187	139.7	1.2
S-5.1	0.83	835	2244	2.78	15.4	0.045 7	6.8	0.13	6.8	0.021 3	0.8	0.116	136.1	1.1
S-6.1	1.01	483	903	1.93	9.1	0.047 9	6.3	0.14	6.4	0.021 8	1	0.152	138.8	1.3
S-7.1	0.54	397	684	1.78	7.3	0.048 8	6.3	0.14	6.4	0.021 3	1.4	0.16	136.4	1.9
S-8.1	0.35	774	1972	2.63	14.2	0.048 2	3.7	0.14	3.8	0.021 3	0.8	0.202	136	1
S-9.1	0.64	427	799	1.93	8.1	0.051 8	9	0.16	9.1	0.022	1.1	0.126	140.3	1.6
S-10.1	0.3	1282	3840	3.09	23.9	0.048 7	2.8	0.15	3.2	0.021 6	1.5	0.47	137.9	2.1

四、岩石成因

早白垩世辉石岩显示弱的Nb、Ta负异常,无明显Zr、Hf异常(图3-25b),反映其可能遭受地壳混染的影响。Th和Ta元素对地壳污染很敏感,典型大陆地壳的Th/Ta值(>10)明显高于原始地幔(约为2)。辉石岩的Th/Ta值为2.80～15.83,平均为4.26,同样表明其受地壳混染作用影响。辉石岩的Mg#值为66～76,Cr(592.10×10^{-6}～1 033.00×10^{-6},平均为857.00×10^{-6})和Ni(68.39×10^{-6}～437.00×10^{-6},平均为269.35×10^{-6})含量较高,接近原始岩浆组分特征(Green,1976),表明其受岩浆

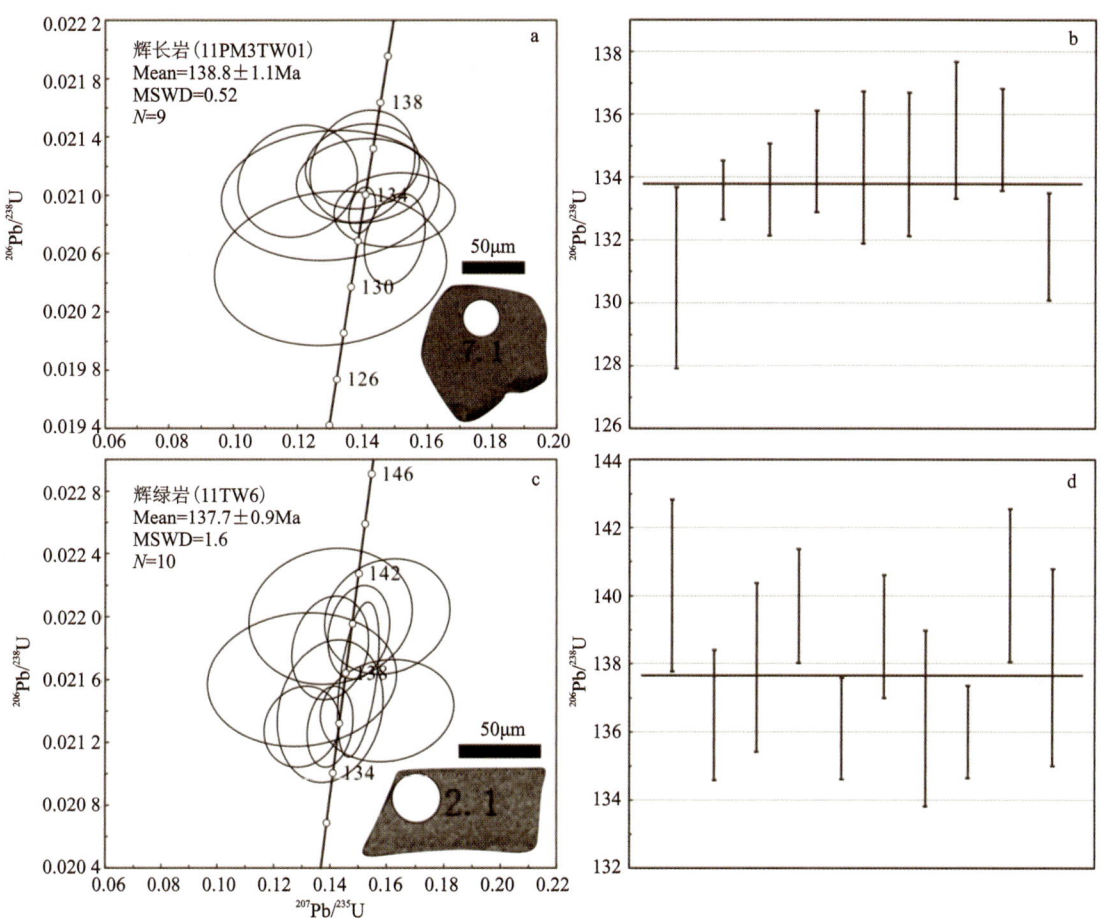

图 3-26 早白垩世侵入岩脉锆石 U-Pb 年龄谐和图(a,c)和加权平均年龄(b,d)

分异影响有限。辉石岩的微量元素含量介于洋岛玄武岩和富集洋中脊玄武岩之间,具较弱的轻、重稀土分异(图 3-25a),富集大离子亲石元素和高场强元素(图 3-25b)。辉石岩的 Sm/Th 比值(1.37~1.53)较低,Th/Y 比值(0.14~0.16)较高,反映其可能来源于富集地幔源区。在 TiO₂/Yb-Nb/Yb 图解中显示辉石岩岩浆源于深部向浅部富集地幔过渡区域(图 3-27a)。Sm/Yb-La/Sm 图解显示辉石岩由石榴石二辉橄榄岩部分熔融(约为 30%)形成(图 3-27b)。

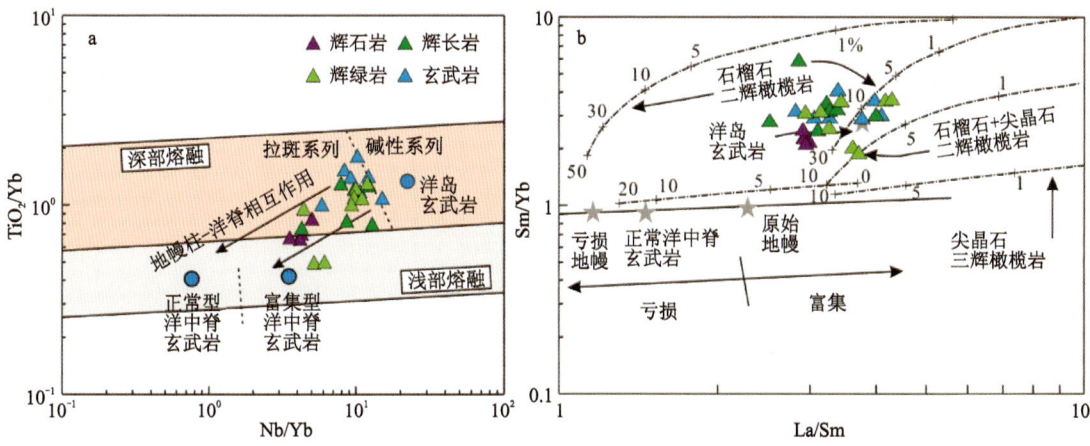

a. Nb/Yb-TiO₂/Yb 判别图解(底图据 Pearce,2008);b. La/Sm-Sm/Yb 判别图解(底图据 Aldanmaz et al.,2000)

图 3-27 早白垩世基性岩岩浆源区地球化学判别图解

早白垩世辉长岩、辉绿岩和玄武岩具有相似的地球化学特征，均显示弱的 Nb、Ta 正异常，且无明显 Zr、Hf 异常（图 3-25d，f），表明其受地壳混染程度较弱。Th 和 Ta 元素对地壳污染很敏感，典型大陆地壳的 Th/Ta 值（>10）明显高于原始地幔（约为 2）。辉长岩、辉绿岩和玄武岩的 Th/Ta 值分别为 0.81～2.49（平均为 1.38）、0.64～8.90（平均为 3.47）、0.58～2.51（平均为 1.27），表明其受地壳混染作用影响有限。辉长岩、辉绿岩和玄武岩的 $Mg^{\#}$ 值分别为 38～61、47～53、30～53，Cr 和 Ni 含量分别为 8.04×10^{-6}～271.40×10^{-6}（平均为 87.88×10^{-6}）和 5.59×10^{-6}～88.79×10^{-6}（平均为 41.91×10^{-6}）、63.83×10^{-6}～275.00×10^{-6}（平均为 145.97×10^{-6}）和 20.33×10^{-6}～94.00×10^{-6}（平均为 52.51×10^{-6}）、14.20×10^{-6}～901.56×10^{-6}（平均为 51.24×10^{-6}）和 15.93×10^{-6}～66.79×10^{-6}（平均为 40.34×10^{-6}），均明显区别于原始岩浆组分特征（Green，1976），表明其经历了母岩浆基性矿物（如橄榄石和斜辉石）的分离结晶。辉长岩、辉绿岩和玄武岩的 MgO 含量与 SiO_2 和 $Fe_2O_3^T$ 均呈负线性相关（图 3-24a，b），表明发生了橄榄石分馏结晶，而斜辉石未发生明显分馏结晶；与 P_2O_5 和 TiO_2 均呈负线性相关（图 4-15c，d）表明磷灰石和含钛矿物（如金红石、钛铁矿和榍石）为主要结晶相；与 Al_2O_3 呈负线性相关（图 3-24e），与 CaO 呈正线性相关（图 3-24f），结合无明显 Eu 异常特征（图 3-25c，e），表明斜长石几乎没有分馏结晶。辉长岩、辉绿岩和玄武岩均以轻稀土元素、大离子亲石元素和高场强元素富集为特征，显示弱的 Nb、Ta 正异常，无明显 Ti 负异常（图 3-25d，f），具有典型洋岛玄武岩特征。辉长岩、辉绿岩和玄武岩均具有较低的 Sm/Th 比值（分别为 1.74～9.70、1.58～3.99 和 0.84～1.97）和较高的 Th/Y 比值（分别为 0.04～0.13、0.07～0.22 和 0.09～0.30），表明其可能来源于富集地幔源区。在 TiO_2/Yb-Nb/Yb 图解中所有样品均显示其起源于深部富集地幔源区（图 3-27a）。在 Sm/Yb-La/Sm 图解中显示辉长岩、辉绿岩和玄武岩是由石榴石二辉橄榄岩不同程度（10%～30%）的部分熔融形成（图 3-27b）。

第五节 中生代岩浆岩构造背景

特提斯喜马拉雅中生代岩浆岩可分为晚三叠世、早—中侏罗世和早白垩世三期，根据本书及前人资料表明这三期火山活动均以基性和酸性岩为主，缺乏中性岩，呈现双峰式火山岩特征（Huang et al.，2018；Tian et al.，2019；Wang et al.，2022；Peng et al.，2022）。双峰式火山岩可以产出于不同的构造背景，如大陆裂谷（李献华等，2005；吴年文等，2021），弧后扩张（Chang et al.，2020）和后造山构造背景（王金荣等，2010；Liu et al.，2018）等。形成于不同构造背景的双峰式岩浆岩在地球化学特征上存在显著差异。特提斯喜马拉雅中生代岩浆岩微量元素组成表现为富集大离子亲石元素和高场强元素，区别于弧后扩张背景（Fan et al.，2015），显示洋岛玄武岩地球化学特征（图 3-13、图 3-19、图 3-25）。玄武岩微量元素构造图解显示其形成于板内构造背景（图 3-28a，b）。而且英安岩表现为 A 型花岗岩特征（图 3-28c），在构造环境判别图解中主要处于板内区域（图 3-28d）。结合双峰式火山岩中大量酸性岩的产出以及钙碱性-高钾钙碱性地球化学特征表明特提斯喜马拉雅中生代火山岩应形成于大陆裂谷环境（Garland et al.，1995；Li et al.，2002，2008）。

冈瓦纳大陆自新元古代完成拼合，并于白垩纪最终解体（Cawood and Buchan，2007），其间经历了多期裂解并伴有火山活动。特提斯喜马拉雅属冈瓦纳大陆北缘被动大陆边缘盆地（王立全等，2013），盆内火山活动是对冈瓦纳大陆北缘裂解的响应。特提斯喜马拉雅裂谷活动始于石炭纪早期，尼泊尔中北部石炭纪地层的厚度在 40～50km 范围内从 0 到超过 700m 的快速变化代表了区域裂谷活动的沉积响应（Garzanti，1999）。喜马拉雅二叠纪岩浆岩与新特提斯洋的打开及基梅里大陆的演化相关（Dan et al.，2021；Chen et al.，2023）。特提斯喜马拉雅晚三叠世火山岩呈夹层产出，显示洋岛玄武岩和洋中脊玄武岩相互作用的地球化学特征（图 3-14b），火山岩产出背景为一套深水斜坡-盆地相沉积，结合北侧雅鲁藏布结合带中—晚三叠世洋岛建造的发育（Liu et al.，2021），表明其可能代表雅鲁藏布洋扩张—成熟期被

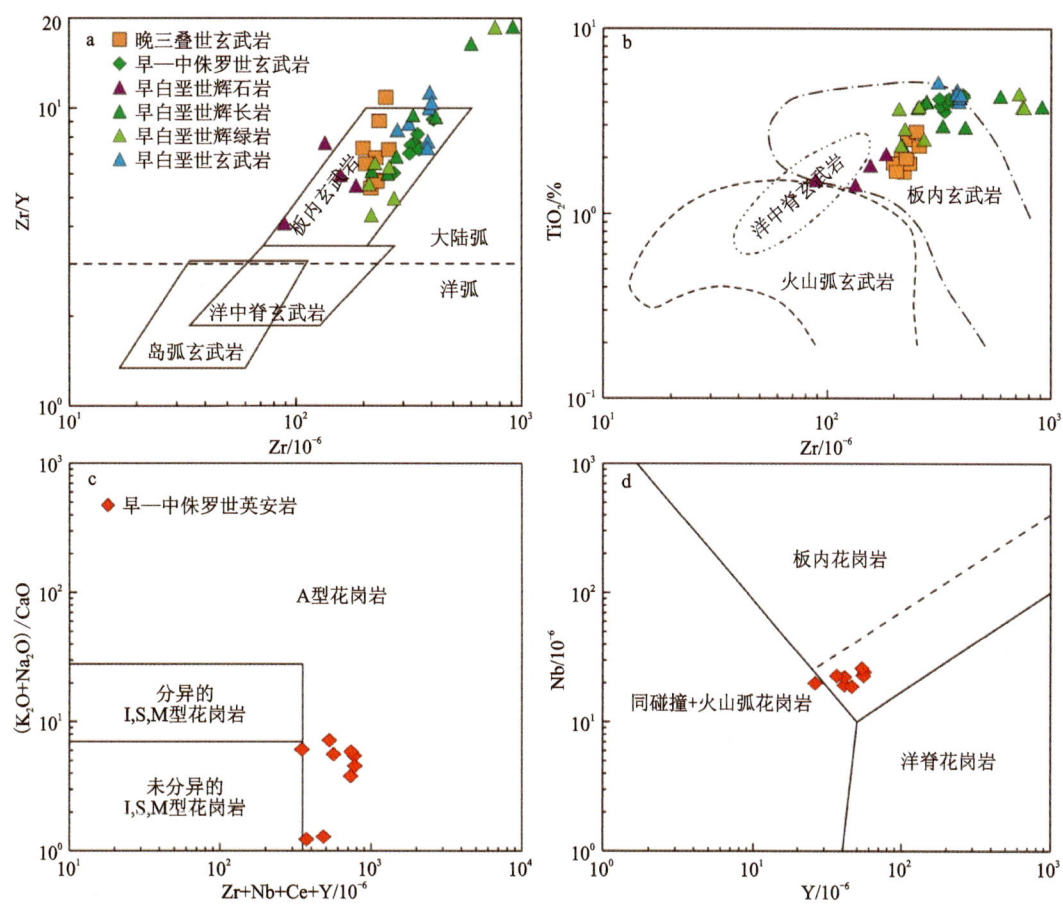

a. Zr-Zr/Y 判别图解(据 Pearce,1982);b. Zr-TiO₂ 判别图解(据 Pearce,1982);c. Zr+Nb+Ce+Y-(K₂O+Na₂O)/CaO 判别图解(据 Whalen et al.,1987);d. Y-Nb 判别图解(据 Pearce et al.,1984)

图 3-28　岩浆岩构造环境判别图解

动大陆边缘裂谷盆地的岩浆记录;早—中侏罗世火山岩表现为双峰式特征,与浅海碎屑岩呈韵律互层,具板内火山岩地球化学特征(图 3-15),其产出背景为一套被动陆缘浅海陆棚相碎屑岩-碳酸盐岩沉积,代表了陆架裂谷盆地火山活动;早白垩世火山岩具有厚度大、喷发溢流旋回多的特点,并伴有大规模基性侵入岩脉产出,其背景为一套滨浅海相粗碎屑岩沉积,地球化学分析显示玄武岩和侵入岩脉均形成于板内构造背景(图 3-28a,b)。Zhu 等(2009)认为特提斯喜马拉雅带内的白垩纪基性岩和澳大利亚的 Bunbury 玄武岩具有相似的地球化学特征,并认为二者源自同一个大火成岩省,即 Comei-Bunbury 大火成岩省。近年来的研究显示 Comei-Bunbury 大火成岩省的形成与 Kerguelen 地幔柱的活动有关(Chen et al.,2021;Zhang et al.,2023),其最终导致东冈瓦纳大陆印度和澳大利亚板块的分离(Olierook et al.,2019;Peng et al.,2022)。

第四章 区域构造

研究区大地构造归属喜马拉雅大陆边缘逆冲带北部的特提斯喜马拉雅褶冲带,南与高喜马拉雅基底褶推带相接,北邻印度河-雅鲁藏布结合带(图4-1)。

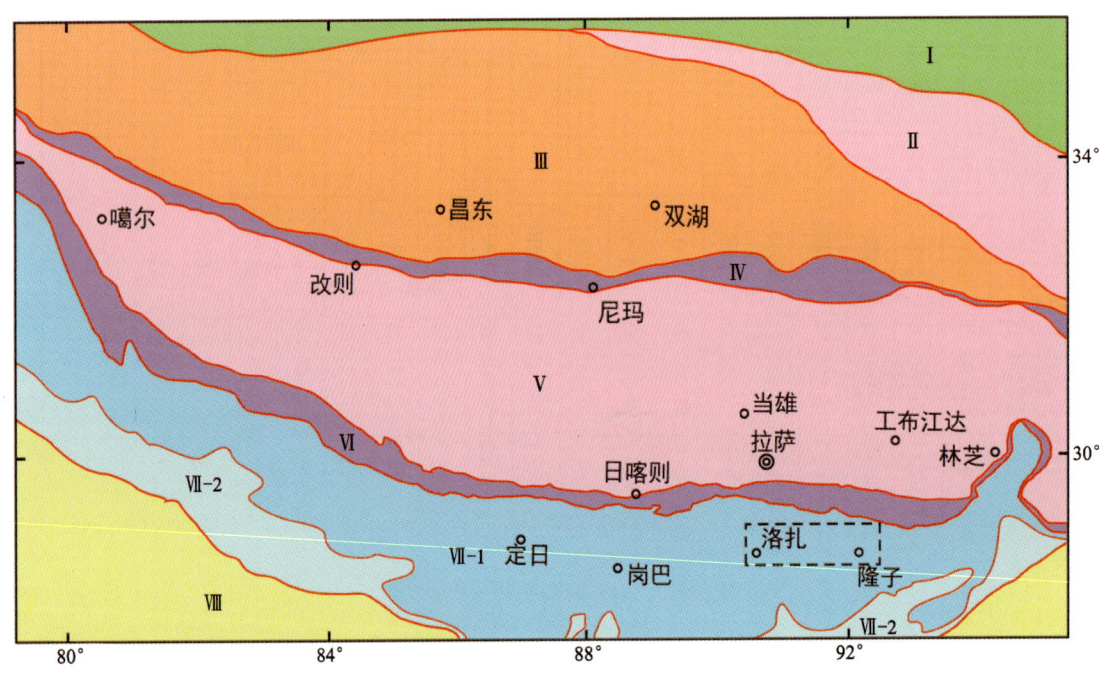

Ⅰ.玉龙塔格-巴颜喀拉前陆盆地;Ⅱ.三江弧盆系;Ⅲ.羌塘弧盆系;Ⅳ.班公湖-怒江结合带;Ⅴ.拉达克—冈底斯-伯舒拉岭弧盆系;Ⅵ.印度河-雅鲁藏布结合带;Ⅶ.喜马拉雅大陆边缘逆冲带;Ⅶ-1.特提斯喜马拉雅褶冲带;Ⅶ-2.高喜马拉雅基底褶推带;Ⅷ.印度陆块。

图4-1 研究区大地构造位置图(据潘桂棠等,2006)

研究区总体构造展布方向呈近东西向,以北倾逆断层和东西向褶皱为特征,总体受印度板块向北俯冲、与拉萨地体碰撞在区域上的构造运动约束,晚期发育有近南北向正断层与北西向、北东向走滑断裂及变质核杂岩。依据区域构造组合样式与分布由北向南划分为5个构造带:雅拉香波-达拉核杂岩带;朗拉日-卓木日-俗坡下冲断带;洞加-松多-日当褶冲带;推瓦-吉日-甲坞-多日褶皱带;拉隆-库拉岗日核杂岩带(图4-2)。

特提斯喜马拉雅的构造具有发育"变质核杂岩"的特征,基底变质岩系和新生代花岗质侵入体构成的"核"呈不规则圆形分布于东西向盖层构造之内,构成了研究区域基底的窗口,而使区域构造的样式呈现出韧性色彩的"变质核杂岩"与未变质地层中的脆性构造的二元结构。变质核杂岩以发育古生代变质地层构成的"变质核"为特征,与区域广泛分布的中生代未变质地层又显示出垂向"构造分层"的特征。研究区变质核杂岩分布于东北部和西南部,东北部由北向南分别为雅拉香波核杂岩与达拉核杂岩,西南部核杂岩包括拉隆核杂岩与库拉岗日-洛扎核杂岩。

第四章 区域构造

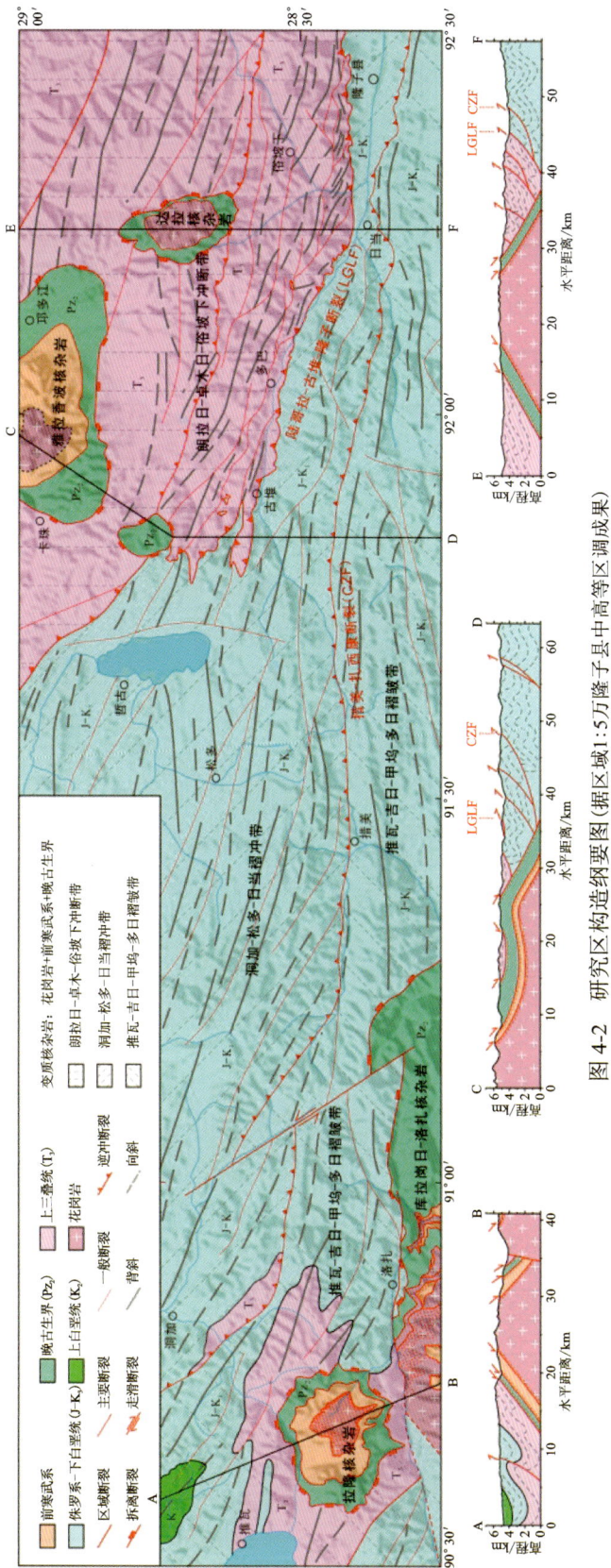

图 4-2 研究区构造纲要图 (据区域1:5万隆子县中高等区调成果)

第一节 雅拉香波-达拉核杂岩带

雅拉香波-达拉核杂岩带包括雅拉香波和达拉两个核杂岩,两核杂岩结构相似,差异表现为雅拉香波核杂岩核部的亚堆扎拉岩群在达拉核杂岩中未见出露(图4-2)。上三叠统涅如组构成该核杂岩带的盖层,其构造特征在第二节中阐述。

一、雅拉香波核杂岩

雅拉香波变质核杂岩的核部由前寒武系亚堆扎拉岩群($AnЄY.$)和侵入其中的中新世雅拉香波二云二长花岗岩岩体和古生界曲德贡岩组($Pzq.$)组成,滑脱系由下拆离断层(韧性剪切带)、片理化带、褶叠层、上拆离断层(带)组成,盖层为上三叠统涅如组(T_3n)的砂板岩系(图4-3)。

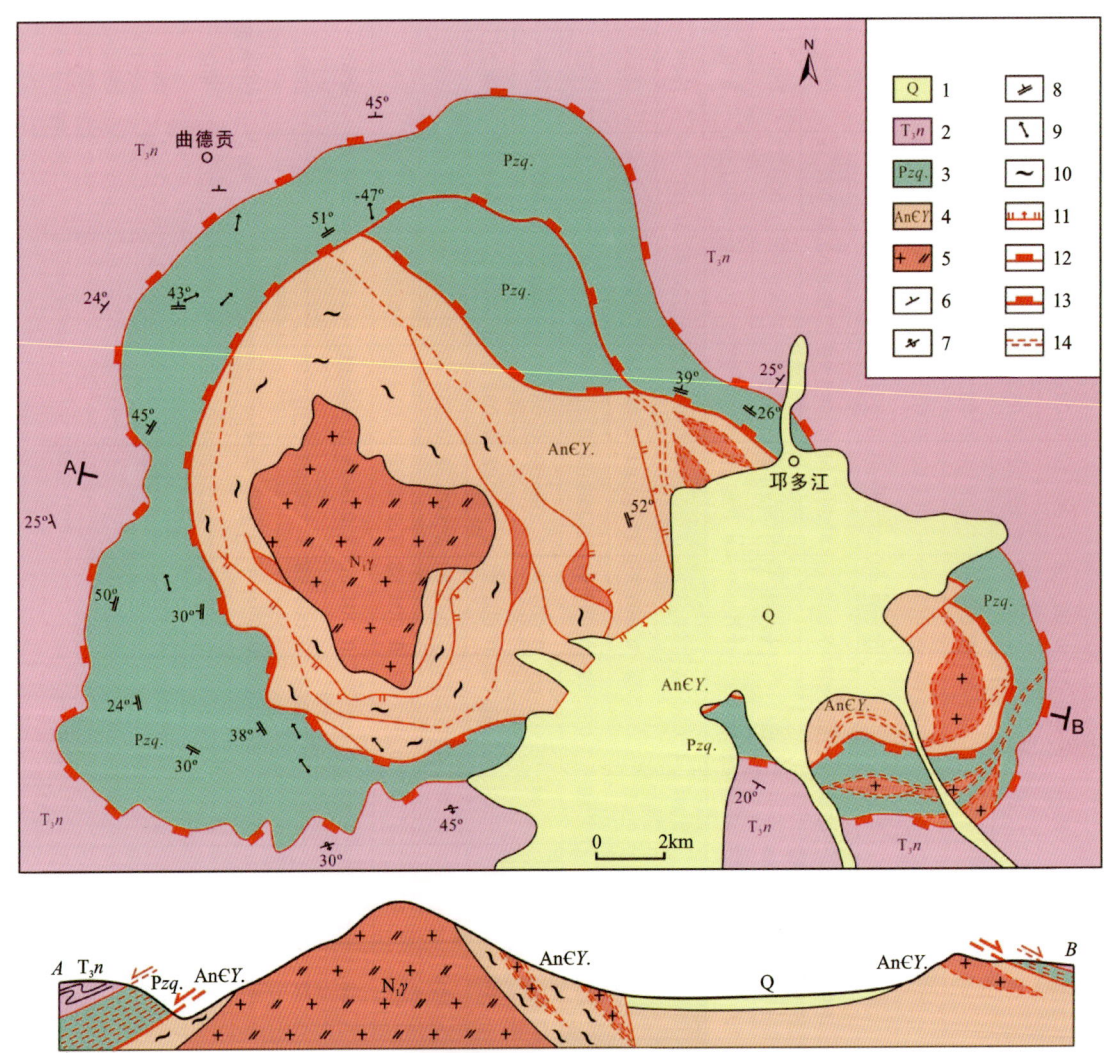

1.第四系;2.涅如组;3.曲德贡岩组;4.亚堆扎拉岩群;5.二长花岗岩;6.地层产状;7.倒转地层产状;8.片理产状;9.线理;10.混合岩化;11.正断层;12.外拆离断裂;13.内拆离断裂;14.韧性剪切带。

图4-3 雅拉香波核杂岩结构图

第四章 区域构造

亚堆扎拉岩群（AnЄY.）主体位于变质核杂岩核部，部分卷入滑脱系韧性剪切变形带（下拆离断裂带），主要为各类片岩及片麻岩，少量变粒岩、石英岩、大理岩及角闪岩。由于受到后期岩脉注入，在靠近核部的地带形成注入型混合岩化岩，根据注入型混合岩化程度由核部向外依次形成混合花岗岩、混合岩、混合质变质岩。

古生界曲德贡岩组（Pzq.）主要分布于亚堆扎拉岩群外围，区域上构成滑脱系主体，其变质变形较亚堆扎拉岩群低，主要为一套浅变质的板岩、片岩、片麻岩等。

二、达拉核杂岩

达拉核杂岩位于雅拉香波和杂岩东南侧，两者相距约15km，由核部达拉岩体、滑脱系（二叠系曲德贡岩组）和上三叠统涅如组盖层三部分构成。

达拉岩体岩性为中粗粒黑云二长花岗岩，在岩体中心，花岗岩没有变形，在岩体边部，可见暗色矿物被拉长，呈弱定向排列。戚学详等（2008）测得达拉岩体成岩年龄为 44.31 ± 0.36Ma（锆石 SHRIMP U-Pb 测年），与本次工作获得的年龄 46 ± 0.8Ma（锆石 U-Pb 激光剥蚀法）相近。

达拉核杂岩出露的曲德贡岩组主要为变质砂岩、绢云母粉砂质板岩、红柱石板岩、含石英绿泥石化角闪岩、大理岩化灰岩；变质程度较浅，原岩为泥质岩、碎屑岩夹碳酸岩的副变质岩。侵位于曲德贡岩组的辉绿岩脉获得晚二叠世年代数据（273Ma，曾令森等，2012）。

达拉岩体与曲德贡岩组间的内拆离断裂围绕中心的达拉花岗岩体呈环带状产出，断层带一般宽数米，表现出脆-韧性的特征，早期面理发育小型牵引褶皱，见有花岗岩成分的构造透镜体（图4-4）。

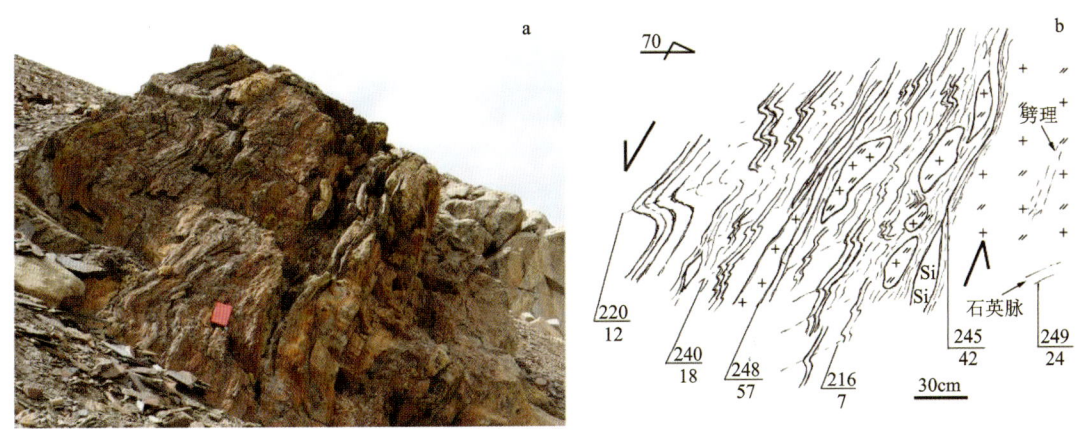

a.露头照片；b.素描图
图4-4 错布那日达拉核杂岩内拆离断裂特征

第二节 朗拉日-卓木日-俗坡下冲断带

朗拉日-卓木日-俗坡下冲断带位于研究区东北部，出露地层为上三叠统涅如组，断裂带内由一系列北西西向褶皱与倾向北北东向逆断层构成，断裂带南缘为陆哥拉-古堆-隆子断裂（LGLF）。该冲断带平面呈向南伸出的"舌状"，位于舌状冲断带前部褶皱与断裂最为发育，走向与前缘断裂近于平行展布，西部位于舌状冲断带部位褶皱趋于北西走向，伴生走滑断裂。

一、冲断带内褶皱与断裂特征

冲断带内褶皱与断裂总体呈趋势性变化特征:褶皱自北向南由宽缓的对称褶皱渐变为紧闭斜歪褶皱、平卧褶皱;断裂总体呈北倾,倾角向南呈变缓的变化,平面上呈向南断裂密度增大的特征。

扎锐淌复式褶皱位于朗拉日-卓木日-俗坡下冲断带中北部,位于俗坡下北13km处,出露地层为涅如组二段砂岩夹泥页岩。褶皱的枢纽近东西走向,褶皱两翼倾角30°～60°(图4-5),扎锐淌褶皱向南800m出露的扎锐淌南逆冲断裂,主断裂产状26°∠62°,断裂上下两盘地层为涅如组三段,斜歪、紧闭褶皱与断裂相伴发育,局部地层发生倒转(图4-6)。

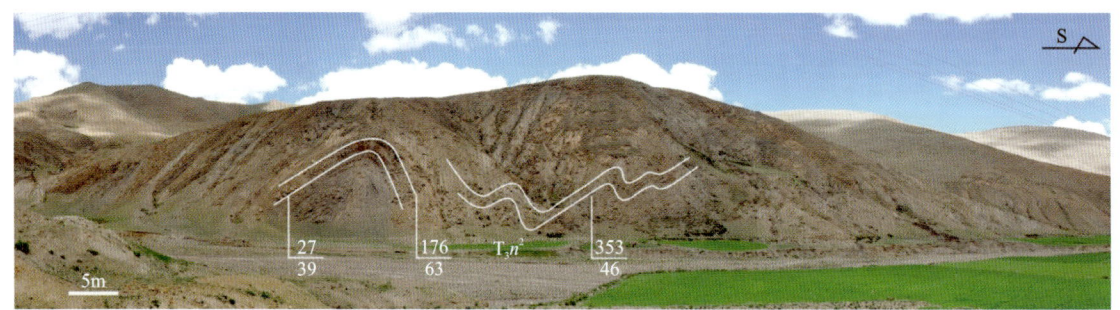

图4-5 扎锐淌复式宽缓褶皱特征

图4-6 扎锐淌南逆冲断裂与褶皱特征

朗拉日-卓木日-俗坡下冲断带南部褶皱多呈紧闭褶皱样式,轴面北倾,轴面倾角多小于45°,卡当紧闭褶皱具代表性。卡当紧闭褶皱位于俗坡下西南10km,由一组枢纽南东东走向背斜与向斜构成,发育于涅如组三段的砂岩与板岩地层中,褶皱两翼均呈北北东向,枢纽走向100°～120°,可见轴面劈理(图4-7)。

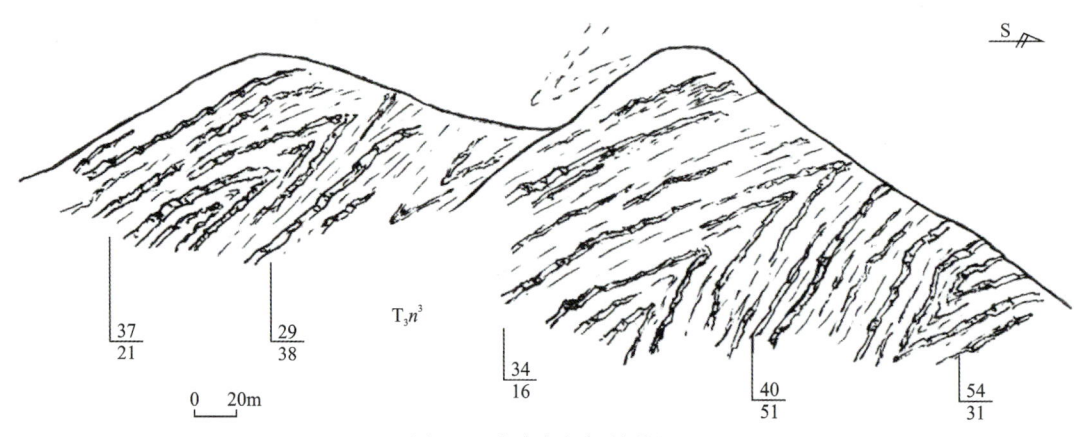

图4-7 卡当紧闭褶皱特征

二、陆哥拉-古堆-隆子断裂（LGLF）

陆哥拉-古堆-隆子断裂为朗拉日-卓木日-俗坡下冲断带南缘断裂，断裂在古堆以西呈北西向，具逆冲＋走滑特征，古堆以东近东西向，为北倾逆冲断层。断层北盘（上盘）为上三叠统涅如组，南盘（下盘）为侏罗系—白垩系（图4-2）。

日当镇北陆哥拉-古堆-隆子断裂近东西走向，主断裂产状17°∠48°，断层上盘地层为涅如组五段，发育牵引褶皱，断层下盘为下侏罗统日当组，受断层影响发育小型褶皱（图4-8）。

图4-8 日当镇北陆哥拉-古堆-隆子断裂特征

陆哥拉-古堆-隆子断裂在古堆乡北部夏如堆一带发育构造窗：断层圈闭外围地层为上三叠统涅如组，断层圈闭的负地貌区域出露下侏罗统日当组（图4-9上）。横跨夏如堆构造窗剖面显示陆哥拉-古堆-隆子断裂在该区域产状低缓，断层两盘地层褶皱强烈，主要呈平卧褶皱样式（图4-9下）。下伏地层日当组一段的泥页岩、泥质粉砂岩夹薄层硅质岩中发育破碎带、层间滑动揉皱与无根褶皱，局部强劈理化（图4-10）。

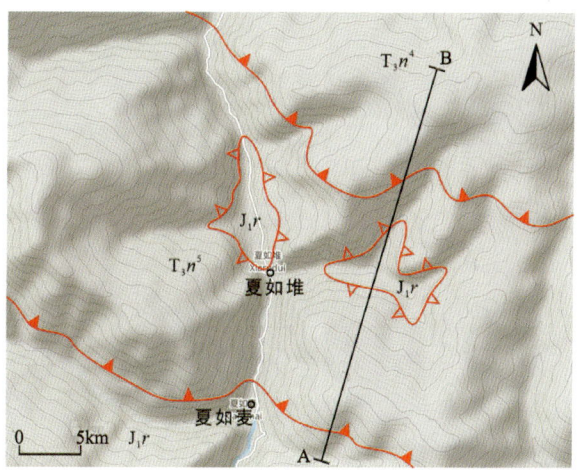

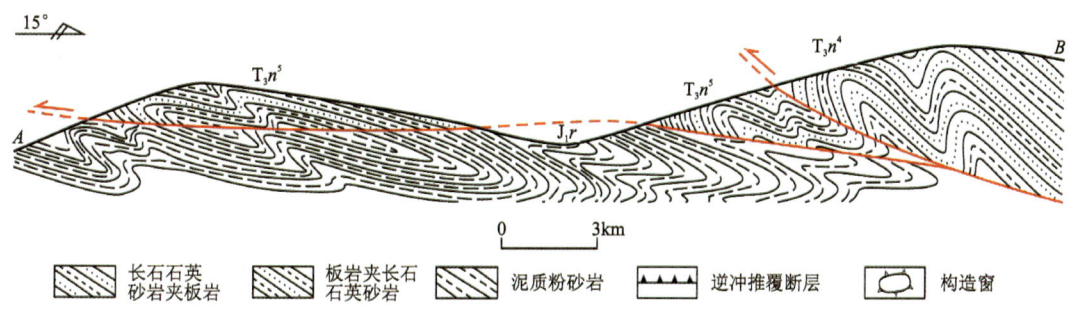

上．构造窗平面展布图；下．横切构造窗剖面图

图4-9 夏如堆地区构造窗特征素描图

a. 拉断的硅质结核；b. 层间揉皱；c. 硅质条带；d. 无根褶皱

图 4-10　夏如堆构造窗内日当组特征

陆哥拉-古堆-隆子断裂在隆子县城北部对断层下盘日当组的改造呈现出紧闭褶皱与劈理化面理置换、无根褶皱与发育构造透镜体等特征（图 4-11）。

a. 同斜褶皱与劈理；b. 面理置换与构造透镜体；c. 小型褶皱；d. 构造透镜体

图 4-11　隆子县北陆哥拉-古堆-隆子断裂带日当组构造特征

第三节　洞加-松多-日当褶冲带

洞加-松多-日当褶冲带位于研究区中部,北与朗拉日-卓木日-俗坡下冲断带以陆哥拉-古堆-隆子断裂(LGLF)分界,南侧为措美-扎西康断裂(CZF),平面上呈中西部宽东部窄的特征,中西部对应朗拉日-卓木日-俗坡下"舌状"冲断带的西侧,东部较窄段对应朗拉日-卓木日-俗坡下"舌状"冲断带的南侧(图 4-2)。

一、褶冲带内褶皱与断裂特征

洞加-松多-日当褶冲带的中西段与东段的构造样式存在一定差异。中西段以哲古北—松多一线的南北向变化为代表,东部以日当西的构造特征为代表中西段构造特征。

1. 中西段构造特征

扎嘎布、英扎嘎和松多大致沿 E91°35′一线由北向南分布,由北向南的构造特征如下。

扎嘎布位于研究区北缘,位于哲古镇北 15km,北邻陆哥拉-古堆-隆子逆冲断裂带。南北向构造剖面显示该区域地层整体倒转,构造样式呈北部日当组与遮拉组之间发育低角度北倾逆断层,日当组褶皱呈轴面低角度北倾的特征,中部遮拉组发育一系列轴面北倾 65°~85°褶皱,向南逆冲至南部维美组石英砂岩之上(图 4-12)。扎嘎布地区的断裂与褶皱样式反映了受北侧陆哥拉-古堆-隆子南向逆冲断裂控制的特征。

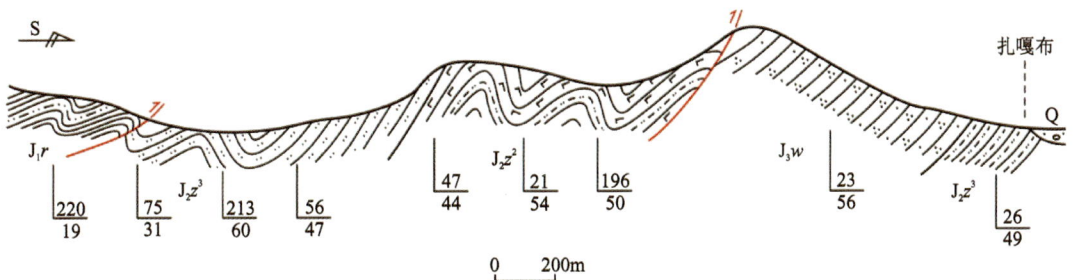

图 4-12　扎嘎布地区构造剖面特征

扎嘎布南侧家嘎—英扎嘎一带的构造由北向南依次发育登儿巴扎对称向斜、英扎嘎褶皱与右行走滑断裂(图 4-13)。登儿巴扎向斜核部出露桑秀组火山岩夹碎屑岩,南北两翼为维美组碎屑岩,向斜枢纽近东西走向,登儿巴扎向斜显示出受北部陆哥拉-古堆-隆子逆冲断裂影响较弱的特征。

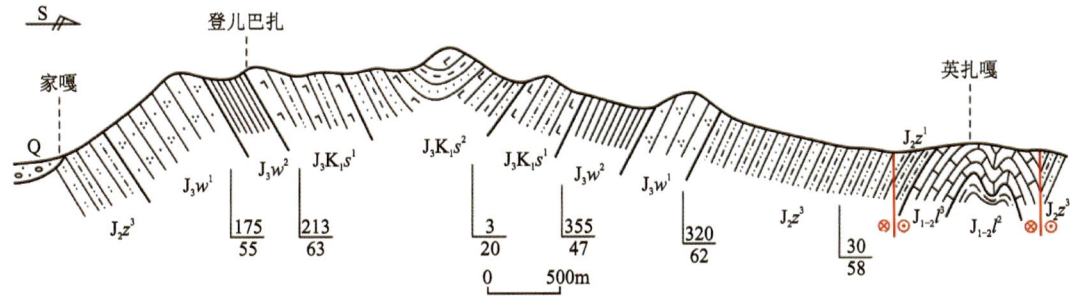

图 4-13　家嘎-英扎嘎构造剖面特征

英扎嘎一带发育一组右行走滑断裂及与走滑作用相关的复式背斜。英扎嘎复背斜在剖面上显示为褶皱两翼高倾角特征,受到南北侧右行走滑断裂约束(图4-13)。在平面上英扎嘎褶皱为两条右行走滑断裂相交的三角地带,北侧走滑断裂呈北西西向,南西侧走滑断裂近北西走向。英扎嘎背斜向西倾伏,倾伏角大于75°,为倾伏背斜。在英扎嘎倾伏背斜西侧以北西向走滑断裂相隔发育热玛布向斜,向西向东扬起,转折端地层倾角达77°,构成热玛布倾伏向斜(图4-14)。热玛布—英扎嘎一带的倾伏褶皱与北西向、北西西向走滑断裂活动相关,这一区域出现走滑运动的构造背景与其位于舌状朗拉日-卓木日-俗坡下冲断带西侧相关,东侧朗拉日-卓木日-俗坡下冲断带向南逆冲,带动了西侧下伏地层的侧向压扭运动。

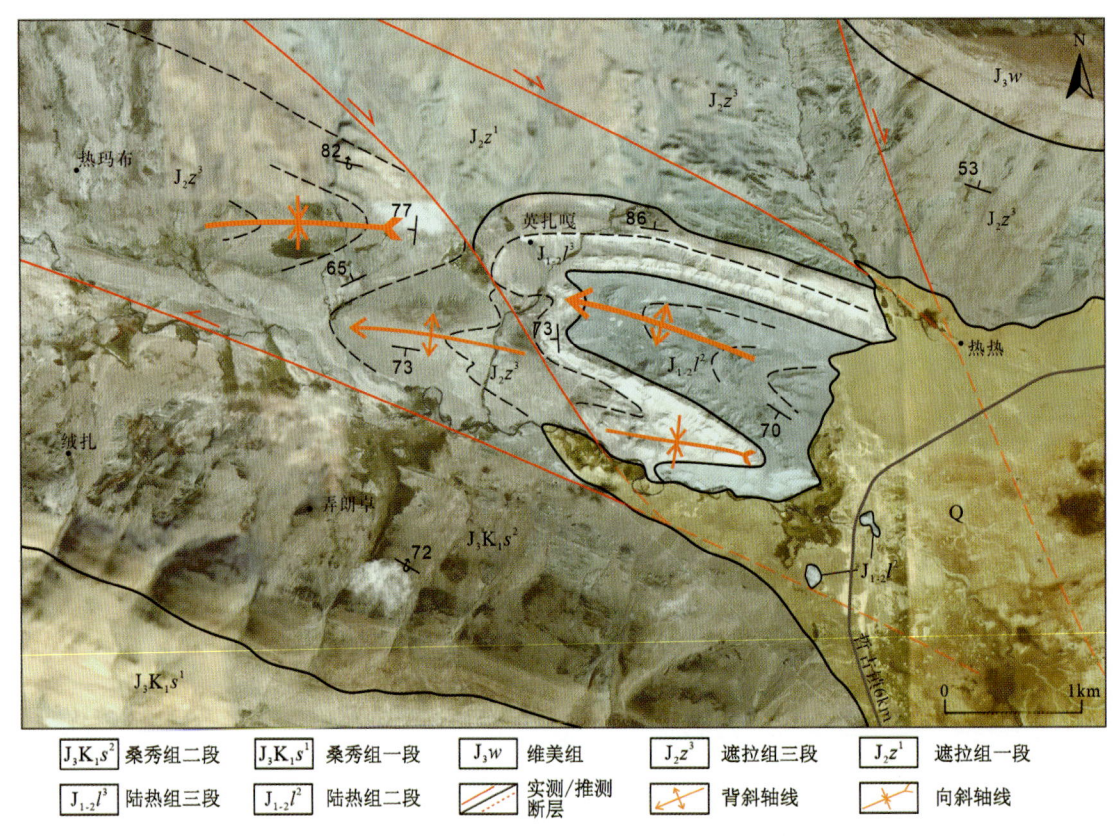

图4-14 英扎嘎倾竖背斜平面展布

松多地区南北向构造剖面位于洞加-松多-日当褶冲带的中部和中南部,构造以发育近东西走向褶皱和逆断层为特征(图4-15),以一系列由陆热组和遮拉组构成的褶皱为特征,以背斜呈紧闭、轴面高角度北倾为特征,向斜则呈箱状。构造样式具有隔挡式褶皱的特征。

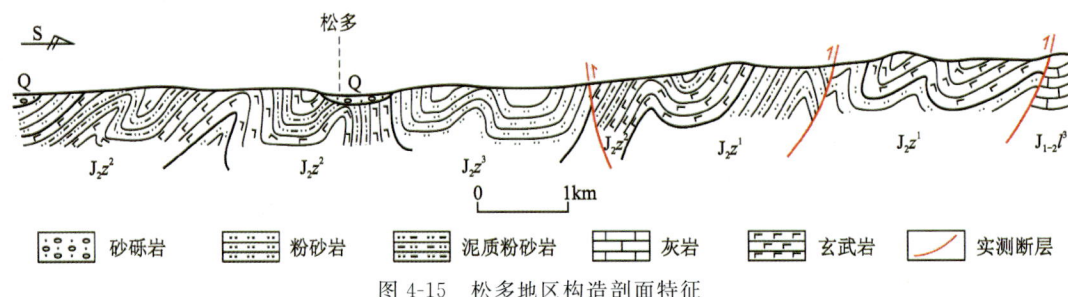

图4-15 松多地区构造剖面特征

2. 东段构造特征

东段的构造特征与中西段南部松多一带的滑脱构造相似性。扎布旗向斜位于日当镇西 8km 处，出露地层为遮拉组二段火山岩，为近东西走向宽缓向斜，向斜北翼较陡，产状 221°∠47°，南翼地层相对较缓，产状 32°∠38°（图 4-16）。

图 4-16 扎布旗向斜宏观特征

卜马断裂位于扎布旗向斜南侧，断裂发育于陆热组内，由一组低角度北倾逆断层与伴生的平卧褶皱构成（图 4-17）。主断裂产状 6°∠23°，平卧褶皱的轴面与断裂产状相近，侵位地层的岩脉也发生了强烈变形和褶皱。

图 4-17 卜马低角度逆断层宏观特征

日当镇西侧的扎布旗宽缓向斜与卜马低角度逆断层组合显示了卜马断裂大致沿陆热组发育，陆热组泥灰岩、钙质泥岩能干性弱，发育强变形褶皱，其上的遮拉组厚层-块状的火山岩具有能干性强的特征，发育扎布旗宽缓向斜，具有与中西部松多地区滑脱构造相似性。

二、措美-扎西康断裂（CZF）

措美-扎西康断裂为洞加-松多-日当褶冲带南缘断裂，中东部近东西走向，向西至 E90°50′纬线转为北西线（图 4-2）。

措美-扎西康断裂在日当镇南 1km 处由断层破碎带、派生次级断裂和褶皱构成（图 4-18）。断裂低角度北倾，产状 346°∠31°，断层破碎带 30～60cm，断裂带内见铁泥质与泥灰岩成分角砾（图 4-18a），断层上盘为陆热组泥灰岩与钙质泥岩，发育揉皱和派生断层，断层下盘为遮拉组一段泥岩、粉砂岩，岩脉发生褶皱。

措美-扎西康断裂在日当镇西 20km 的则当一带呈东西向沿谷地展布，断层上盘为陆热组一段钙质泥岩夹中薄层泥灰岩，发育次级断层和层间褶皱，次级断层有两组，一组剪性断层与宏观地层走向相近，产状为 23°∠32°，另一组张性正断层，产状 322°∠60°。层间紧闭褶皱轴面与地层宏观走向及相邻剪性断层产状相近，侵位于地层的脉岩也发生褶皱，形成脉褶（图 4-19）。

措美-扎西康断裂在措美县城西侧呈低角度北倾逆冲断裂，可见厚 5～10m 破碎带，断裂带产状 13°∠35°，断裂上盘为陆热组一段钙质泥岩夹泥灰岩，发育紧密褶皱，断层下盘为桑秀组火山岩（图 4-20）。

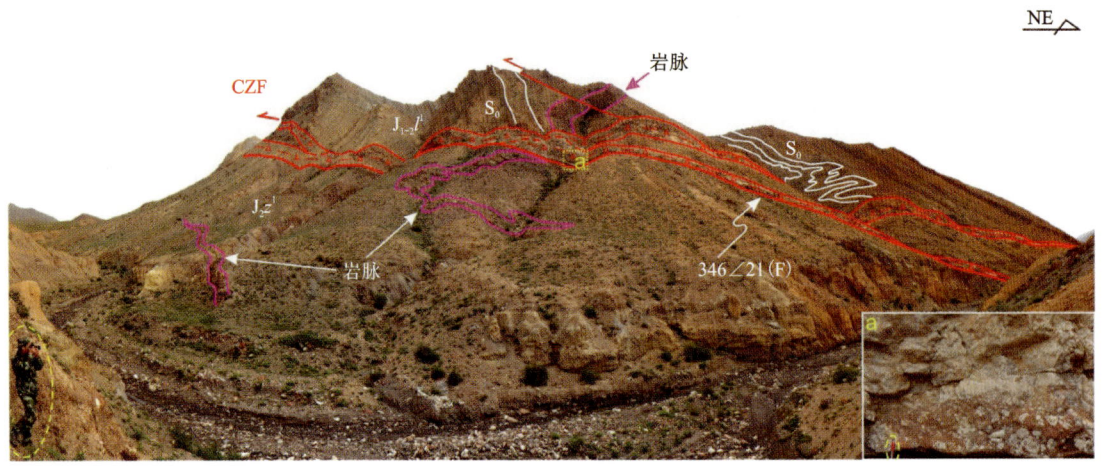

图 4-18　日当南措美-扎西康断裂宏观特征

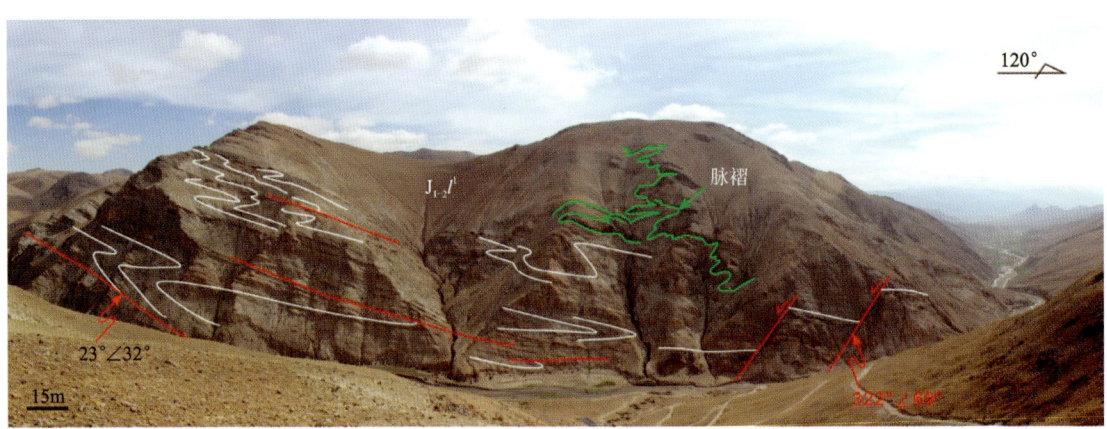

图 4-19　则当地区措美-扎西康断裂宏观特征

图 4-20　措美县城西措美-扎西康断裂宏观特征

第四节　推瓦-吉日-甲坞-多日褶皱带

推瓦-吉日-甲坞-多日褶皱带位于研究区南部,与北侧洞加-松多-日当褶冲带以措美-扎西康断裂分隔,西部与拉隆-库拉岗日核杂岩带相接(图 4-2)。与北侧褶冲带相比,该带发育以对称的宽缓褶皱为特征。

第四章 区域构造

将主拉向斜位于研究区东南部隆子县城南10km，向斜核部出露上侏罗统维美组厚层石英砂岩，地貌呈桌状山，两翼地层为中侏罗统遮拉组火山岩与碎屑岩，向斜呈近东西走向，北翼产状186°∠42°，南翼产状349°∠47°，为枢纽近水平的宽缓向斜（图4-21）。

图4-21　将主拉向斜宏观特征

乃西向斜位于措美县城南西侧，北与措美-扎西康断裂相邻，呈东西走向，核部出露地层为遮拉组，两翼地层为陆热组三段钙质泥岩夹泥灰岩，北翼产状185°∠18°，南翼产状346°∠22°，为枢纽近水平的宽缓向斜（图4-22）。

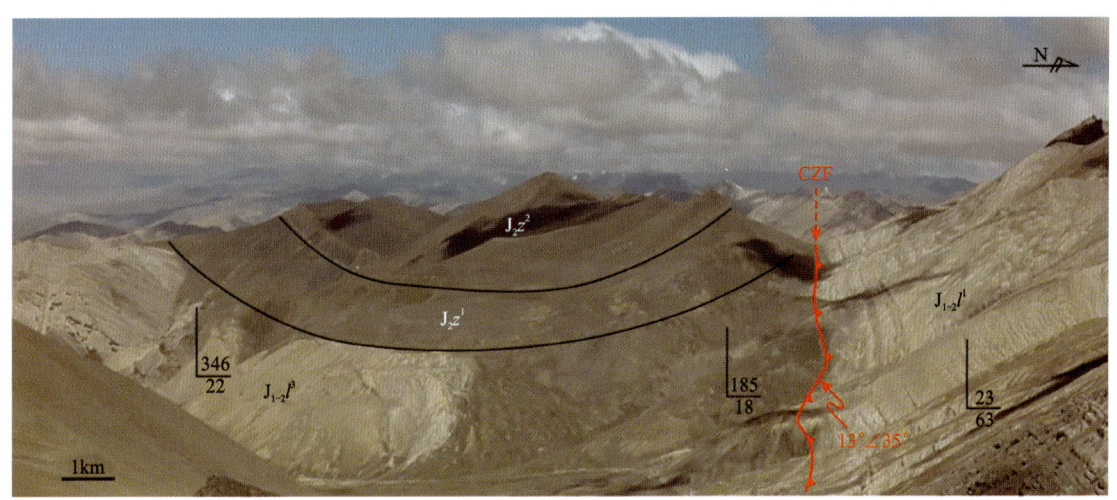

图4-22　乃西向斜宏观特征

推瓦-吉日-甲坞-多日褶皱带的西部处于拉隆-库拉岗日核杂岩带的盖层，靠近核杂岩的部位受其影响发育紧闭褶皱，核杂岩远端的若拉（推瓦北10km）一带仍以宽缓褶皱为特征（图4-2）。

第五节　拉隆-库拉岗日核杂岩带

拉隆-库拉岗日核杂岩带位于研究区西部，拉隆核杂岩出露完整，其南侧库拉岗日部分出露。核杂岩结构与研究区东北部的雅拉香波核杂岩结构相似，同样由核部、拆离系和盖层构成。岩浆核的主体为寒武纪花岗岩，局部为新生代淡色花岗岩侵位，前寒武系韧性变质岩系在本区被命名为拉轨岗日岩群，为一套片岩与片麻岩，靠近拉轨岗日岩群的寒武系花岗岩片麻理化，发育眼球构造。拆离系外部为上古生界脆韧性变质碎屑岩，与中生代盖层间为外拆离断层（图4-2）。

区域上，拉隆核杂岩与库拉岗日核杂岩之间被洛扎断裂分隔，对洛扎断裂的调查发现其属性为晚新生代形成的正断层，对宏观区域构造格局的影响有限，拉隆核杂岩与库拉岗日核杂岩在深部为同一"变质-岩浆核"（图4-23），也推翻了前人对洛扎断裂可能为定日-岗巴地层分区断裂的东延推论。

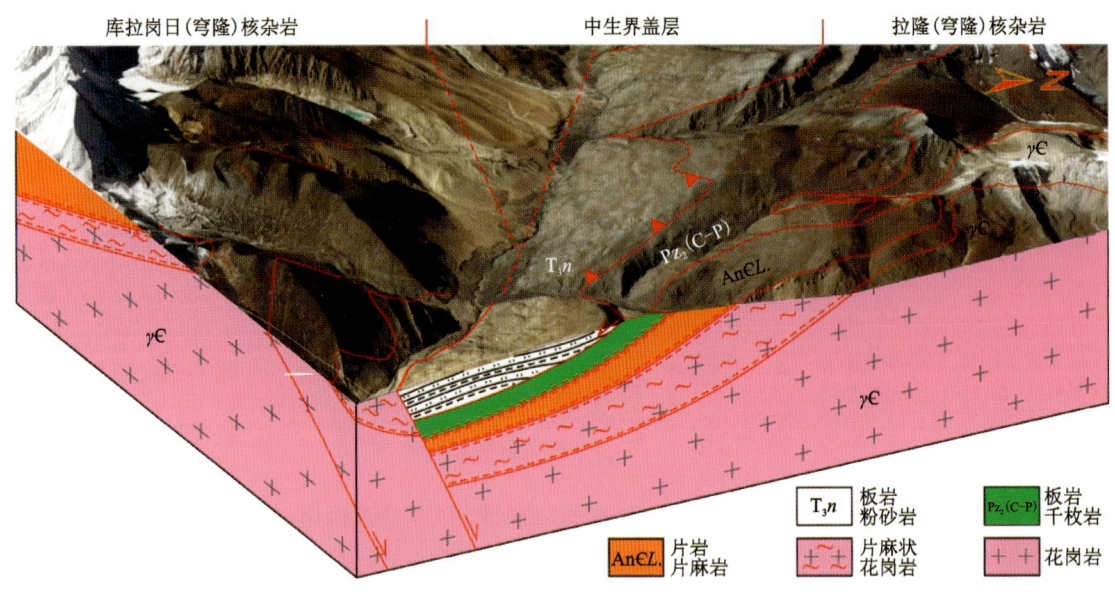

图4-23　拉隆-库拉岗日核杂岩三维结构图

拉隆-库拉岗日核杂岩带的盖层地层在区域上有所不同，最老的地层下中侏罗统吕村组仅见于拉隆核杂岩西侧，拉隆核杂岩的中东部盖层的最下部地层为上三叠统涅如组，库拉岗日核杂岩的盖层最下部地层为日当组，这种区域变化与核杂岩带形成前的区域构造及外拆离断裂对盖层地层的改造有关（图4-2）。

库拉岗日核杂岩受到晚期拉张作用影响可见一组正断层对拆离断层的改造（图4-24），区域的张性正断层发育似与区域裂谷形成的张性构造背景及形成时代相关。

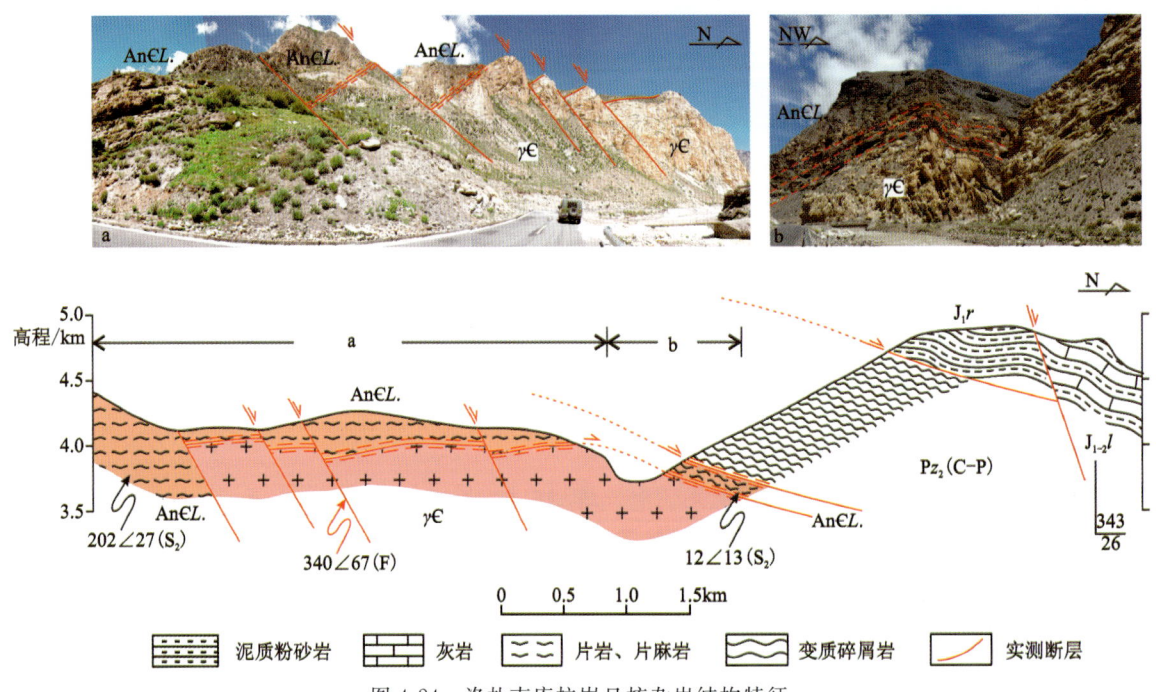

图4-24　洛扎南库拉岗日核杂岩结构特征

第五章 中生代沉积盆地充填

地层分析是盆地分析的前提,沉积盆地的充填样式和充填过程分析是沉积盆地分析中的核心内容。前文通过对地层划分与对比的讨论建立了研究区中生代盆地的时间框架。本章以不同阶段的盆地充填物时空展布特征进行分析。

沉积盆地充填样式分析受控于地层的露头展布范围和资料涵盖范围两方面的约束,研究区的中下侏罗统吕村组及白垩系甲不拉组和宗卓组分布范围局限,本章未对这 3 个阶段进行沉积充填分析。本章对自下部上三叠统涅如组至上侏罗统—下白垩统桑秀组的盆地充填样式进行了分析,分析方法采用了单要素等值线分析方法,根据研究区中生代盆地岩石组合特征所选取的分析要素包括总厚度、灰岩厚度、火山岩厚度和泥岩与砂岩比,其中泥岩厚度/砂岩厚度比值中的泥包括泥质岩类和粉砂岩、泥质粉砂岩等,砂包括砂岩类、含砾砂岩、砂砾岩和砾岩等,灰岩厚度包括泥质灰岩的厚度在内,火山岩厚度是各种基性—酸性火山熔岩和凝灰岩的厚度之和。数据来源以在研究区实施的数十条实测剖面为基础,同时参考了超过 9000km 的地质路线调查资料。

第一节 涅如组(T_3n)沉积充填特征

研究区上三叠统涅如组(T_3n)的地层厚度超过 2000m,空间上的变化呈现自南西向北东方向增厚的趋势特征,西侧普姆雍错一带厚度 2187m,至东部隆子北部厚度超过 2997m(图 2-30,图 5-1a)。

泥岩厚度/砂岩厚度等值线的变化特征显示的低值区分布于日当至古堆北一线,高值区分布其东西两侧,最小值 1.17 位于日当北侧,西部普姆雍错一带最高达 4.95,东部的隆子一带泥岩砂岩比值 3.56~4.68(图 5-1b)。

上三叠统涅如组灰岩分布区局限于西部,最大厚度位于普姆雍错东部,最大厚度 69m,向北至绒布南侧及研究区的中东部未见灰岩出露(图 5-1c)。

涅如组火山岩见于西部普姆雍错和东部古堆—隆子一带,普姆雍错地区厚度大,普姆雍错东部厚达 310m,其北东侧绒布洞加一带减小至 77m。东部隆子北俗坡下一带厚度为 31m,古堆容扎曲厚度仅 1.3m(图 5-1d)。

下三叠统涅如组出露范围限于西部和东北部,研究区中部未见该组。单要素等值线区域变化特征具有总厚度由西南向东北减薄,火山岩以西部普姆雍错地区最为发育,东部零星出现,灰岩的分布与研究区西部火山岩分布区大致对应,以及泥岩砂岩比值的低值区在中东部日当一带呈南北向展布的特征(图 5-1)。

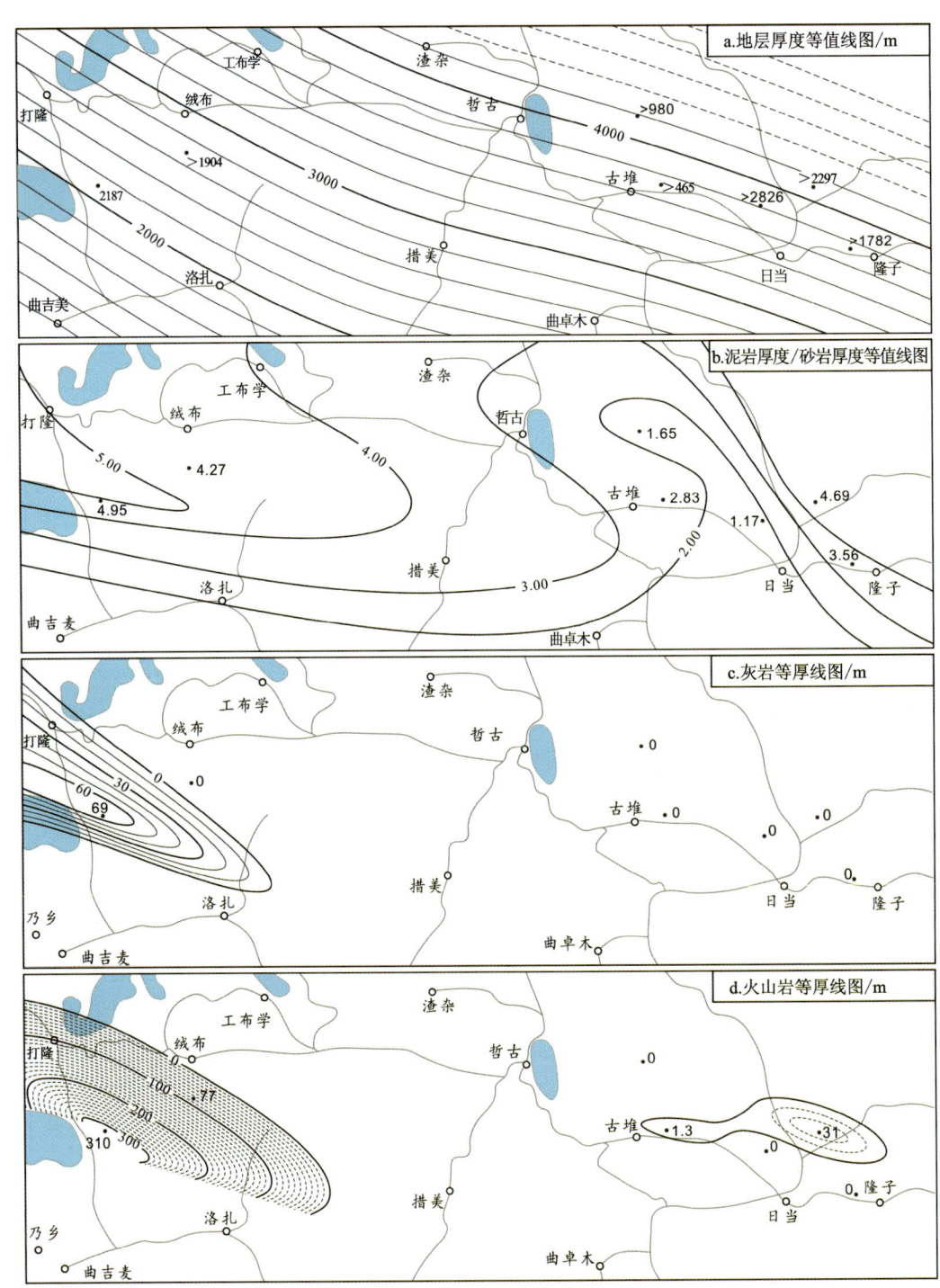

图 5-1 研究区涅如组单要素等值线图

第二节 日当组（J_1r）沉积充填特征

研究区下侏罗统日当组（J_1r）的区域变化具有西部碎屑岩发育，东部泥岩成分增多的特征（图 2-34）。该组地层厚度在研究区变化较小，西南部乃乡的地层厚度最小，为 901m，向北和向东方向厚度有所增加,措美镇一带厚度为1024m,至东部隆子地区厚度增加到1101m,整体呈现由西南向北东方向缓慢增厚的变化趋势(图5-2a)。

日当组中泥岩/砂岩在研究区表现为普姆雍错—措美县—隆子县一带存在近东西向的高值区,最高值位于日当西侧扎西康地区,无砂岩出露(∞),其东侧隆子杀鱼郎地区该值为17.1,研究区中部措美县一带该值(4.99)至西部普姆雍错地区为2.47。普姆雍错—措美县—隆子县一线南北侧的泥岩/砂岩地域为2(图5-2b)。

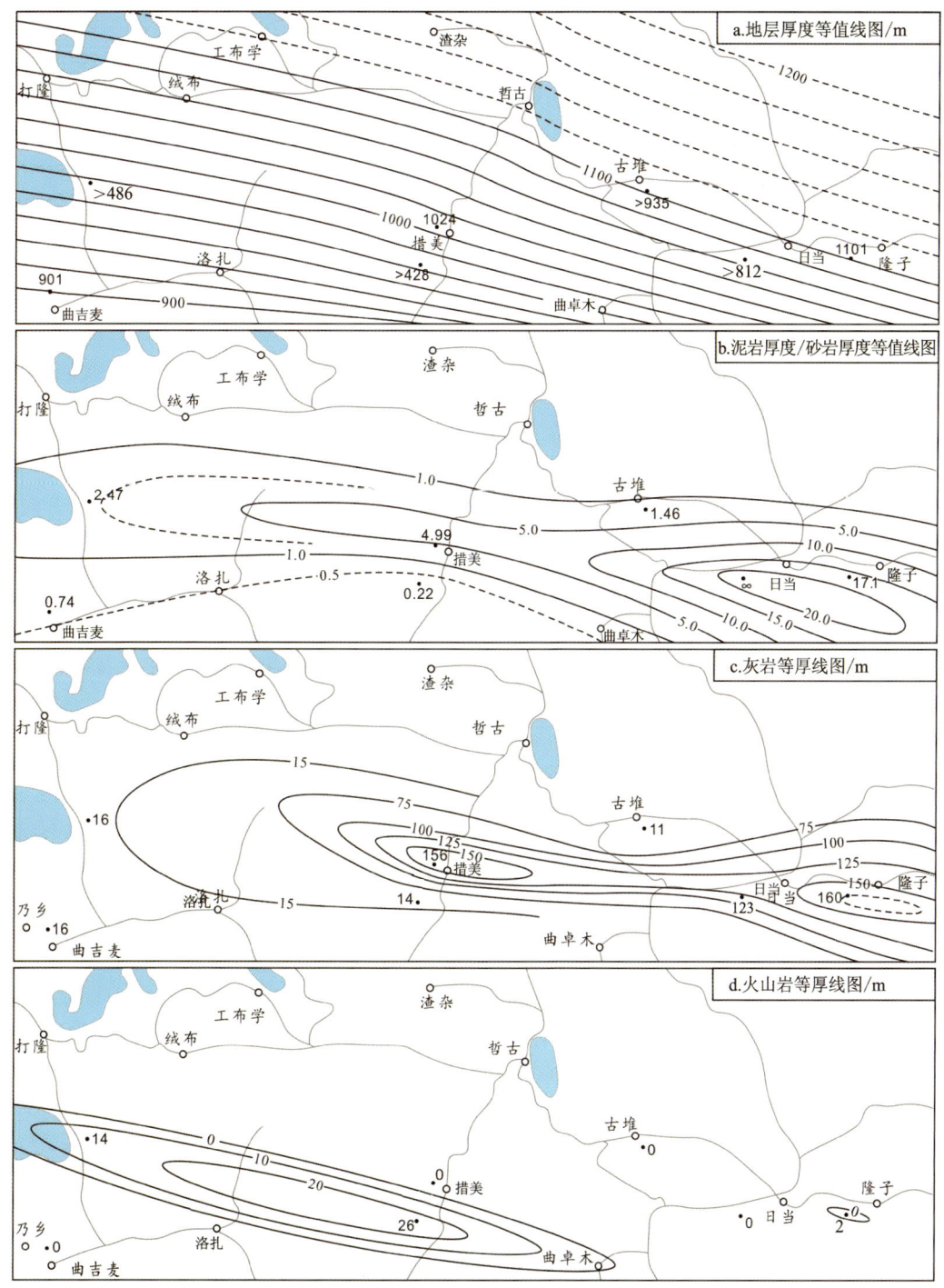

图5-2 研究区日当组单要素等值线图

日当组灰岩的厚度等值线特征显示研究区以措美县—隆子县一带厚度最大,该带存在措美县和隆子县两个高值中心区,措美县灰岩厚156m,隆子县灰岩厚160m,该带的南北两侧灰岩厚度小于20m(图5-2c)。

研究区日当组中的火山岩主要发育于西南部的普姆雍错—措美县一带,最大厚度分布于措美南部达洞一带,厚26m,普姆雍错地区出露厚度14m。少量火山岩见于隆子地区,厚度仅为2m(图5-2d)。

研究区日当组单要素分布显示泥岩/砂岩的低值区展布与灰岩厚度高值区分布近于叠合,而火山中心区分布其南侧的特征(图5-2)。

与涅如组相比,日当组地层厚度的变化延续了涅如组的变化趋势,但变化幅度明显减弱,而泥岩砂岩比值则显示出由近南北向转换为东西向的变化,与之对应的灰岩沉积中心区发生了由西部向中东部的转换。区域火山岩展布区的变化显示出涅如组西部火山活动的范围向东扩展,但总厚度减小的变化,而隆子地区火山活动记录仍保持稀少和强度弱的特征(图5-1、图5-2)。

第三节　陆热组($J_{1-2}l$)沉积充填特征

研究区中下侏罗统陆热组以发育灰岩为特征,砂岩夹层分布范围局限于措美县西部下瓦下勒至才玛隆一带(图2-42)。

陆热组地层厚度在研究区变化较大,最大厚度分布于研究区东部古堆—隆子一带,厚度超过1750m,向西至才玛隆厚1178m,厚度大于1000m的区域沿才玛隆—古堆—隆子自西向东方向展布,该带的南北两侧厚度递减,区域内陆热组厚度最小的区域位于嘎玛—洛扎一线,厚度在202~255m之间,向西南方向厚度又有所增加,至乃乡地区厚517m(图5-3a)。

陆热组泥岩厚度/砂岩厚度等值线与砂岩分布特征对应,低值区位于洞加—下瓦下勒一带,低值区呈南北线延伸,最低值3.95位于下瓦下勒,研究区东南部日当西侧扎西康一带出现小范围低值区,扎西康泥岩/砂岩为12.37。研究区东北部哲古—古堆—隆子地区及研究区西缘嘎玛—乃乡地区未见砂岩出现(泥岩/砂岩=∞)(图5-3b)。

陆热组中灰岩厚度的空间变化特征具有东西两侧厚度大、中间厚度小的特征。西部厚度高值中心位于乃乡一带,厚度426m,向东、向北递减,至洛扎北侧的恼勒-洞加一线厚度小于30m,最小厚度见于恼勒地区,灰岩厚度仅为13m。东部灰岩厚度高值区位于古堆—隆子一线,古堆南厚度达580m,是研究区陆热组灰岩最厚的地区,隆子南侧杀鱼郎灰岩厚384m,古堆—隆子一线南北两侧的灰岩厚度均小于200m(图5-3c)。

陆热组火山岩见于研究区西部洞加—措美一线,呈北西向展布,区内陆热组火山岩厚度最大值位于浪卡子县洞加一带,厚达86m,向东南方向至下瓦下勒厚31m,其东南侧才玛隆厚度减为23m,措美镇附近仍有超过10m的火山岩夹层出现。研究区西缘和哲古以东地区未见火山岩(图5-3d)。

陆热组各单要素等值线特征的相关度较低,在泥岩/砂岩与灰岩厚度之间存在一定的相关性,表现为泥岩/砂岩低值区展布与灰岩厚度低值区大致对应关系(图5-3)。

研究区陆热组单要素特征与日当组相比出现较大的变化,其一表现为区域的厚度变化由向北北东方向递增转换为发育中部东西向展布的高值带。泥岩厚度/砂岩厚度等厚线趋势变化由日当组的近东西向转换为南北向,对应的灰岩最大厚度分布区呈现出东西分隔的明显特征,而火山岩总体厚度增加与中心区向北迁移是这一阶段的另一特征(图5-2、图5-3)。

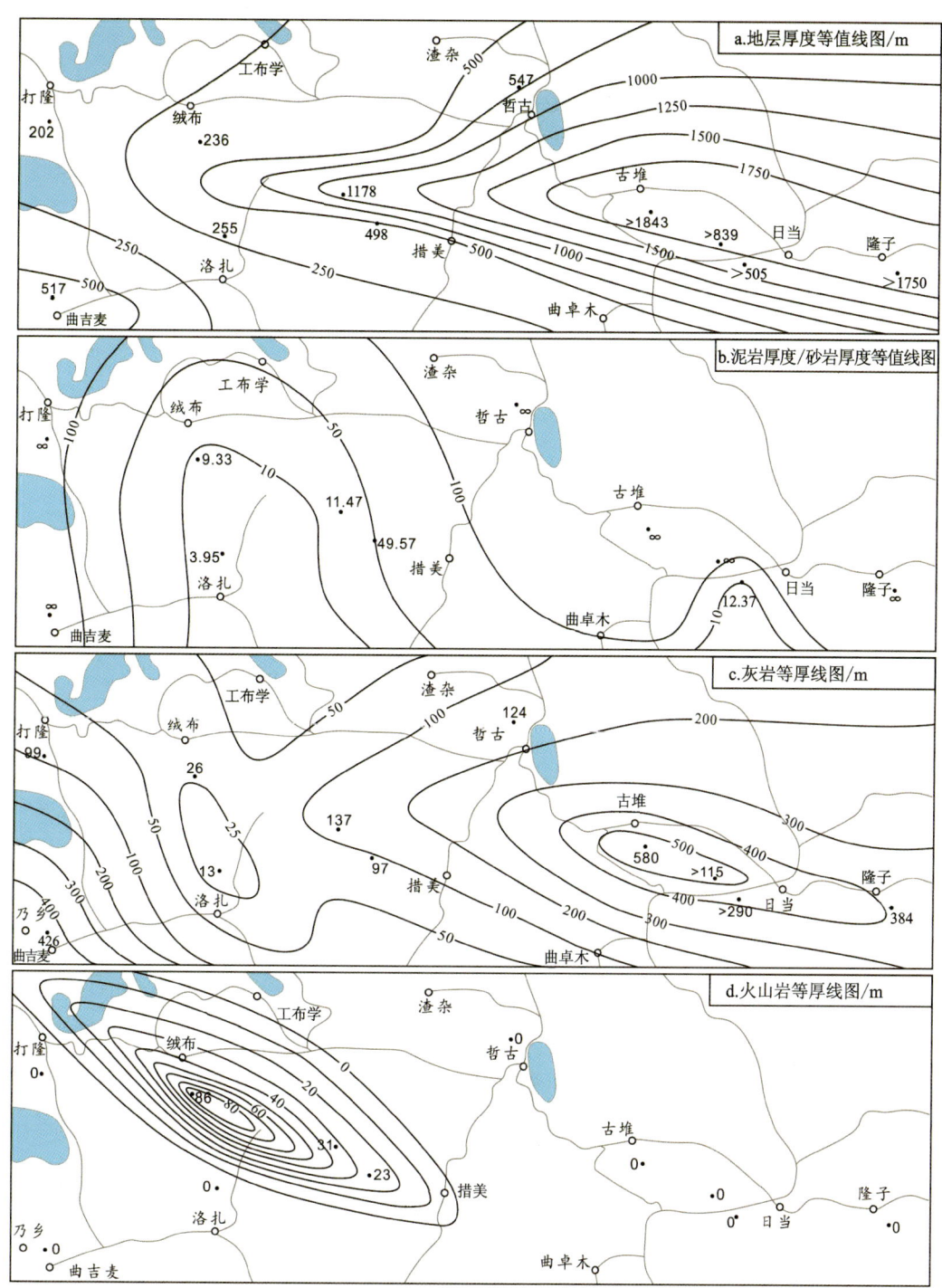

图 5-3 研究区陆热组单要素等值线图

第四节 遮拉组(J_2z)沉积充填特征

研究区中侏罗统遮拉组(J_2z)以首次发育大套火山岩为特征,但火山岩的岩性、厚度与发育区域变化很大(图 2-48),对研究区遮拉组单要素分析的空间变化特征分析如下。

遮拉组最大厚度分布区呈现沿措美—日当—隆子一线东西向展布特征,最大厚度位于隆子南部,厚达3567m,向西至措美一带厚约1500m,措美—日当—隆子一线的南北及其西部厚度小于1000m,厚度低值区位于研究区西部,乃乡一带厚284m,其北侧普姆雍错北的推瓦厚度仅为185m(图5-4a)。

遮拉组泥岩/砂岩呈现东西两个高值区,西部高值区位于乃乡地区,东部高值区位于日当西部的扎西康一带,两处均无砂岩发育(泥岩/砂岩=∞),泥砂比的低值区分布于东西高值区其间的措美一带,研究区泥砂比最低处位于研究区西北部的普姆雍错地区,为1.15(图5-4b)。

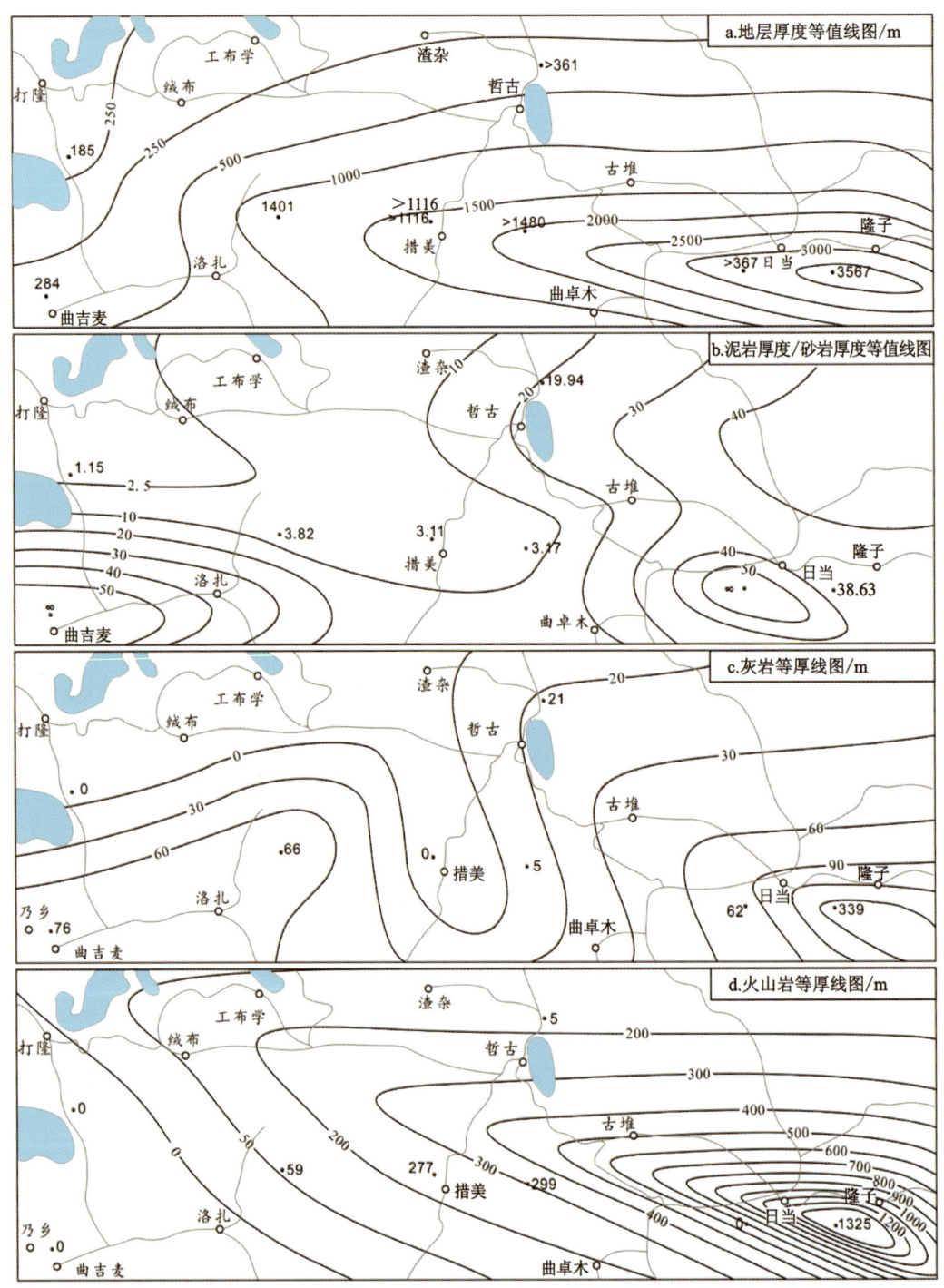

图5-4　研究区遮拉组单要素等值线图

遮拉组灰岩最大厚度区分布于隆子地区,最大厚度达339m,向西逐渐减薄,至哲古一带厚度范围5~21m,研究区中部的措美一带未见灰岩。研究区西南部乃乡至洛扎东一带灰岩厚度大于60m。灰岩厚度的变化呈现东西厚、中部薄的变化特征(图5-4c)。

遮拉组火山岩最为发育的区域位于研究区东部的隆子一带,最大厚度1325m,向西变薄,中部措美一带厚度244~299m,中西部洛扎东北部的帮嘎勒一带厚度仅为59m,洛扎县及其以西地区未见火山岩(图5-4d)。

研究区遮拉组各单要素等值线的展布特征存在较好的可比性,表现在最大厚度分布区与泥砂比东部高值区、灰岩厚度高值区及火山岩厚度高值区的展布呈现相关性,泥砂比低值区与灰岩厚度低值区有较好的匹配度,均呈现出研究区中部南北向展布的特征(图5-4)。

研究区的遮拉组与陆热组相比,各单要素的空间展布特征呈现出一定的继承性,同时存在较大的差异。继承性表现在两组的地层厚度空间变化相似,灰岩厚度均表现为东西两个中心区与中部低值区的特征,但低值区范围位置呈现向东偏移的变化。与陆热组相比,研究区遮拉组以火山岩最大厚度区域对应的火山活动的中心区发生显著变化,火山活动中心由陆热组的西部绒布—措美一带向东转移至隆子地区(图5-3、图5-4)。

第五节 维美组(J_3w)沉积充填特征

区域上上侏罗统维美组(J_3w)以发育石英砂岩的一套碎屑岩为特征,分布于研究区的中、西部(图2-57)。研究区维美组单要素分析的空间变化呈现以下特征。

研究区维美组厚度的变化较大,变化范围300~1000m,大于800m的区域有2个:中东部的古堆南塔嘎公社一带,厚度大于970m,研究区西缘普姆雍错一带,厚度大于820m。自塔嘎公社向东、向西和向北方向上厚度减薄,其西侧措美县玛悟觉巴一带厚度仅为323m,北部哲古一带厚度为406m(图5-5a)。

维美组泥岩/砂岩的高值区位于哲古至措美一带,比值变化范围1.99~4.24,向北西与南东方向上递减,至塔嘎公社一旦仅为0.43,是研究区泥岩/砂岩最小区域,研究区西缘普姆雍错一带泥岩/砂岩为0.69(图5-5b)。

研究区维美组的灰岩分布区域局限在哲古一带,最大厚度分布于哲古—措美公路西侧,厚度90m,哲古错西边见有2m灰岩,其他地区未见灰岩出露(图5-5c)。

维美组火山岩见于措美—塔嘎公社一带,出露厚度较小,在措美地区厚度小于10m,塔嘎公社一带厚度有所增加,为34m,是研究区火山岩厚度最大的区域(图5-5d)。

维美组各单要素的空间变化特征显示较好的协调性。地层厚度与泥岩/砂岩的展布特征表现为厚度高值区与泥岩/砂岩低值区相对应,厚度低值区对应于泥岩/砂岩高值区。灰岩的发育区域与厚度低值区及泥岩/砂岩高值区相对应,火山岩分布区与南部地层厚度高值区大致相对应(图5-5)。

研究区维美组与遮拉组的单要素对比特征显示明显变化。地层厚度由遮拉组以措美—隆子近东西向展布的中心带特征转变为维美组发育西缘和中南部塔嘎公社两个中心区样式;维美组与遮拉组的泥岩/砂岩特征呈现反转趋势,日当与乃乡地区的遮拉组两个高值区对应于维美组的低值区,而维美组的泥岩/砂岩高值区对应于遮拉组的中部低值区。维美组与遮拉组灰岩的展布样式也发生了反转,维美组灰岩发育区域对应于遮拉组灰岩缺失区,而遮拉组灰岩发育中心带在维美组未见灰岩。维美组火山岩展布特征呈现出与遮拉组相似的趋势变化,两组的火山岩展布均呈近东西向,火山中心带由遮拉组的古堆—隆子一线向南、向西偏移至措美—塔嘎公社一带(图5-4、图5-5)。

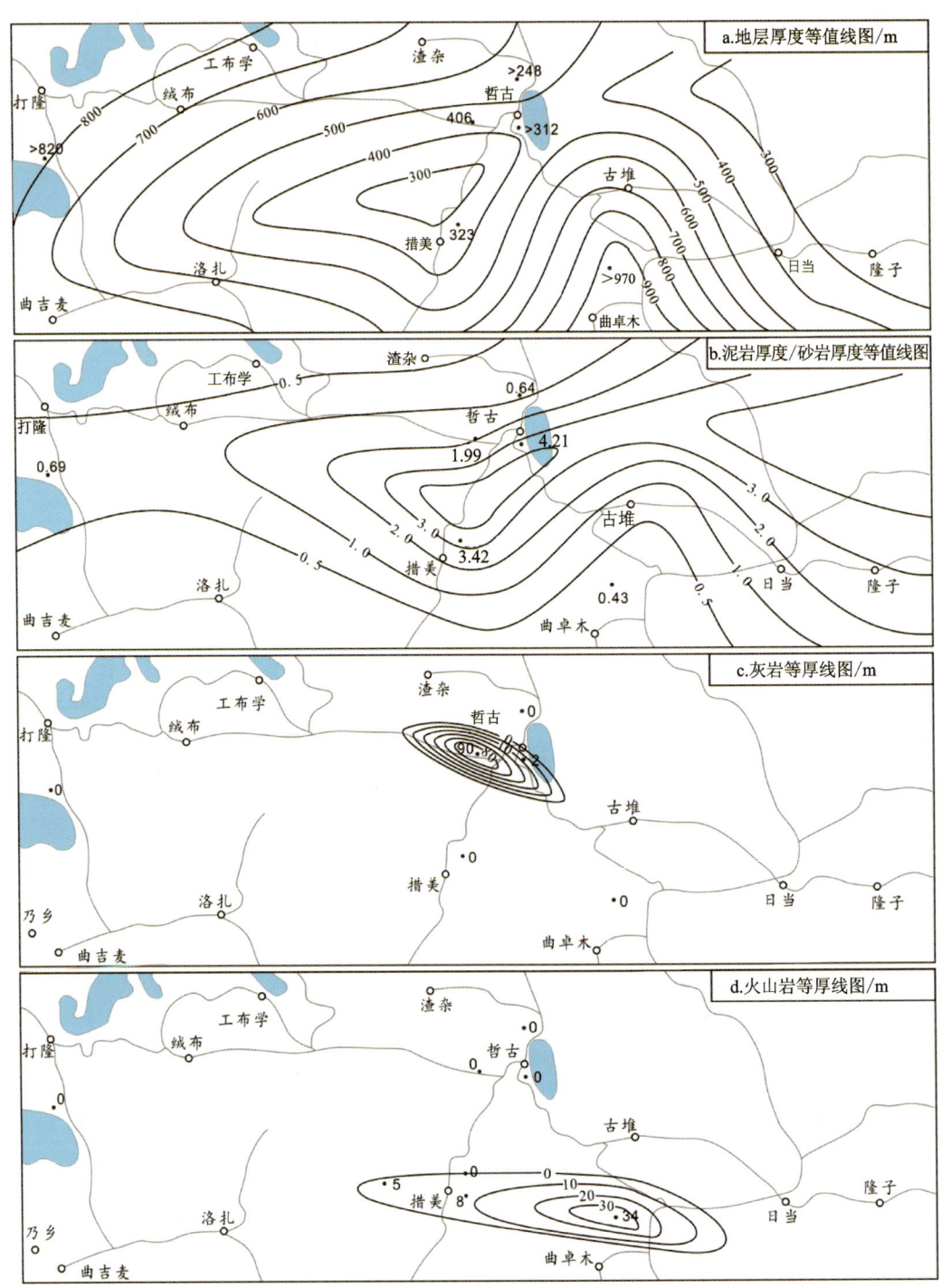

图 5-5 研究区维美组单要素等值线图

第六节 桑秀组(J_3K_1s)沉积充填特征

研究区上侏罗统—下白垩统桑秀组(J_3K_1s)以发育火山岩为特征,岩石组合与地层厚度变化较大(图 2-57)。研究区桑秀组单要素分析的空间变化呈现以下特征。

桑秀组的厚度最大分布区位于塔嘎公社一带,厚度大于 2504m,向北快速减薄,至北部哲古热玛布一带厚度大于577m,向西至措美波嘎村一带厚度大于810m,在研究区西缘未见该组出露,西侧邻区未采用桑秀组地层,应为研究区西侧桑秀组火山岩地层的尖灭(图5-6a)。

桑秀组泥岩/砂岩的最大值区域位于哲古南—古堆一带,哲古西侧该值为7.17,古堆南部塔嘎公社为5.02,哲古南—古堆一带向北、向西泥岩/砂岩值递减,哲古北侧热玛布地区为3.75,措美南部波嘎村为3.77(图5-6b)。

桑秀组灰岩分布范围局限在哲古地区,在哲古错西缘的最大厚度仅为3m,灰岩在其他地区未出现(图5-6c)。

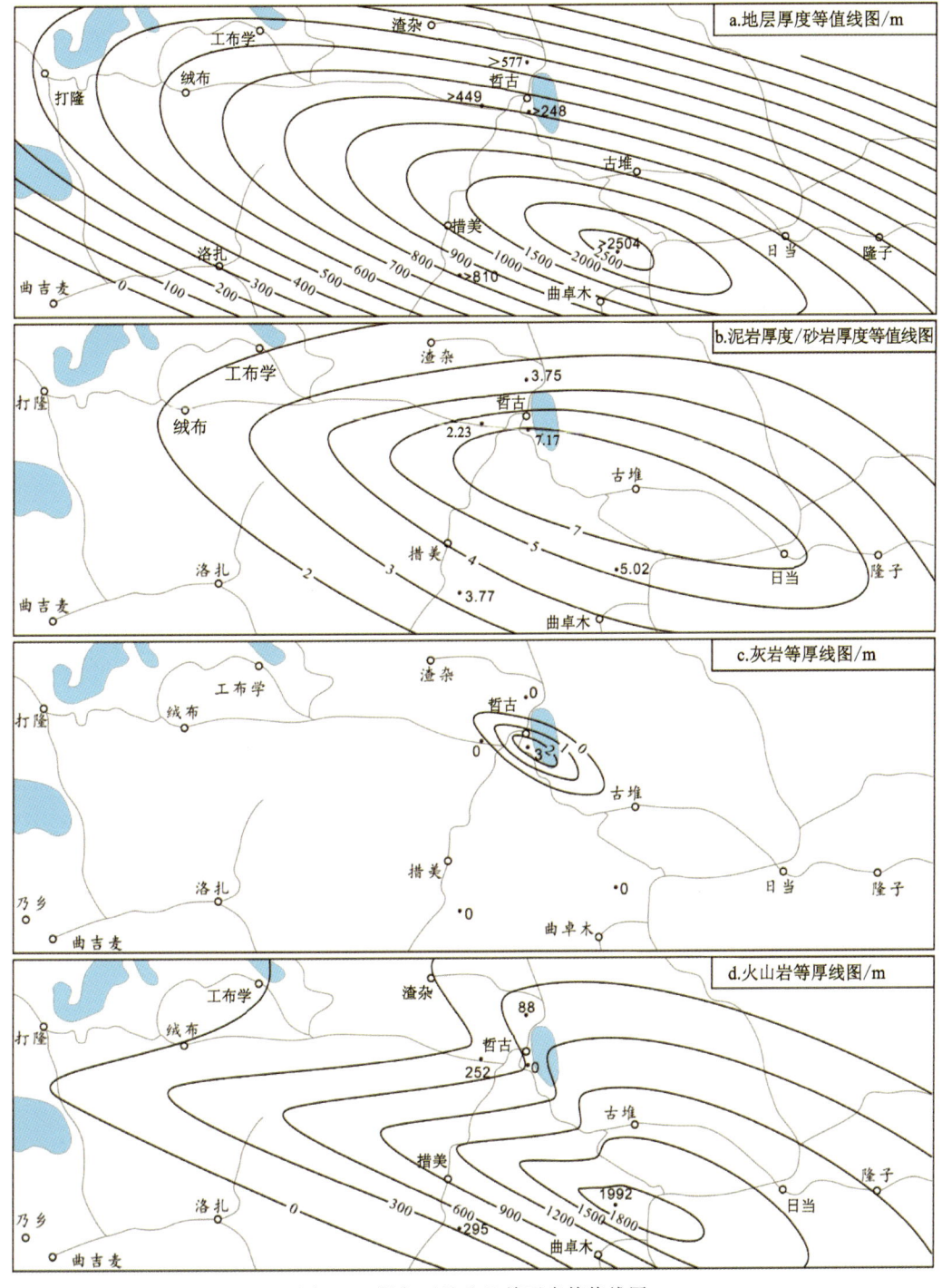

图5-6 研究区桑秀组单要素等值线图

桑秀组火山岩分布于研究区中部和东部，火山中心位于措美—塔嘎公社一线，最大厚度出现在塔嘎公社地区，厚1992m，措美南侧波嘎村火山岩厚度大于295m，向北至哲古西侧的则则地区厚度减为252m，研究区西侧未见火山岩地层（图5-6d）。

上侏罗统—下白垩统桑秀组的单要素展布特征具有较好协调性，地层与火山岩的最大厚度区域叠合，且两者均呈现向西减薄至尖灭的趋势变化。桑秀组的灰岩分布区与泥岩/砂岩高值区相对应，两者的高值区均位于最大地层厚度和最大火山岩厚度带的北侧（图5-6）。

研究区的上侏罗统—下白垩统桑秀组与上侏罗统遮拉组相比，单要素的空间展布样式呈现趋同性与趋势变化。地层厚度变化表现为维美组的西缘与中南部塔嘎公社一带的两个中心带转变为塔嘎公社唯一中心区，西部减薄至尖灭的特征；泥岩/砂岩的趋势变化表现为哲古—措美一带的维美组的高值区在桑秀组仍然较高，但其南部的塔嘎公社地区发生明显变化，由维美组的0.43增加到桑秀组的5.02；单要素的趋同展布特征以灰岩分布区相同最为明显，均分布于哲古一带；火山岩的展布维美组与桑秀组火山中心带均呈近东西向，分布区域由维美组的措美—塔嘎公社一线向北东和向东扩展（图5-5、图5-6）。

第六章 中生代沉积盆地物源

盆地内的沉积充填物来自相邻山地(相关造山带),山地(造山带)物质通过河流、风等载体输入沉积盆地。沉积盆地的充填物、充填样式与过程是沉积盆地演化历史的记录,也是相关造山带地质演化的记录,对沉积物的来源分析是研究盆-山关系的重要内容,也是探讨盆地构造属性的关键。

沉积碎屑成分、重矿物特征是沉积盆地物源分析的传统手段,近年采用碎屑锆石的年代谱系分析方法的盆地物源分析被广泛采用,区域上积累了丰富资料,为开展研究区中生代盆地的物源特征提供了条件。锆石一般具有高 Th 和 U 含量,低普通 Pb 含量和非常高的物理化学稳定性,使得锆石 U-Pb 定年成为同位素年代学研究中非常重要的研究手段(吴元保等,2004)。在物源分析中碎屑锆石常用于限定物源区的岩石性质和约束物源区的构造热事件,进而达到重建区域构造古地理的目的(Zhu et al.,2011a;Li et al.,2010,2014;Cai et al.,2016;Li et al.,2016;Wang et al.,2016;Cao et al.,2017)。铬尖晶石作为基性—超基性岩中的常见副矿物,不同岩性中的铬尖晶石化学成分差异性明显,其化学组成的差异通常反映了地幔源区的物理化学条件不同及构造背景的差异。铬尖晶石矿物具有稳定性强特征,化学组成在蚀变和变质作用过程中不易被改变,因此,它能灵敏地指示物源区的母岩性质(Dick and Bullen,1984;Arai et al.,1992;Lee,1999;Lenaz et al.,2000;Barnes et al.,2001;Kamenetsky et al.,2001;王建刚等,2008)。本次工作对研究区中生代地层开展了的碎屑锆石年代学和铬尖晶石地球化学分析,探讨盆地物源特征。

第一节 碎屑锆石年代学特征

本次工作选择中粗粒砂岩开展了重矿物的分析。重矿物分选及挑选在河北省廊坊市宇恒矿岩技术服务有限公司完成,样品经压碎和淘洗后,使用标准重液和磁性分离技术提取重矿物。制靶以及照相在北京锆年领航科技有限公司完成,在双目镜下挑选出晶形较好的重矿物(锆石、尖晶石和电气石等)颗粒,并将挑选出的这些颗粒粘在双面胶上,随后注入环氧树脂。为了揭露锆石等颗粒的内部特征(如裂纹和包裹体)和用于测试分析,将固定在环氧树脂上的锆石等颗粒抛光至原颗粒大小的一半,然后进行透射光、反射光和阴极发光成像。

碎屑锆石 U-Pb 测年和微量元素含量分析在武汉上谱分析科技有限责任公司利用 LA-ICP-MS 方法完成。所用仪器为 Agilent 7700e 型电感耦合等离子体质谱(ICP-MS)和与之配套的 GeolasPro 激光剥蚀系统。该激光剥蚀系统由 COMPexPro 102 ArF 193nm 准分子激光器和 MicroLas 光学系统组成。激光剥蚀过程中采取单点剥蚀的方式,采用氦气作为载气、氩气为补偿气以调节灵敏度,激光束斑和频率分别为 $32\mu m$ 和 $10Hz$。锆石 U-Pb 同位素定年和微量元素含量采用锆石标准 91500 和玻璃标准物质 NIST610 作外标分别进行同位素和微量元素分馏校正。详细分析过程参见 Liu 等(2010)。数据处理采用 ICPMSDataCal 软件(Liu et al.,2010),普通铅含量采用 Andsersen 等(2002)的方法进行校正,锆石样品的 U-Pb 年龄谱和图绘制和年龄加权平均值计算采用 Isoplot/Ex_ver3(Ludwig,2003)完成。单个测试数据的误差为 1σ,对于 $^{206}Pb/^{238}U>1000Ma$ 的锆石采用 $^{207}Pb/^{206}Pb$ 年龄,其他采用 $^{206}Pb/^{238}U$ 年龄。

一、分析结果

本书用于碎屑锆石测年的样品共 6 件,555 个单颗锆石年代数据,其中上三叠统涅如组 1 件,样品编号 PM7-1;下侏罗统日当组样品 1 件,样品编号 J_1r;中下侏罗统陆热组样品 2 件,样品编号 Z3200 和 $J_{1-2}l$;上侏罗统样品 2 件,样品编号 PM11-11 和 J_3w。分析结果见表 6-1。

上三叠统涅如组(编号:PM7-1)的锆石颗粒以半自形次圆状—圆状为主,长 50~120μm,长宽比值为 3∶1~1∶1。锆石颗粒呈现均一的内部构造,极少数锆石具有变质增生边,绝大多数颗粒具有弱的—明显的岩浆振荡环带,83 次分析产生的 Th/U 值为 0.06~2.61,其中,71.8% 的 Th/U 值大于 0.4 (0.41~2.61),绝大多数的锆石稀土元素分布形式一致,并呈现轻稀土亏损,重稀土富集,具有 Ce 正异常和 Eu 负异常的特点,表明大部分锆石为岩浆成因。本次分析获得了 83 个有效的谐和年龄(表 6-1),这些谐和年龄大多数位于谐和线上或附近(图 6-1),优势年龄主要集中在 596~460Ma 和 1000~743Ma 两个区间,获得的 2 个主峰年龄分别为约 496Ma 和约 929Ma(图 6-2a)。

下侏罗统日当组(编号 J_1r)的锆石颗粒以次棱角状—次圆状为主,长 60~140μm,长宽比值为 3∶1~1∶1,锆石颗粒呈现均一的内部构造,少部分锆石具有变质增生边,它们中的大多数具有弱的—明显的岩浆振荡环带,对 90 颗锆石的分析均获得了有效谐和年龄,产生的 Th/U 值为 0.01~2.06(表 6-1),其中,68.9% 的 Th/U 值大于 0.4,大部分锆石具有轻稀土亏损,重稀土富集,并伴有 Ce 正异常和 Eu 负异常的特征,表明大多数锆石为岩浆成因。碎屑锆石的优势年龄主要集中在 522~471Ma 和 1000~750Ma 两个区间,太古代—中元古代年龄断续分布(图 6-2b)。

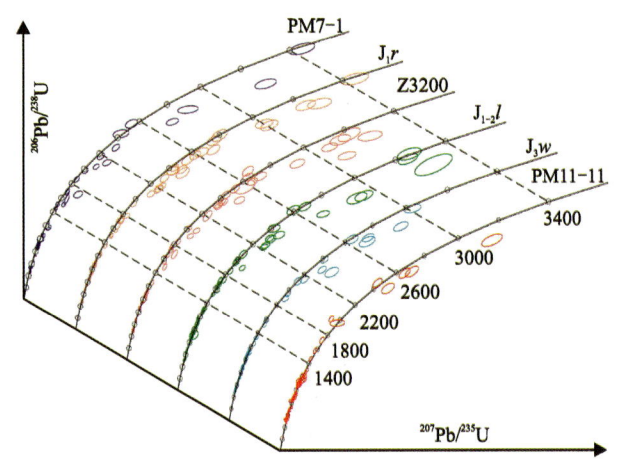

图 6-1 碎屑锆石年龄谐和图解

中下侏罗统陆热组(编号:Z3200,$J_{1-2}l$)的锆石晶体以次棱角状—次圆状为主,长 60~220μm,长宽比值为 3∶1~1∶1。绝大多数锆石颗粒呈现均一的内部构造,少部分锆石具有核幔结构或变质增生边,它们中的大多数具有弱的—明显的岩浆振荡环带,本书共分析了 180 个点位,获得有效点 178 个,产生的 Th/U 值为 0.01~2.82(表 6-1),69.5% 的 Th/U 值大于 0.4,大部分锆石的稀土元素特征与岩浆成因锆石相似,这些特征共同表明大部分陆热组碎屑锆石为岩浆成因。陆热组碎屑锆石的有效谐和年龄范围与日当组相似,优势年龄集中在 475~650Ma 和 741~1000Ma 两个区间(图 6-2c,d)。

上侏罗统维美组(编号:M11-11,J_3w)的锆石晶体以次圆状—圆状居多,长 90~220μm,长宽比值为 3∶1~1∶1,绝大多数锆石颗粒呈现均一的内部构造,少部分锆石具有核幔结构或变质增生边,它们中的大多数具有弱的—明显的岩浆振荡环带,本书共分析了 190 颗锆石,获得了 182 个有效点,产生的 Th/U 值为 0.05~2.46(表 6-1),其中,79.7% 的 Th/U 值大于 0.4,绝大多数锆石的稀土元素呈现轻稀土亏损,重稀土富集,并具有 Ce 正异常和 Eu 负异常的特点,表明大部分锆石为岩浆成因。维美组碎屑锆石分析获得的优势年龄主要集中在 477~640Ma 和 782~984Ma 两个区间,667~731Ma 和 1009~3289Ma 之间的锆石断续分布(图 6-2e,f)。

第六章 中生代沉积盆地物源

表 6-1 中生界碎屑锆石 LA-ICP-MS U-Pb 年龄数据表

编号	$^{232}Th/10^{-6}$	$^{238}U/10^{-6}$	Th/U	同位素比值						年龄/Ma						谐和度	最佳年龄/Ma	
				$^{207}Pb/^{206}Pb$	1σ	$^{207}Pb/^{235}U$	1σ	$^{206}Pb/^{238}U$	1σ	$^{207}Pb/^{206}Pb$	1σ	$^{207}Pb/^{235}U$	1σ	$^{206}Pb/^{238}U$	1σ			
PM7-1-01	275	363	0.76	0.296 33	0.006 28	28.734 66	0.538 98	0.698 63	0.006 80	3451	33	3444	19	3415	26	99%	3451	33
PM7-1-02	314	483	0.65	0.072 19	0.001 37	1.542 86	0.031 75	0.153 89	0.001 67	991	38	948	13	923	9	97%	923	9
PM7-1-03	181	206	0.88	0.076 71	0.001 83	1.843 62	0.044 36	0.173 34	0.001 86	1122	48	1061	16	1030	10	97%	1122	48
PM7-1-04	364	502	0.73	0.058 00	0.001 44	0.659 48	0.016 43	0.082 11	0.000 88	528	54	514	10	509	5	98%	509	5
PM7-1-05	1250	1079	1.16	0.061 31	0.001 60	0.658 87	0.017 06	0.077 45	0.000 77	650	56	514	10	481	5	93%	481	5
PM7-1-06	35	83	0.42	0.064 44	0.002 30	1.265 46	0.047 23	0.141 73	0.002 04	767	75	830	21	854	12	97%	854	12
PM7-1-07	107	136	0.79	0.092 28	0.002 32	3.208 52	0.081 52	0.250 90	0.002 86	1473	48	1459	20	1443	15	98%	1473	48
PM7-1-08	146	66	2.21	0.058 82	0.002 89	0.640 37	0.030 39	0.079 69	0.001 14	561	107	503	19	494	7	98%	494	7
PM7-1-09	204	412	0.50	0.110 98	0.002 11	4.064 16	0.087 17	0.263 48	0.002 59	1817	35	1647	18	1508	13	91%	1817	35
PM7-1-10	118	535	0.22	0.084 49	0.001 54	2.504 19	0.050 59	0.213 23	0.001 86	1306	31	1273	15	1246	10	97%	1306	31
PM7-1-11	121	1144	0.11	0.072 09	0.001 21	1.580 97	0.029 13	0.158 26	0.001 54	989	34	963	11	947	9	98%	947	9
PM7-1-12	265	426	0.62	0.076 36	0.001 73	1.599 70	0.035 24	0.152 31	0.001 82	1106	46	970	14	914	10	94%	914	10
PM7-1-13	125	390	0.32	0.068 54	0.002 32	1.393 35	0.045 49	0.147 23	0.002 25	885	70	886	19	885	13	99%	885	13
PM7-1-14	142	274	0.52	0.071 80	0.002 88	1.406 76	0.044 72	0.141 84	0.001 63	989	81	892	19	855	9	95%	855	9
PM7-1-15	308	138	2.23	0.061 96	0.002 61	0.659 01	0.027 38	0.077 55	0.000 89	672	86	514	17	481	5	93%	481	5
PM7-1-16	338	385	0.88	0.085 75	0.001 75	1.960 74	0.040 47	0.165 81	0.001 55	1332	40	1102	14	989	9	89%	989	9
PM7-1-17	532	434	1.22	0.077 32	0.001 64	1.519 76	0.035 91	0.142 37	0.001 73	1129	43	938	14	858	10	91%	858	10
PM7-1-18	142	931	0.15	0.073 59	0.001 34	1.583 56	0.032 54	0.155 87	0.001 53	1031	36	964	13	934	9	96%	934	9
PM7-1-19	178	371	0.48	0.076 33	0.001 54	1.820 28	0.041 30	0.172 63	0.001 76	1103	40	1053	15	1027	10	97%	1103	40
PM7-1-20	209	194	1.08	0.066 97	0.001 66	1.266 25	0.034 45	0.136 93	0.001 76	837	52	831	15	827	10	99%	827	10
PM7-1-21	256	340	0.75	0.223 42	0.003 62	15.316 76	0.261 66	0.495 38	0.003 94	3005	26	2835	16	2594	17	91%	3005	26

续表 6-1

编号	$^{232}Th/10^{-6}$	$^{238}U/10^{-6}$	Th/U	同位素比值						年龄/Ma						谐和度	最佳年龄/Ma	1σ
				$^{207}Pb/^{206}Pb$	1σ	$^{207}Pb/^{235}U$	1σ	$^{206}Pb/^{238}U$	1σ	$^{207}Pb/^{206}Pb$	1σ	$^{207}Pb/^{235}U$	1σ	$^{206}Pb/^{238}U$	1σ			
PM7-1-22	21	46	0.46	0.071 90	0.004 26	1.429 76	0.077 80	0.145 08	0.002 43	983	121	901	33	873	14	96%	873	14
PM7-1-23	114	220	0.52	0.116 49	0.002 22	5.399 87	0.110 52	0.334 53	0.003 55	1903	34	1885	18	1860	17	98%	1903	34
PM7-1-24	275	310	0.89	0.160 38	0.003 28	8.492 52	0.177 90	0.381 33	0.003 51	2461	35	2285	19	2083	16	90%	2461	35
PM7-1-25	96	300	0.32	0.081 04	0.001 89	2.245 11	0.053 20	0.199 55	0.001 85	1233	51	1195	17	1173	10	98%	1233	51
PM7-1-26	86	760	0.11	0.078 36	0.001 63	1.776 00	0.040 89	0.162 62	0.001 33	1167	42	1037	15	971	7	93%	971	7
PM7-1-27	87	171	0.51	0.070 02	0.001 85	1.379 17	0.038 56	0.141 83	0.001 48	929	55	880	16	855	8	97%	855	8
PM7-1-28	426	1103	0.39	0.072 15	0.001 22	1.529 39	0.028 32	0.152 94	0.001 51	991	39	942	11	917	8	97%	917	8
PM7-1-29	116	538	0.22	0.144 31	0.002 33	7.401 57	0.128 20	0.370 03	0.003 03	2279	28	2161	16	2030	14	93%	2279	28
PM7-1-30	105	458	0.23	0.070 00	0.001 47	1.417 65	0.031 07	0.146 18	0.001 18	928	44	896	13	880	7	98%	880	7
PM7-1-31	638	463	1.38	0.071 77	0.001 58	1.428 96	0.034 46	0.143 79	0.001 55	989	17	901	14	866	9	96%	866	9
PM7-1-32	122	174	0.70	0.091 94	0.004 44	2.519 50	0.106 42	0.199 46	0.002 70	1466	92	1278	31	1172	15	91%	1466	92
PM7-1-33	168	464	0.36	0.073 02	0.001 38	1.599 34	0.033 20	0.158 19	0.001 53	1015	39	970	13	947	9	97%	947	9
PM7-1-34	733	281	2.61	0.074 37	0.001 50	1.603 20	0.035 28	0.155 68	0.001 48	1052	41	971	14	933	8	95%	933	8
PM7-1-35	47	140	0.34	0.069 12	0.001 81	1.530 73	0.040 56	0.160 75	0.001 90	902	50	943	16	961	11	98%	961	11
PM7-1-36	262	357	0.73	0.058 86	0.001 47	0.673 68	0.017 88	0.082 58	0.000 86	561	56	523	11	512	5	97%	512	5
PM7-1-37	52	76	0.68	0.057 10	0.002 78	0.688 76	0.033 66	0.088 03	0.001 35	494	107	532	20	544	8	97%	544	8
PM7-1-38	342	223	1.54	0.072 23	0.001 75	1.666 60	0.041 82	0.166 71	0.001 83	992	50	996	16	994	10	99%	994	10
PM7-1-39	40	255	0.16	0.058 05	0.001 58	0.668 07	0.017 75	0.083 26	0.000 84	532	56	520	11	516	5	99%	516	5
PM7-1-40	299	523	0.57	0.064 91	0.001 29	1.106 08	0.022 29	0.122 95	0.001 31	772	43	756	11	748	8	98%	748	8
PM7-1-41	40	686	0.06	0.069 18	0.001 42	1.308 06	0.026 85	0.136 05	0.001 15	906	43	849	12	822	7	96%	822	7
PM7-1-42	59	66	0.88	0.069 91	0.002 66	1.514 75	0.058 33	0.156 02	0.002 47	926	78	936	24	935	14	99%	935	14
PM7-1-43	288	601	0.48	0.075 94	0.001 96	1.584 87	0.039 16	0.150 30	0.001 39	1094	51	964	15	903	8	93%	903	8

第六章 中生代沉积盆地物源

续表 6-1

编号	^{232}Th/ 10^{-6}	^{238}U/ 10^{-6}	Th/U	同位素比值						年龄/Ma						谐和度	最佳年龄/Ma	
				^{207}Pb/^{206}Pb	1σ	^{207}Pb/^{235}U	1σ	^{206}Pb/^{238}U	1σ	^{207}Pb/^{206}Pb	1σ	^{207}Pb/^{235}U	1σ	^{206}Pb/^{238}U	1σ			1σ
PM7-1-44	366	677	0.54	0.107 94	0.001 88	4.452 21	0.081 65	0.296 75	0.003 05	1765	33	1722	15	1675	15	97%	1765	33
PM7-1-45	281	438	0.64	0.076 54	0.001 49	1.854 80	0.038 81	0.174 66	0.002 07	1109	39	1065	14	1038	11	97%	1109	39
PM7-1-46	151	317	0.47	0.067 54	0.001 70	0.991 85	0.027 86	0.105 62	0.001 33	854	-147	700	14	647	8	92%	647	8
PM7-1-47	246	347	0.71	0.299 06	0.004 84	24.95 638	0.458 25	0.600 61	0.005 67	3465	25	3307	18	3032	23	91%	3465	25
PM7-1-48	110	363	0.30	0.075 90	0.001 66	1.696 87	0.038 78	0.161 41	0.001 70	1092	48	1007	15	965	9	95%	965	9
PM7-1-49	162	262	0.62	0.142 36	0.002 60	7.877 75	0.151 29	0.399 34	0.003 89	2257	31	2217	17	2166	18	97%	2257	31
PM7-1-50	96	228	0.42	0.136 84	0.003 97	5.545 08	0.188 76	0.291 60	0.003 95	2187	51	1908	29	1650	20	85%	2187	51
PM7-1-51	86	166	0.52	0.071 07	0.001 91	1.341 35	0.035 23	0.136 79	0.001 42	961	55	864	15	826	8	95%	826	8
PM7-1-52	301	143	2.10	0.082 28	0.002 72	2.009 02	0.067 57	0.176 36	0.002 40	1254	65	1119	23	1047	13	93%	1254	65
PM7-1-53	94	397	0.24	0.070 85	0.001 55	1.326 79	0.030 75	0.135 27	0.001 51	954	44	857	13	818	9	95%	818	9
PM7-1-54	124	52	2.39	0.062 17	0.004 82	0.624 43	0.044 15	0.074 00	0.002 01	680	167	493	28	460	12	93%	460	12
PM7-1-55	162	76	2.14	0.062 11	0.003 86	0.648 87	0.037 64	0.076 84	0.001 30	680	133	508	23	477	8	93%	477	8
PM7-1-56	10	37	0.26	0.063 44	0.004 95	0.806 71	0.063 33	0.092 27	0.002 00	724	167	601	36	569	12	94%	569	12
PM7-1-57	295	394	0.75	0.160 45	0.002 56	9.426 12	0.161 84	0.423 22	0.003 95	2460	27	2380	16	2275	18	95%	2460	27
PM7-1-58	223	184	1.21	0.113 56	0.002 08	4.372 34	0.109 78	0.277 62	0.005 36	1857	33	1707	21	1579	27	92%	1857	33
PM7-1-59	238	410	0.58	0.071 74	0.002 50	1.214 36	0.037 45	0.122 17	0.001 23	989	71	807	17	743	7	91%	743	7
PM7-1-60	65	86	0.76	0.089 84	0.002 65	3.054 32	0.094 72	0.244 36	0.002 86	1422	56	1421	24	1409	15	99%	1422	56
PM7-1-61	113	546	0.21	0.069 73	0.001 69	1.264 49	0.030 13	0.130 72	0.001 40	920	45	830	14	792	8	95%	792	8
PM7-1-62	51	890	0.06	0.068 53	0.001 43	1.276 49	0.027 77	0.133 99	0.001 42	885	43	835	12	811	8	96%	811	8
PM7-1-63	174	316	0.55	0.070 99	0.001 42	1.519 60	0.031 19	0.154 05	0.001 38	967	41	938	13	924	8	98%	924	8
PM7-1-64	234	331	0.71	0.074 59	0.001 42	1.851 60	0.036 44	0.178 82	0.001 73	1057	37	1064	13	1061	9	99%	1057	37
PM7-1-65	140	55	2.56	0.054 95	0.005 89	0.670 01	0.074 15	0.088 13	0.001 98	409	243	521	45	544	12	95%	544	12

续表 6-1

编号	$^{232}Th/$ 10^{-6}	$^{238}U/$ 10^{-6}	Th/U	同位素比值 $^{207}Pb/^{206}Pb$	1σ	$^{207}Pb/^{235}U$	1σ	$^{206}Pb/^{238}U$	1σ	年龄/Ma $^{207}Pb/^{206}Pb$	1σ	$^{207}Pb/^{235}U$	1σ	$^{206}Pb/^{238}U$	1σ	谐和度	最佳年龄/Ma	
PM7-1-66	153	192	0.80	0.106 72	0.001 91	4.457 30	0.088 99	0.300 92	0.003 10	1744	33	1723	17	1696	15	98%	1744	33
PM7-1-67	149	340	0.44	0.071 08	0.001 52	1.560 87	0.037 62	0.158 12	0.001 90	961	47	955	15	946	11	99%	946	11
PM7-1-68	168	275	0.61	0.125 84	0.002 14	6.275 46	0.119 55	0.358 97	0.003 26	2040	31	2015	17	1977	15	98%	2040	31
PM7-1-69	570	317	1.80	0.076 51	0.001 71	1.780 10	0.040 71	0.168 00	0.001 65	1109	44	1038	15	1001	9	96%	1109	44
PM7-1-70	94	364	0.26	0.072 13	0.001 61	1.505 04	0.040 31	0.149 93	0.002 06	991	46	932	16	901	12	96%	901	12
PM7-1-71	312	715	0.44	0.073 80	0.001 71	1.530 23	0.034 75	0.149 57	0.001 19	1035	47	943	14	899	7	95%	899	7
PM7-1-72	57	109	0.52	0.094 46	0.002 37	3.445 95	0.083 85	0.264 36	0.002 74	1518	48	1515	19	1512	14	99%	1518	48
PM7-1-73	149	289	0.52	0.071 85	0.001 74	1.638 75	0.040 73	0.164 69	0.001 70	983	50	985	16	983	9	99%	983	9
PM7-1-74	32	105	0.31	0.162 90	0.003 75	11.062 93	0.262 50	0.489 87	0.004 93	2487	39	2528	22	2570	21	98%	2487	39
PM7-1-75	284	548	0.52	0.069 58	0.001 97	1.275 64	0.035 54	0.132 55	0.001 51	917	57	835	16	802	9	96%	802	9
PM7-1-76	159	535	0.30	0.065 24	0.002 16	1.213 65	0.049 83	0.132 08	0.002 94	783	70	807	23	800	17	99%	800	17
PM7-1-77	1134	1233	0.92	0.155 59	0.005 36	9.964 79	0.339 57	0.461 95	0.004 68	2409	58	2432	31	2448	21	99%	2409	58
PM7-1-78	185	339	0.55	0.064 85	0.002 47	1.495 07	0.056 56	0.166 45	0.001 73	769	80	928	23	993	10	93%	993	10
PM7-1-79	50	332	0.15	0.090 60	0.002 94	2.462 15	0.080 67	0.195 82	0.001 85	1439	62	1261	24	1153	10	91%	1439	62
PM7-1-80	187	291	0.64	0.230 37	0.005 75	16.915 98	0.430 00	0.529 62	0.004 29	3055	40	2930	24	2740	18	93%	3055	40
PM7-1-81	45	606	0.07	0.066 38	0.001 55	1.394 01	0.035 11	0.151 54	0.001 68	818	49	886	15	910	9	97%	910	9
PM7-1-82	402	980	0.41	0.069 52	0.001 38	1.461 61	0.030 32	0.152 05	0.001 54	914	41	915	13	912	9	99%	912	9
PM7-1-83	143	520	0.27	0.073 06	0.001 77	1.593 45	0.048 95	0.155 75	0.001 98	1017	50	968	19	933	11	96%	933	11
PM7-1-84	248	136	1.82	0.057 49	0.002 14	0.748 82	0.027 46	0.094 66	0.001 24	509	81	568	16	583	7	97%	583	7
PM7-1-85	494	548	0.90	0.057 29	0.001 25	0.769 02	0.018 51	0.096 91	0.001 08	502	48	579	11	596	6	97%	596	6
J_1r-01	12	971	0.01	0.057 73	0.002 87	0.674 85	0.032 65	0.084 09	0.000 83	520	114	524	20	520	5	99%	520	5
J_1r-02	295	296	1.00	0.115 03	0.004 65	5.063 68	0.200 07	0.316 77	0.002 89	1881	73	1830	34	1774	14	96%	1881	73

续表 6-1

编号	^{232}Th/10^{-6}	^{238}U/10^{-6}	Th/U	同位素比值						年龄/Ma						谐和度	最佳年龄/Ma	
				^{207}Pb/^{206}Pb	1σ	^{207}Pb/^{235}U	1σ	^{206}Pb/^{238}U	1σ	^{207}Pb/^{206}Pb	1σ	^{207}Pb/^{235}U	1σ	^{206}Pb/^{238}U	1σ			
J$_1$r-03	90	595	0.15	0.107 45	0.003 57	4.526 97	0.148 35	0.303 32	0.002 94	1767	61	1736	27	1708	15	98%	1767	61
J$_1$r-04	101	227	0.45	0.069 54	0.002 40	1.350 80	0.046 12	0.140 27	0.001 46	917	71	868	20	846	8	97%	846	8
J$_1$r-05	69	367	0.19	0.068 83	0.002 04	1.264 79	0.037 93	0.132 40	0.001 30	894	61	830	17	802	7	96%	802	7
J$_1$r-06	414	261	1.59	0.065 37	0.001 96	1.194 25	0.036 07	0.131 92	0.001 64	787	62	798	17	799	9	99%	799	9
J$_1$r-07	46	99	0.47	0.162 81	0.003 93	10.004 56	0.246 63	0.442 90	0.004 72	2485	40	2435	23	2364	21	97%	2485	40
J$_1$r-08	234	155	1.51	0.058 38	0.002 40	0.633 88	0.025 55	0.078 66	0.000 92	543	91	499	16	488	6	97%	488	6
J$_1$r-09	30	373	0.08	0.176 11	0.003 15	10.948 57	0.216 85	0.447 26	0.004 67	2616	30	2519	19	2383	21	94%	2616	30
J$_1$r-10	374	725	0.52	0.111 52	0.001 99	4.728 94	0.108 84	0.304 39	0.004 43	1824	33	1772	19	1713	22	96%	1824	33
J$_1$r-11	61	750	0.08	0.067 19	0.001 43	1.296 99	0.030 27	0.138 72	0.001 52	843	44	844	13	837	9	99%	837	9
J$_1$r-12	87	94	0.93	0.162 27	0.003 81	10.021 48	0.249 02	0.444 91	0.005 20	2479	41	2437	23	2373	23	97%	2479	41
J$_1$r-13	304	148	2.06	0.053 61	0.002 34	0.593 43	0.026 03	0.080 35	0.001 01	354	98	473	17	498	6	94%	498	6
J$_1$r-14	75	424	0.18	0.062 55	0.001 52	0.962 89	0.026 90	0.110 84	0.001 61	694	52	685	14	678	9	98%	678	9
J$_1$r-15	96	127	0.76	0.180 65	0.003 68	11.005 47	0.275 86	0.437 16	0.006 49	2659	34	2524	23	2338	29	92%	2659	34
J$_1$r-16	507	539	0.94	0.075 86	0.001 55	1.787 74	0.037 29	0.169 57	0.001 53	1100	41	1041	14	1010	8	96%	1100	41
J$_1$r-17	383	1089	0.35	0.058 93	0.001 37	0.683 52	0.016 35	0.083 49	0.000 86	565	45	529	10	517	5	97%	517	5
J$_1$r-18	234	243	0.96	0.072 78	0.002 18	1.531 11	0.045 35	0.151 68	0.001 66	1009	94	943	18	910	9	96%	910	9
J$_1$r-19	64	185	0.34	0.072 10	0.002 29	1.648 37	0.052 22	0.164 76	0.001 95	989	65	989	20	983	11	99%	983	11
J$_1$r-20	131	177	0.74	0.242 36	0.004 57	19.372 67	0.373 34	0.574 31	0.005 20	3136	30	3061	19	2926	21	95%	3136	30
J$_1$r-21	716	971	0.74	0.076 28	0.001 56	1.669 04	0.037 48	0.156 98	0.001 64	1102	41	997	14	940	9	94%	940	9
J$_1$r-22	108	738	0.15	0.073 63	0.001 47	1.489 04	0.031 73	0.145 27	0.001 55	1031	41	926	13	874	9	94%	874	9
J$_1$r-23	150	1438	0.10	0.076 28	0.001 44	1.765 82	0.046 35	0.165 51	0.002 98	1102	38	1033	17	987	16	95%	987	16
J$_1$r-24	39	122	0.32	0.187 38	0.003 99	12.918 10	0.283 40	0.495 23	0.005 25	2720	35	2674	21	2593	23	96%	2720	35

续表 6-1

编号	$^{232}Th/10^{-6}$	$^{238}U/10^{-6}$	Th/U	同位素比值							年龄/Ma						谐和度	最佳年龄/Ma
				$^{207}Pb/^{206}Pb$	1σ	$^{207}Pb/^{235}U$	1σ	$^{206}Pb/^{238}U$	1σ	$^{207}Pb/^{206}Pb$	1σ	$^{207}Pb/^{235}U$	1σ	$^{206}Pb/^{238}U$	1σ		
J_1r-25	127	95	1.33	0.085 07	0.002 56	2.476 90	0.072 45	0.210 69	0.002 76	1317	59	1265	21	1232	15	97%	1317	59
J_1r-26	702	859	0.82	0.070 08	0.001 41	1.356 96	0.027 72	0.139 38	0.001 40	931	36	871	12	841	8	96%	841	8
J_1r-27	282	354	0.80	0.107 56	0.001 93	4.114 58	0.073 24	0.275 21	0.002 09	1758	33	1657	15	1567	11	94%	1758	33
J_1r-28	203	129	1.58	0.159 78	0.003 01	8.857 74	0.172 46	0.399 30	0.003 82	2453	32	2323	18	2166	18	92%	2453	32
J_1r-29	107	684	0.16	0.069 99	0.001 34	1.306 79	0.028 13	0.134 69	0.001 78	928	41	849	12	815	10	95%	815	10
J_1r-30	134	173	0.77	0.073 48	0.002 10	1.693 28	0.049 65	0.166 60	0.001 98	1028	57	1006	19	993	11	98%	993	11
J_1r-31	178	279	0.64	0.080 68	0.001 88	1.966 27	0.046 08	0.175 70	0.001 57	1214	45	1104	16	1043	9	94%	1214	45
J_1r-32	233	554	0.42	0.069 59	0.001 46	1.186 03	0.024 92	0.122 91	0.001 09	917	43	794	12	747	6	93%	747	6
J_1r-33	445	338	1.32	0.074 08	0.001 65	1.564 54	0.037 74	0.152 00	0.001 46	1044	45	956	15	912	8	95%	912	8
J_1r-34	219	523	0.42	0.100 79	0.001 75	3.665 07	0.065 04	0.262 19	0.002 31	1639	33	1564	14	1501	12	95%	1639	33
J_1r-35	174	263	0.66	0.156 31	0.002 94	8.517 52	0.185 75	0.391 93	0.004 71	2416	32	2288	20	2132	22	92%	2416	32
J_1r-36	247	255	0.97	0.078 90	0.001 98	2.036 95	0.052 80	0.186 46	0.002 31	1169	50	1128	18	1102	13	97%	1169	50
J_1r-37	81	78	1.05	0.069 16	0.002 89	1.306 21	0.053 54	0.137 59	0.002 00	903	85	848	24	831	11	97%	831	11
J_1r-38	105	172	0.61	0.093 55	0.002 18	3.031 78	0.075 57	0.233 78	0.003 19	1499	44	1416	19	1354	17	95%	1499	44
J_1r-39	60	142	0.42	0.077 24	0.002 12	1.787 41	0.049 98	0.167 00	0.001 74	1128	54	1041	18	996	10	95%	996	10
J_1r-40	648	644	1.01	0.074 06	0.001 50	1.374 84	0.028 96	0.134 00	0.001 43	1043	36	878	12	811	8	91%	811	8
J_1r-41	366	350	1.05	0.059 88	0.001 82	0.688 27	0.020 13	0.083 30	0.000 96	598	67	532	12	516	6	96%	516	6
J_1r-42	218	252	0.87	0.106 58	0.002 35	4.297 83	0.114 71	0.289 37	0.004 26	1743	41	1693	22	1638	21	96%	1743	41
J_1r-43	159	923	0.17	0.066 71	0.001 41	1.231 06	0.029 19	0.132 71	0.001 63	828	44	815	13	803	9	98%	803	9
J_1r-44	105	422	0.25	0.076 94	0.001 58	1.962 04	0.041 89	0.183 90	0.001 99	1120	41	1103	14	1088	11	98%	1120	41
J_1r-45	69	480	0.14	0.070 93	0.001 48	1.594 38	0.034 21	0.161 99	0.001 50	955	38	968	13	968	8	99%	968	8
J_1r-46	37	58	0.63	0.065 93	0.003 24	1.120 86	0.052 28	0.124 97	0.002 25	806	104	763	25	759	13	99%	759	13

第六章 中生代沉积盆地物源

续表 6-1

编号	^{232}Th/ 10^{-6}	^{238}U/ 10^{-6}	Th/U	同位素比值						年龄/Ma						谐和度	最佳年龄/Ma	
				^{207}Pb/^{206}Pb	1σ	^{207}Pb/^{235}U	1σ	^{206}Pb/^{238}U	1σ	^{207}Pb/^{206}Pb	1σ	^{207}Pb/^{235}U	1σ	^{206}Pb/^{238}U	1σ			1σ
J₁r-47	130	144	0.90	0.076 83	0.002 23	1.691 94	0.046 82	0.159 86	0.001 75	1117	58	1005	18	956	10	94%	956	10
J₁r-48	80	251	0.32	0.286 37	0.005 45	25.080 26	0.504 79	0.630 48	0.005 98	3398	30	3311	20	3151	24	95%	3398	30
J₁r-49	323	262	1.23	0.295 92	0.005 61	28.719 47	0.577 06	0.699 13	0.006 87	3449	30	3444	20	3417	26	99%	3449	30
J₁r-50	146	100	1.45	0.072 40	0.002 40	1.625 11	0.054 02	0.162 54	0.001 87	998	69	980	21	971	10	99%	971	10
J₁r-51	489	310	1.58	0.059 79	0.001 61	0.659 60	0.017 74	0.079 76	0.000 76	594	27	514	11	495	5	96%	495	5
J₁r-52	169	732	0.23	0.067 74	0.001 31	1.182 52	0.022 89	0.125 83	0.000 89	861	41	792	11	764	5	96%	764	5
J₁r-53	356	353	1.01	0.066 92	0.001 61	1.203 50	0.029 83	0.129 90	0.001 47	835	51	802	14	787	8	98%	787	8
J₁r-54	181	1055	0.17	0.073 36	0.001 75	1.374 62	0.034 91	0.134 86	0.001 24	1033	48	878	15	816	7	92%	816	7
J₁r-55	135	354	0.38	0.122 99	0.002 51	5.985 38	0.127 19	0.351 09	0.003 82	2067	36	1974	19	1940	18	98%	2067	36
J₁r-56	172	284	0.60	0.147 81	0.002 80	7.745 27	0.153 62	0.377 98	0.003 74	2321	33	2202	18	2067	18	93%	2321	33
J₁r-57	158	353	0.45	0.203 39	0.003 46	14.145 34	0.269 97	0.501 68	0.005 62	2853	28	2759	18	2621	24	94%	2853	28
J₁r-58	649	815	0.80	0.101 05	0.001 68	3.652 58	0.071 11	0.260 51	0.002 90	1644	30	1561	16	1492	15	95%	1644	30
J₁r-59	228	505	0.45	0.077 67	0.001 48	1.995 82	0.043 65	0.185 49	0.002 28	1139	38	1114	15	1097	12	98%	1139	38
J₁r-60	344	634	0.54	0.076 04	0.001 60	1.419 37	0.035 18	0.134 45	0.001 70	1096	43	897	15	813	10	90%	813	10
J₁r-61	192	439	0.44	0.078 81	0.001 56	2.115 91	0.045 94	0.193 70	0.002 05	1169	39	1154	15	1141	11	98%	1169	39
J₁r-62	117	254	0.46	0.070 98	0.001 93	1.380 09	0.040 68	0.140 41	0.001 83	967	56	880	17	847	10	96%	847	10
J₁r-63	168	91	1.85	0.058 24	0.003 18	0.634 64	0.033 15	0.079 25	0.001 35	539	119	499	21	492	8	98%	492	8
J₁r-64	189	177	1.07	0.052 56	0.008 88	0.451 72	0.068 20	0.062 88	0.002 46	309	344	378	48	393	15	96%	393	15
J₁r-65	258	201	1.28	0.073 21	0.001 95	1.585 97	0.044 88	0.156 54	0.001 73	1020	54	965	18	938	10	97%	938	10
J₁r-66	232	309	0.75	0.076 53	0.001 95	1.866 34	0.049 94	0.176 50	0.001 99	1109	51	1069	18	1048	11	97%	1109	51
J₁r-67	193	608	0.32	0.087 66	0.001 84	2.517 91	0.058 37	0.207 71	0.002 54	1376	8	1277	17	1217	14	95%	1376	8
J₁r-68	275	531	0.52	0.174 97	0.003 06	11.525 76	0.250 13	0.474 44	0.005 97	2606	29	2567	20	2503	26	97%	2606	29

续表 6-1

编号	$^{232}Th/$ 10^{-6}	$^{238}U/$ 10^{-6}	Th/U	同位素比值						年龄/Ma						谐和度	最佳年龄/ Ma	
				$^{207}Pb/^{206}Pb$	1σ	$^{207}Pb/^{235}U$	1σ	$^{206}Pb/^{238}U$	1σ	$^{207}Pb/^{206}Pb$	1σ	$^{207}Pb/^{235}U$	1σ	$^{206}Pb/^{238}U$	1σ			
J_1r-69	79	100	0.79	0.076 30	0.003 63	1.892 95	0.083 79	0.180 39	0.002 78	1103	95	1079	29	1069	15	99%	1103	95
J_1r-70	7	211	0.03	0.078 34	0.001 86	2.045 28	0.051 13	0.188 39	0.001 90	1155	79	1131	17	1113	10	98%	1155	79
J_1r-71	489	554	0.88	0.162 17	0.002 56	10.171 84	0.168 07	0.451 92	0.004 09	2480	27	2451	15	2404	18	98%	2480	27
J_1r-72	117	887	0.13	0.065 22	0.001 34	0.946 44	0.021 93	0.104 43	0.001 36	781	47	676	11	640	8	94%	640	8
J_1r-73	4	401	0.01	0.059 66	0.001 52	0.696 82	0.017 47	0.084 30	0.000 96	591	28	537	10	522	6	97%	522	6
J_1r-74	93	222	0.42	0.060 13	0.001 75	0.923 19	0.028 98	0.110 75	0.001 63	609	95	664	15	677	9	98%	677	9
J_1r-75	389	312	1.25	0.073 04	0.001 62	1.568 11	0.035 39	0.154 44	0.001 60	1017	45	958	14	926	9	96%	926	9
J_1r-76	157	185	0.85	0.271 62	0.004 56	23.657 38	0.410 32	0.625 39	0.005 77	3315	26	3254	17	3131	23	96%	3315	26
J_1r-77	96	133	0.72	0.193 07	0.003 84	14.199 95	0.294 94	0.527 97	0.005 70	2768	66	2763	20	2733	24	98%	2768	66
J_1r-78	189	334	0.57	0.070 43	0.001 74	1.568 11	0.040 00	0.159 59	0.001 87	943	45	958	16	955	10	99%	955	10
J_1r-79	125	434	0.29	0.069 95	0.001 70	1.600 05	0.039 97	0.164 19	0.001 97	928	50	970	16	980	11	98%	980	11
J_1r-80	335	470	0.71	0.155 36	0.002 90	9.152 95	0.188 36	0.422 58	0.004 85	2406	33	2353	19	2272	22	96%	2406	33
J_1r-81	127	963	0.13	0.061 28	0.001 24	0.811 97	0.025 41	0.094 32	0.001 96	650	47	604	14	581	12	96%	581	12
J_1r-82	100	174	0.58	0.181 62	0.003 03	12.296 78	0.222 72	0.486 63	0.004 84	2668	28	2627	17	2556	21	97%	2668	28
J_1r-83	150	745	0.20	0.250 86	0.004 03	19.909 86	0.368 88	0.569 97	0.005 97	3190	26	3087	18	2908	25	94%	3190	26
J_1r-84	167	499	0.33	0.157 89	0.002 91	8.593 89	0.163 22	0.391 91	0.003 70	2433	31	2296	17	2132	17	92%	2433	31
J_1r-85	560	895	0.63	0.070 33	0.001 43	1.364 00	0.028 07	0.139 98	0.001 32	939	46	874	12	845	8	96%	845	8
J_1r-86	309	272	1.14	0.062 19	0.002 65	0.694 66	0.029 49	0.080 83	0.000 88	680	91	536	18	501	5	93%	501	5
J_1r-87	157	183	0.86	0.077 83	0.001 82	1.937 80	0.045 26	0.180 22	0.001 74	1143	47	1094	16	1068	10	97%	1143	47
J_1r-88	93	249	0.37	0.082 43	0.001 70	2.368 78	0.049 54	0.207 92	0.001 91	1257	39	1233	15	1218	10	98%	1257	39
J_1r-89	69	100	0.69	0.197 01	0.004 00	14.757 74	0.334 04	0.542 11	0.006 73	2802	33	2800	22	2792	28	99%	2802	33
J_1r-90	53	27	1.95	0.063 84	0.005 43	0.642 36	0.050 17	0.075 82	0.001 56	744	180	504	31	471	9	93%	471	9

第六章 中生代沉积盆地物源

续表 6-1

编号	^{232}Th/10^{-6}	^{238}U/10^{-6}	Th/U	同位素比值							年龄/Ma					谐和度	最佳年龄/Ma	
				^{207}Pb/^{206}Pb	1σ	^{207}Pb/^{235}U	1σ	^{206}Pb/^{238}U	1σ	^{207}Pb/^{206}Pb	1σ	^{207}Pb/^{235}U	1σ	^{206}Pb/^{238}U	1σ			
Z3200-01	59	485	0.12	0.058 65	0.001 32	0.741 97	0.017 68	0.091 62	0.030 99	554	53	564	10	565	6	99%	565	6
Z3200-02	103	213	0.49	0.158 21	0.002 46	9.381 57	0.160 47	0.428 53	0.003 96	2437	26	2376	16	2299	18	96%	2437	26
Z3200-03	196	338	0.58	0.058 52	0.001 57	0.701 53	0.019 92	0.086 71	0.001 00	550	53	540	12	536	6	99%	536	6
Z3200-04	219	553	0.40	0.070 41	0.001 48	1.238 40	0.027 45	0.127 20	0.001 29	940	43	818	12	772	7	94%	772	7
Z3200-05	245	250	0.98	0.058 17	0.001 92	0.701 66	0.023 24	0.087 47	0.000 96	600	72	540	14	541	6	99%	541	6
Z3200-06	238	99	2.41	0.056 30	0.002 53	0.638 20	0.030 53	0.082 06	0.001 15	465	100	501	19	508	7	98%	508	7
Z3200-07	123	410	0.30	0.095 72	0.001 65	3.763 39	0.069 65	0.283 72	0.002 95	1543	33	1585	15	1610	15	98%	1543	33
Z3200-08	79	488	0.16	0.159 12	0.002 43	9.736 59	0.161 07	0.440 60	0.004 20	2447	26	2410	15	2353	19	97%	2447	26
Z3200-09	134	611	0.22	0.167 70	0.002 75	11.119 68	0.194 18	0.477 01	0.004 74	2535	27	2533	16	2514	21	99%	2535	27
Z3200-10	185	408	0.45	0.108 43	0.002 23	3.902 83	0.089 66	0.258 80	0.003 59	1773	37	1614	19	1484	18	91%	1773	37
Z3200-11	245	710	0.35	0.119 17	0.002 33	4.910 45	0.128 10	0.294 45	0.004 92	1944	40	1804	22	1664	25	91%	1944	40
Z3200-12	104	199	0.52	0.099 97	0.002 03	3.956 25	0.082 56	0.284 72	0.002 88	1633	37	1625	17	1615	14	99%	1633	37
Z3200-13	327	569	0.57	0.065 34	0.001 37	1.156 83	0.024 26	0.127 59	0.001 24	787	44	780	11	774	7	99%	774	7
Z3200-14	249	448	0.56	0.104 60	0.001 76	4.226 31	0.074 07	0.290 84	0.002 51	1707	31	1679	14	1646	13	97%	1707	31
Z3200-15	232	776	0.30	0.074 49	0.002 32	1.408 77	0.042 36	0.136 31	0.001 47	1055	63	893	18	824	8	91%	824	8
Z3200-16	104	75	1.38	0.088 09	0.002 93	2.588 70	0.085 16	0.214 83	0.003 40	1384	63	1297	24	1254	18	96%	1384	63
Z3200-17	137	1077	0.13	0.063 92	0.001 28	1.166 60	0.023 48	0.131 74	0.001 24	739	47	785	11	798	7	98%	798	7
Z3200-18	305	236	1.29	0.058 19	0.001 65	0.712 20	0.020 16	0.088 57	0.000 99	600	63	546	12	547	6	99%	547	6
Z3200-19	362	926	0.39	0.067 20	0.001 29	0.980 88	0.025 96	0.104 68	0.001 68	844	40	694	13	642	10	92%	642	10
Z3200-20	32	60	0.54	0.176 41	0.003 29	12.431 48	0.232 79	0.509 53	0.004 84	2620	31	2638	18	2655	21	99%	2620	31
Z3200-21	73	688	0.11	0.089 96	0.001 53	3.087 88	0.055 48	0.247 66	0.002 04	1424	33	1430	14	1426	11	99%	1424	33
Z3200-22	620	336	1.85	0.058 55	0.001 67	0.710 76	0.020 44	0.087 93	0.000 98	550	63	545	12	543	6	99%	543	6

续表 6-1

编号	$^{232}Th/$ 10^{-6}	$^{238}U/$ 10^{-6}	Th/U	同位素比值						年龄/Ma					谐和度	最佳年龄/ Ma	1σ
				$^{207}Pb/^{206}Pb$	1σ	$^{207}Pb/^{235}U$	1σ	$^{206}Pb/^{238}U$	1σ	$^{207}Pb/^{206}Pb$	1σ	$^{207}Pb/^{235}U$	1σ	$^{206}Pb/^{238}U$	1σ			
Z3200-23	27	62	0.44	0.082 09	0.002 54	2.297 57	0.070 28	0.203 70	0.002 68	1248	60	1212	22	1195	14	98%	1248	60
Z3200-24	245	396	0.62	0.068 88	0.001 32	1.509 88	0.029 87	0.158 22	0.001 36	894	72	934	12	947	8	98%	947	8
Z3200-25	85	214	0.40	0.059 45	0.001 79	0.748 25	0.023 22	0.090 88	0.000 92	583	69	567	13	561	5	98%	561	5
Z3200-26	88	124	0.71	0.124 58	0.002 55	6.338 56	0.135 15	0.366 51	0.003 10	2033	36	2024	19	2013	15	99%	2033	36
Z3200-27	319	367	0.87	0.070 56	0.001 39	1.613 38	0.032 61	0.164 55	0.001 40	946	39	975	13	982	8	99%	982	8
Z3200-28	79	96	0.83	0.081 14	0.002 97	2.093 24	0.066 63	0.188 56	0.002 46	1225	72	1147	22	1114	13	97%	1225	72
Z3200-29	137	210	0.65	0.056 51	0.001 88	0.684 61	0.023 13	0.087 35	0.001 04	472	72	530	14	540	6	98%	540	6
Z3200-30	268	151	1.77	0.065 28	0.002 03	1.182 93	0.034 78	0.131 05	0.001 52	783	69	793	16	794	9	99%	794	9
Z3200-31	132	82	1.62	0.061 09	0.002 82	0.814 37	0.036 93	0.097 18	0.001 40	643	100	605	21	598	8	98%	598	8
Z3200-32	132	154	0.86	0.058 04	0.002 05	0.680 90	0.022 47	0.085 22	0.001 12	532	76	527	14	527	7	99%	527	7
Z3200-33	64	82	0.78	0.186 99	0.003 85	11.584 86	0.228 21	0.444 92	0.004 12	2716	33	2571	18	2373	18	91%	2716	33
Z3200-34	53	727	0.07	0.079 61	0.001 75	2.172 04	0.048 21	0.195 32	0.002 03	1187	44	1172	15	1150	11	98%	1187	44
Z3200-35	25	231	0.11	0.076 91	0.002 34	1.906 18	0.070 22	0.175 92	0.002 69	1120	66	1083	25	1045	15	96%	1120	66
Z3200-36	27	57	0.48	0.055 92	0.005 29	0.523 30	0.051 97	0.067 51	0.001 09	450	211	427	35	421	7	98%	421	7
Z3200-37	112	189	0.59	0.115 23	0.002 32	5.292 83	0.107 14	0.330 08	0.003 42	1884	37	1868	17	1839	17	98%	1884	37
Z3200-38	80	184	0.44	0.105 95	0.002 09	4.649 48	0.094 72	0.315 37	0.003 16	1731	36	1758	17	1767	16	99%	1731	36
Z3200-39	35	75	0.46	0.257 23	0.005 08	21.949 82	0.436 01	0.614 18	0.005 97	3231	31	3182	19	3087	24	96%	3231	31
Z3200-40	239	165	1.45	0.154 87	0.003 29	9.337 50	0.201 10	0.434 07	0.004 52	2800	36	2372	20	2324	20	97%	2800	36
Z3200-41	237	134	1.77	0.071 12	0.002 48	1.552 19	0.052 14	0.158 01	0.001 98	961	72	951	21	946	11	99%	946	11
Z3200-42	73	157	0.46	0.056 81	0.002 34	0.709 89	0.028 51	0.090 69	0.001 53	483	91	545	17	560	9	97%	560	9
Z3200-43	252	190	1.33	0.070 09	0.001 87	1.563 45	0.042 11	0.160 60	0.001 50	931	54	956	17	960	8	99%	960	8
Z3200-44	128	206	0.62	0.159 34	0.002 91	10.179 03	0.196 42	0.459 41	0.004 60	2450	31	2451	18	2437	20	99%	2450	31

第六章 中生代沉积盆地物源

续表 6-1

编号	$^{232}Th/$ 10^{-6}	$^{238}U/$ 10^{-6}	Th/U	同位素比值						年龄/Ma						谐和度	最佳年龄/ Ma
				$^{207}Pb/^{206}Pb$	1σ	$^{207}Pb/^{235}U$	1σ	$^{206}Pb/^{238}U$	1σ	$^{207}Pb/^{206}Pb$	1σ	$^{207}Pb/^{235}U$	1σ	$^{206}Pb/^{238}U$	1σ		
Z3200-45	62	80	0.78	0.072 36	0.002 41	1.600 20	0.054 65	0.159 45	0.002 16	996	67	970	21	954	12	98%	954	12
Z3200-46	653	462	1.41	0.056 67	0.001 53	0.615 74	0.016 80	0.078 59	0.000 83	480	61	487	11	488	5	99%	488	5
Z3200-47	129	221	0.58	0.058 95	0.001 86	0.696 88	0.022 46	0.085 28	0.000 93	565	69	537	13	528	6	98%	528	6
Z3200-48	302	589	0.51	0.064 77	0.001 24	1.104 28	0.021 54	0.122 97	0.001 14	769	39	755	10	748	7	98%	748	7
Z3200-49	105	58	1.83	0.060 94	0.005 06	0.638 55	0.050 93	0.076 49	0.001 17	639	175	501	32	475	7	94%	475	7
Z3200-50	181	185	0.98	0.060 19	0.002 13	0.685 47	0.024 27	0.082 64	0.001 00	609	77	530	15	512	6	96%	512	6
Z3200-51	57	48	1.19	0.180 23	0.005 73	12.112 15	0.425 35	0.482 52	0.007 96	2655	52	2613	33	2538	35	97%	2655	52
Z3200-52	97	678	0.14	0.143 15	0.002 76	7.160 44	0.138 29	0.360 06	0.003 00	2266	33	2132	17	1982	14	92%	2266	33
Z3200-53	150	105	1.43	0.060 21	0.002 89	0.635 68	0.029 74	0.077 06	0.001 01	609	108	500	18	479	6	95%	479	6
Z3200-54	144	85	1.71	0.057 77	0.002 84	0.619 34	0.030 15	0.077 53	0.001 20	520	112	489	19	481	7	98%	481	7
Z3200-55	115	689	0.17	0.285 80	0.005 09	22.652 04	0.383 59	0.569 85	0.004 79	3395	32	3212	17	2907	20	90%	3395	32
Z3200-56	67	98	0.69	0.193 36	0.003 71	13.750 41	0.26116	0.512 12	0.004 94	2772	31	2733	18	2666	21	97%	2772	31
Z3200-57	68	226	0.30	0.061 96	0.001 83	0.853 91	0.024 63	0.099 49	0.001 25	672	68	627	13	611	7	97%	611	7
Z3200-58	143	51	2.82	0.053 34	0.003 45	0.599 37	0.036 20	0.082 26	0.001 35	343	146	477	23	510	8	93%	510	8
Z3200-59	364	340	1.07	0.073 34	0.001 61	1.606 44	0.035 41	0.157 82	0.001 57	1033	72	973	14	945	9	97%	945	9
Z3200-60	103	228	0.45	0.069 74	0.001 79	1.400 38	0.037 84	0.144 86	0.001 72	920	47	889	16	872	10	98%	872	10
Z3200-61	310	573	0.54	0.162 97	0.002 60	9.935 36	0.164 93	0.439 42	0.003 64	2487	26	2429	15	2348	16	96%	2487	26
Z3200-62	108	82	1.31	0.062 38	0.003 58	0.704 17	0.038 80	0.082 46	0.001 31	687	122	541	23	511	8	94%	511	8
Z3200-63	464	561	0.83	0.062 79	0.001 50	0.910 33	0.022 50	0.104 82	0.001 06	702	50	657	12	643	6	97%	643	6
Z3200-64	97	310	0.31	0.102 88	0.002 17	3.883 67	0.083 36	0.273 00	0.002 63	1677	39	1610	17	1556	13	96%	1677	39
Z3200-65	57	54	1.05	0.077 52	0.004 95	1.804 96	0.112 65	0.169 32	0.002 93	1144	123	1047	41	1008	16	96%	1144	123
Z3200-66	60	741	0.08	0.061 70	0.001 12	0.919 88	0.017 75	0.107 55	0.001 00	665	34	662	9	659	6	99%	659	6

续表 6-1

编号	$^{232}Th/$ 10^{-6}	$^{238}U/$ 10^{-6}	Th/U	同位素比值						年龄/Ma						谐和度	最佳年龄/ Ma
				$^{207}Pb/^{206}Pb$	1σ	$^{207}Pb/^{235}U$	1σ	$^{206}Pb/^{238}U$	1σ	$^{207}Pb/^{206}Pb$	1σ	$^{207}Pb/^{235}U$	1σ	$^{206}Pb/^{238}U$	1σ		
Z3200-67	63	62	1.01	0.078 79	0.002 63	1.985 07	0.066 81	0.182 37	0.002 52	1169	66	1110	23	1080	14	97%	1169
Z3200-68	111	163	0.68	0.081 56	0.001 79	2.262 00	0.051 15	0.200 20	0.002 33	1235	43	1201	16	1176	13	97%	1235
Z3200-69	158	226	0.70	0.054 82	0.001 92	0.638 06	0.022 19	0.084 21	0.001 00	406	78	501	14	521	6	96%	521
Z3200-70	83	205	0.41	0.106 80	0.002 29	4.548 58	0.102 66	0.306 52	0.003 27	1746	39	1740	19	1724	16	99%	1746
Z3200-71	114	73	1.57	0.062 03	0.002 76	0.783 88	0.032 94	0.092 65	0.001 34	676	96	588	19	571	8	97%	571
Z3200-72	51	350	0.15	0.147 88	0.002 38	8.274 07	0.187 22	0.401 07	0.006 05	2321	28	2261	21	2174	28	96%	2321
Z3200-74	177	319	0.56	0.058 32	0.001 40	0.829 24	0.020 09	0.102 45	0.000 98	543	54	613	11	629	6	97%	629
Z3200-75	290	614	0.47	0.065 83	0.001 44	1.302 42	0.029 90	0.142 19	0.001 34	1200	51	847	13	857	8	98%	857
Z3200-76	48	241	0.20	0.054 45	0.001 72	0.644 28	0.020 69	0.085 55	0.001 08	391	70	505	13	529	6	95%	529
Z3200-77	163	350	0.47	0.170 34	0.002 93	12.461 31	0.235 85	0.527 21	0.005 71	2561	29	2640	18	2730	24	96%	2561
Z3200-78	127	179	0.71	0.059 91	0.001 73	0.839 37	0.025 53	0.100 94	0.001 04	611	31	619	14	620	6	99%	620
Z3200-79	190	271	0.70	0.071 12	0.001 55	1.569 60	0.034 22	0.159 57	0.001 51	961	44	958	14	954	8	99%	954
Z3200-80	121	374	0.32	0.073 48	0.001 47	1.785 58	0.037 83	0.175 42	0.001 81	1028	73	1040	14	1042	10	99%	1028
Z3200-81	33	136	0.24	0.060 36	0.002 51	0.936 09	0.039 49	0.112 20	0.001 34	617	91	671	21	686	8	97%	686
Z3200-82	97	92	1.05	0.071 31	0.002 27	1.676 34	0.056 07	0.170 00	0.002 37	966	65	1000	21	1012	13	98%	966
Z3200-83	120	138	0.87	0.059 31	0.002 42	0.625 50	0.024 66	0.076 76	0.001 01	589	89	493	15	477	6	96%	477
Z3200-84	113	123	0.92	0.261 72	0.004 59	22.866 16	0.471 72	0.628 80	0.007 83	3257	27	3221	20	3145	31	97%	3257
Z3200-85	189	180	1.05	0.060 08	0.002 18	0.677 70	0.023 32	0.082 05	0.000 97	606	80	525	14	508	6	96%	508
Z3200-86	291	563	0.52	0.057 88	0.001 43	0.647 86	0.015 96	0.080 66	0.000 80	524	56	507	10	500	5	98%	500
Z3200-87	34	127	0.26	0.078 61	0.002 34	1.867 34	0.054 69	0.175 25	0.005 94	1163	59	1070	19	1041	33	97%	1163
Z3200-88	99	94	1.05	0.288 08	0.006 14	25.037 48	0.509 21	0.624 97	0.005 59	3407	33	3310	20	3130	22	94%	3407
Z3200-89	232	693	0.33	0.229 98	0.003 96	17.559 66	0.313 91	0.547 88	0.005 10	3054	27	2966	17	2816	21	94%	3054

第六章　中生代沉积盆地物源

续表 6-1

编号	$^{232}Th/$ 10^{-6}	$^{238}U/$ 10^{-6}	Th/U	同位素比值						年龄/Ma						谐和度	最佳年龄/ Ma	
				$^{207}Pb/^{206}Pb$	1σ	$^{207}Pb/^{235}U$	1σ	$^{206}Pb/^{238}U$	1σ	$^{207}Pb/^{206}Pb$	1σ	$^{207}Pb/^{235}U$	1σ	$^{206}Pb/^{238}U$	1σ			1σ
Z3200-90	682	453	1.51	0.072 01	0.001 72	1.649 67	0.042 90	0.164 21	0.001 55	987	49	989	16	980	9	99%	980	9
Z3200-91	121	163	0.74	0.251 95	0.004 06	20.849 41	0.338 10	0.593 88	0.004 83	3197	31	3132	16	3005	20	95%	3197	31
Z3200-92	68	917	0.07	0.186 69	0.002 98	12.933 32	0.209 30	0.496 84	0.004 14	2713	26	2675	15	2600	18	97%	2713	26
Z3200-93	33	282	0.12	0.058 60	0.001 68	0.840 78	0.024 29	0.103 14	0.001 13	554	63	620	13	633	7	97%	633	7
Z3200-94	89	187	0.48	0.063 24	0.001 86	1.284 33	0.037 44	0.146 03	0.001 53	717	62	839	17	879	9	95%	879	9
Z3200-95	200	663	0.30	0.062 40	0.001 54	0.888 96	0.024 00	0.101 96	0.001 10	687	52	646	13	626	6	96%	626	6
Z3200-96	174	137	1.27	0.136 44	0.002 91	6.533 31	0.131 26	0.344 99	0.002 78	2183	37	2050	18	1911	13	92%	2183	37
Z3200-97	160	385	0.42	0.085 07	0.001 50	2.891 90	0.051 31	0.244 63	0.002 07	1317	34	1380	13	1411	11	97%	1317	34
Z3200-98	287	137	2.09	0.055 76	0.002 04	0.626 90	0.020 67	0.082 49	0.001 00	443	77	494	13	511	6	96%	511	6
Z3200-99	91	172	0.53	0.070 42	0.001 64	1.513 87	0.035 14	0.155 42	0.001 68	940	48	936	14	931	9	99%	931	9
Z3200-100	103	46	2.24	0.062 26	0.003 85	0.662 87	0.038 09	0.078 81	0.001 42	683	131	516	23	489	9	94%	489	9
J$_{1-2}l$-01	241	499	0.48	0.174 60	0.003 82	10.418 97	0.240 08	0.431 46	0.004 35	2602	36	2473	21	2312	20	93%	2602	36
J$_{1-2}l$-02	125	85	1.47	0.072 87	0.002 63	1.506 30	0.050 81	0.151 85	0.002 08	1010	42	933	21	911	12	97%	911	12
J$_{1-2}l$-03	144	451	0.32	0.075 51	0.001 61	1.846 21	0.042 63	0.176 66	0.001 76	1083	43	1062	15	1049	10	98%	1083	43
J$_{1-2}l$-04	394	570	0.69	0.220 43	0.003 86	14.948 61	0.268 84	0.489 90	0.003 73	2984	29	2812	17	2570	16	91%	2984	29
J$_{1-2}l$-05	60	52	1.14	0.076 86	0.003 48	1.792 87	0.079 32	0.171 67	0.003 11	1118	86	1043	29	1021	17	97%	1118	86
J$_{1-2}l$-06	107	127	0.84	0.088 65	0.002 48	2.768 61	0.077 89	0.226 26	0.002 62	1398	54	1347	21	1315	14	97%	1398	54
J$_{1-2}l$-07	354	314	1.13	0.066 99	0.001 85	1.202 89	0.034 48	0.129 72	0.001 47	839	53	802	16	786	8	98%	786	8
J$_{1-2}l$-08	238	585	0.41	0.161 52	0.003 04	9.035 52	0.180 90	0.403 28	0.003 65	2472	31	2342	18	2184	17	93%	2472	31
J$_{1-2}l$-09	138	372	0.37	0.070 69	0.001 58	1.287 09	0.030 29	0.131 43	0.001 47	950	46	840	13	796	8	94%	796	8
J$_{1-2}l$-10	125	142	0.88	0.047 40	0.003 54	0.186 18	0.013 09	0.029 39	0.000 54	78	161	173	11	187	3	92%	187	3
J$_{1-2}l$-11	265	345	0.77	0.069 60	0.001 65	1.592 68	0.038 30	0.165 17	0.001 71	917	44	967	15	985	9	98%	985	9

续表 6-1

编号	$^{232}Th/10^{-6}$	$^{238}U/10^{-6}$	Th/U	同位素比值							年龄/Ma							谐和度	最佳年龄/Ma	
				$^{207}Pb/^{206}Pb$	1σ	$^{207}Pb/^{235}U$	1σ	$^{206}Pb/^{238}U$	1σ	$^{207}Pb/^{206}Pb$	1σ	$^{207}Pb/^{235}U$	1σ	$^{206}Pb/^{238}U$	1σ			
$J_{1-2}l$-12	100	230	0.43	0.084 04	0.002 15	2.530 27	0.070 24	0.216 72	0.002 89	1294	50	1281	20	1265	15	98%	1294	50
$J_{1-2}l$-13	219	196	1.12	0.057 44	0.002 23	0.646 28	0.024 24	0.081 97	0.001 07	509	85	506	15	508	6	99%	508	6
$J_{1-2}l$-14	72	981	0.07	0.111 39	0.002 15	4.736 79	0.099 59	0.306 41	0.003 60	1822	35	1774	18	1723	18	97%	1822	35
$J_{1-2}l$-15	81	238	0.34	0.065 73	0.001 65	1.306 27	0.032 61	0.143 62	0.001 53	798	52	848	14	865	9	98%	865	9
$J_{1-2}l$-16	23	174	0.13	0.075 72	0.001 89	2.046 03	0.050 99	0.195 70	0.002 33	1087	50	1131	17	1152	13	98%	1087	50
$J_{1-2}l$-17	190	320	0.59	0.070 05	0.001 65	1.591 32	0.040 01	0.163 58	0.001 75	931	49	967	16	977	10	98%	977	10
$J_{1-2}l$-18	150	242	0.62	0.103 21	0.002 35	4.348 96	0.106 08	0.303 87	0.003 79	1683	42	1703	20	1710	19	99%	1683	42
$J_{1-2}l$-19	51	114	0.45	0.171 71	0.003 99	11.90 741	0.279 61	0.500 55	0.005 35	2576	39	2597	22	2616	23	99%	2576	39
$J_{1-2}l$-20	25	481	0.05	0.260 21	0.005 03	23.793 03	0.492 13	0.658 90	0.007 00	3248	31	3260	20	3263	27	99%	3248	31
$J_{1-2}l$-21	102	686	0.15	0.255 02	0.004 50	19.151 45	0.381 28	0.540 95	0.006 05	3216	28	3049	19	2787	25	91%	3216	28
$J_{1-2}l$-22	143	424	0.34	0.073 72	0.001 45	2.049 37	0.041 61	0.200 73	0.001 99	1035	39	1132	14	1179	11	95%	1035	39
$J_{1-2}l$-23	2	291	0.01	0.264 68	0.004 15	23.662 32	0.402 38	0.644 79	0.006 30	3275	25	3255	17	3208	25	98%	3275	25
$J_{1-2}l$-24	254	671	0.38	0.102 25	0.001 63	4.339 72	0.077 86	0.306 02	0.003 19	1665	30	1701	15	1721	16	98%	1665	30
$J_{1-2}l$-25	198	438	0.45	0.120 76	0.002 50	5.962 47	0.127 23	0.354 98	0.003 53	1969	37	1970	19	1958	17	99%	1969	37
$J_{1-2}l$-26	126	477	0.27	0.164 87	0.002 97	9.616 04	0.189 22	0.419 47	0.004 52	2506	30	2399	18	2258	21	93%	2506	30
$J_{1-2}l$-27	238	188	1.26	0.052 20	0.001 82	0.588 02	0.020 16	0.081 69	0.001 03	295	80	470	13	506	6	92%	506	6
$J_{1-2}l$-28	130	115	1.13	0.080 17	0.002 27	2.019 11	0.055 40	0.182 42	0.002 02	1267	56	1122	19	1080	11	96%	1267	56
$J_{1-2}l$-29	196	529	0.37	0.060 16	0.001 44	0.670 07	0.017 85	0.080 40	0.001 12	609	47	521	11	498	7	95%	498	7
$J_{1-2}l$-30	272	708	0.38	0.065 81	0.001 29	1.275 62	0.026 62	0.139 91	0.001 56	1200	38	835	12	844	9	98%	844	9
$J_{1-2}l$-31	133	480	0.28	0.120 47	0.002 14	5.998 89	0.113 99	0.359 42	0.003 60	1965	32	1976	17	1979	17	99%	1965	32
$J_{1-2}l$-32	186	325	0.57	0.059 28	0.001 65	0.720 30	0.020 59	0.087 90	0.000 83	576	59	551	12	543	5	98%	543	5
$J_{1-2}l$-33	143	93	1.54	0.069 46	0.002 43	1.482 28	0.052 34	0.155 19	0.002 36	922	72	923	21	930	13	99%	930	13

续表 6-1

编号	$^{232}Th/$ 10^{-6}	$^{238}U/$ 10^{-6}	Th/U	同位素比值						年龄/Ma						谐和度	最佳年龄/ Ma
				$^{207}Pb/^{206}Pb$	1σ	$^{207}Pb/^{235}U$	1σ	$^{206}Pb/^{238}U$	1σ	$^{207}Pb/^{206}Pb$	1σ	$^{207}Pb/^{235}U$	1σ	$^{206}Pb/^{238}U$	1σ		
$J_{1-2}l$-34	142	169	0.84	0.097 61	0.001 96	3.605 46	0.078 11	0.266 99	0.002 48	1589	37	1551	17	1525	13	98%	1589	37
$J_{1-2}l$-35	47	28	1.68	0.072 72	0.004 36	1.558 22	0.092 25	0.157 88	0.002 99	1006	122	954	37	945	17	99%	945	17
$J_{1-2}l$-36	145	240	0.61	0.077 58	0.001 81	1.899 40	0.046 64	0.177 62	0.002 20	1136	42	1081	16	1054	12	97%	1136	42
$J_{1-2}l$-37	64	136	0.47	0.249 47	0.005 93	18.436 81	0.427 94	0.534 53	0.006 60	3181	37	3013	22	2761	28	91%	3181	37
$J_{1-2}l$-38	177	528	0.34	0.058 04	0.001 33	0.685 59	0.016 69	0.085 52	0.001 03	532	55	530	10	529	6	99%	529	6
$J_{1-2}l$-39	0	3	0.04	0.177 20	0.078 43	1.684 83	0.289 42	0.106 51	0.010 73	2628	610	1003	109	652	62	57%	652	62
$J_{1-2}l$-40	290	634	0.46	0.057 99	0.001 29	0.650 77	0.015 24	0.080 99	0.000 81	528	48	509	9	502	5	98%	502	5
$J_{1-2}l$-41	424	487	0.87	0.078 32	0.001 50	1.945 22	0.038 90	0.178 92	0.001 75	1155	38	1097	13	1061	10	96%	1155	38
$J_{1-2}l$-42	189	409	0.46	0.080 79	0.001 70	2.059 44	0.044 81	0.183 59	0.002 02	1217	41	1135	15	1087	11	95%	1217	41
$J_{1-2}l$-43	260	162	1.60	0.058 62	0.002 32	0.628 77	0.024 02	0.077 78	0.000 98	554	87	495	15	483	6	97%	483	6
$J_{1-2}l$-44	148	235	0.63	0.079 41	0.001 89	2.107 78	0.053 27	0.191 40	0.002 37	1183	42	1151	17	1129	13	98%	1183	42
$J_{1-2}l$-45	150	227	0.66	0.062 74	0.002 11	0.775 31	0.026 56	0.089 38	0.001 11	698	70	583	15	552	7	94%	552	7
$J_{1-2}l$-46	245	659	0.37	0.066 70	0.001 34	1.127 01	0.024 23	0.121 82	0.001 27	828	42	766	12	741	7	96%	741	7
$J_{1-2}l$-47	155	335	0.46	0.071 65	0.001 82	1.480 09	0.038 41	0.149 16	0.001 51	976	52	922	16	896	8	97%	896	8
$J_{1-2}l$-48	80	129	0.62	0.085 99	0.002 61	2.685 41	0.082 18	0.226 03	0.002 61	1339	58	1324	23	1314	14	99%	1339	58
$J_{1-2}l$-49	126	386	0.33	0.128 11	0.002 89	6.712 86	0.168 83	0.377 74	0.004 82	2072	45	2074	22	2066	23	99%	2072	45
$J_{1-2}l$-50	185	513	0.36	0.059 94	0.001 48	0.787 10	0.020 56	0.094 51	0.000 92	611	54	590	12	582	5	98%	582	5
$J_{1-2}l$-51	197	552	0.36	0.140 36	0.002 56	6.628 63	0.128 86	0.339 79	0.003 06	2232	31	2063	17	1886	15	91%	2232	31
$J_{1-2}l$-52	165	202	0.82	0.084 02	0.002 16	2.507 85	0.068 00	0.215 91	0.003 16	1294	50	1274	20	1260	17	98%	1294	50
$J_{1-2}l$-53	135	193	0.70	0.103 63	0.002 23	4.237 94	0.094 04	0.294 41	0.003 21	1700	40	1681	18	1664	16	98%	1700	40
$J_{1-2}l$-54	117	190	0.62	0.059 63	0.002 60	0.871 81	0.043 31	0.104 99	0.002 10	591	92	637	23	644	12	98%	644	12
$J_{1-2}l$-55	144	191	0.76	0.077 23	0.007 17	1.646 57	0.174 73	0.152 23	0.005 09	1128	185	988	67	913	29	92%	913	29

续表 6-1

编号	$^{232}Th/$ 10^{-6}	$^{238}U/$ 10^{-6}	Th/U	同位素比值							年龄/Ma							谐和度	最佳年龄/Ma
				$^{207}Pb/^{206}Pb$	1σ	$^{207}Pb/^{235}U$	1σ	$^{206}Pb/^{238}U$	1σ	$^{207}Pb/^{206}Pb$	1σ	$^{207}Pb/^{235}U$	1σ	$^{206}Pb/^{238}U$	1σ		
$J_{1-2}l$-56	109	181	0.60	0.159 74	0.003 06	8.844 57	0.164 75	0.397 86	0.003 36	2454	32	2322	17	2159	16	92%	2454	32
$J_{1-2}l$-57	242	734	0.33	0.059 74	0.001 45	0.709 37	0.017 65	0.085 21	0.000 78	594	58	544	10	527	5	96%	527	5
$J_{1-2}l$-58	126	244	0.52	0.071 25	0.002 08	1.430 74	0.040 40	0.144 90	0.001 56	965	64	902	17	872	9	96%	872	9
$J_{1-2}l$-59	151	253	0.60	0.160 77	0.003 16	9.454 90	0.184 82	0.422 69	0.003 93	2465	33	2383	18	2273	18	95%	2465	33
$J_{1-2}l$-60	328	150	2.18	0.062 92	0.002 92	0.754 16	0.036 12	0.085 77	0.001 32	706	297	571	21	530	8	92%	530	8
$J_{1-2}l$-61	339	1073	0.32	0.074 36	0.001 74	1.544 53	0.035 87	0.149 72	0.001 87	1051	47	948	14	899	10	94%	899	10
$J_{1-2}l$-62	34	601	0.06	0.061 52	0.001 68	0.974 86	0.026 86	0.114 39	0.001 40	657	59	691	14	698	8	98%	698	8
$J_{1-2}l$-63	65	244	0.27	0.296 76	0.006 06	26.246 58	0.777 27	0.628 06	0.012 36	3453	32	3356	29	3142	49	93%	3453	32
$J_{1-2}l$-64	149	1072	0.14	0.060 07	0.001 39	0.777 28	0.017 29	0.093 10	0.000 84	606	51	584	10	574	5	98%	574	5
$J_{1-2}l$-65	89	137	0.64	0.104 11	0.002 94	4.018 10	0.111 70	0.277 46	0.002 77	1698	47	1638	23	1579	14	96%	1698	47
$J_{1-2}l$-66	73	517	0.14	0.070 94	0.002 08	1.440 49	0.040 12	0.146 13	0.001 54	967	60	906	17	879	9	97%	879	9
$J_{1-2}l$-67	146	274	0.53	0.157 91	0.004 39	9.880 18	0.261 08	0.450 18	0.004 57	2435	46	2424	24	2396	20	98%	2435	46
$J_{1-2}l$-68	297	305	0.98	0.073 51	0.001 98	1.873 86	0.050 15	0.183 69	0.002 31	1028	56	1072	18	1087	13	98%	1028	56
$J_{1-2}l$-69	287	854	0.34	0.057 63	0.001 45	0.675 68	0.016 68	0.084 64	0.001 00	517	54	524	10	524	6	99%	524	6
$J_{1-2}l$-70	182	123	1.48	0.116 84	0.002 64	5.371 27	0.121 40	0.331 24	0.003 54	1909	8	1880	19	1844	17	98%	1909	8
$J_{1-2}l$-71	152	364	0.42	0.066 63	0.001 56	1.209 97	0.033 27	0.130 43	0.002 07	828	50	805	15	790	12	98%	790	12
$J_{1-2}l$-72	165	401	0.41	0.058 65	0.001 62	0.818 58	0.023 12	0.100 58	0.001 22	554	59	607	13	618	7	98%	618	7
$J_{1-2}l$-73	241	733	0.33	0.183 88	0.003 52	13.051 56	0.254 93	0.510 68	0.004 98	2688	31	2683	19	2660	21	99%	2688	31
$J_{1-2}l$-74	86	236	0.36	0.068 12	0.001 77	1.398 37	0.045 58	0.146 78	0.002 45	872	54	888	19	883	14	99%	883	14
$J_{1-2}l$-75	86	142	0.61	0.099 84	0.002 21	3.982 19	0.092 87	0.286 90	0.003 12	1621	36	1631	19	1626	16	99%	1621	36
$J_{1-2}l$-76	158	335	0.47	0.056 93	0.001 50	0.659 99	0.017 80	0.083 62	0.000 93	487	59	515	11	518	6	99%	518	6
$J_{1-2}l$-77	116	86	1.35	0.071 01	0.002 60	1.569 13	0.055 66	0.160 12	0.001 94	967	75	958	22	957	11	99%	957	11

第六章 中生代沉积盆地物源

续表 6-1

编号	$^{232}Th/$ 10^{-6}	$^{238}U/$ 10^{-6}	Th/U	同位素比值						年龄/Ma						谐和度	最佳年龄/Ma	1σ
				$^{207}Pb/^{206}Pb$	1σ	$^{207}Pb/^{235}U$	1σ	$^{206}Pb/^{238}U$	1σ	$^{207}Pb/^{206}Pb$	1σ	$^{207}Pb/^{235}U$	1σ	$^{206}Pb/^{238}U$	1σ			
$J_{1-2}l$-78	195	119	1.64	0.060 28	0.002 51	0.674 67	0.028 36	0.080 92	0.001 17	613	91	524	17	502	7	95%	502	7
$J_{1-2}l$-79	66	33	2.01	0.064 54	0.004 54	0.724 26	0.044 58	0.083 24	0.001 69	761	148	553	26	515	10	92%	515	10
$J_{1-2}l$-80	194	403	0.48	0.061 10	0.001 51	0.932 36	0.022 89	0.110 06	0.001 05	643	54	669	12	673	6	99%	673	6
J_3w-01	369	855	0.43	0.057 31	0.001 21	0.654 37	0.015 23	0.082 32	0.000 89	502	46	511	9	510	5	99%	510	5
J_3w-02	99	184	0.54	0.099 71	0.002 04	3.655 45	0.079 60	0.264 57	0.002 63	1620	39	1562	17	1513	13	96%	1620	39
J_3w-03	158	349	0.45	0.062 80	0.001 41	0.877 73	0.020 19	0.101 06	0.001 04	702	48	640	11	621	6	96%	621	6
J_3w-04	57	51	1.11	0.057 61	0.003 80	0.692 30	0.043 61	0.089 30	0.001 67	517	144	534	26	551	10	96%	551	10
J_3w-05	255	463	0.55	0.090 12	0.001 75	2.869 42	0.058 07	0.229 74	0.002 26	1428	37	1374	15	1333	12	96%	1428	37
J_3w-06	318	393	0.81	0.070 04	0.001 69	1.377 92	0.037 63	0.141 67	0.001 97	929	55	880	16	854	11	97%	854	11
J_3w-07	94	446	0.21	0.056 19	0.001 72	0.615 51	0.019 35	0.079 13	0.000 92	461	69	487	12	491	6	99%	491	6
J_3w-08	45	61	0.75	0.077 80	0.002 93	1.969 32	0.071 47	0.185 02	0.002 89	1143	75	1105	24	1094	16	99%	1143	75
J_3w-09	257	471	0.55	0.202 82	0.003 21	14.317 14	0.242 58	0.508 78	0.004 65	2849	21	2771	16	2651	20	95%	2849	21
J_3w-10	43	262	0.16	0.060 56	0.001 70	0.936 75	0.028 67	0.111 80	0.001 36	633	61	671	15	683	8	98%	683	8
J_3w-11	333	426	0.78	0.071 61	0.001 95	1.280 30	0.035 30	0.128 95	0.001 20	976	56	837	16	782	7	93%	782	7
J_3w-12	127	177	0.71	0.074 34	0.001 91	1.872 19	0.049 83	0.181 75	0.001 99	1050	52	1071	18	1077	11	99%	1050	52
J_3w-13	154	995	0.16	0.059 02	0.001 26	0.721 23	0.016 67	0.088 03	0.000 92	569	46	551	10	544	5	98%	544	5
J_3w-14	159	243	0.65	0.074 12	0.001 70	1.766 98	0.041 38	0.172 21	0.001 63	1056	51	1033	15	1024	9	99%	1056	51
J_3w-15	99	180	0.55	0.071 51	0.001 74	1.724 51	0.042 91	0.174 51	0.001 85	972	50	1018	16	1037	10	98%	972	50
J_3w-16	125	178	0.70	0.066 95	0.001 71	1.387 25	0.039 32	0.149 71	0.001 79	835	53	884	17	899	10	98%	899	10
J_3w-17	163	191	0.86	0.057 68	0.001 88	0.686 03	0.023 08	0.086 42	0.001 07	517	66	530	14	534	6	99%	534	6
J_3w-18	134	319	0.42	0.074 66	0.001 69	1.934 59	0.048 15	0.187 28	0.002 04	1061	46	1093	17	1107	11	98%	1061	46
J_3w-19	373	462	0.81	0.230 88	0.004 09	18.845 25	0.353 19	0.590 08	0.004 83	3058	28	3034	18	2990	20	98%	3058	28

续表 6-1

编号	$^{232}Th/10^{-6}$	$^{238}U/10^{-6}$	Th/U	同位素比值 $^{207}Pb/^{206}Pb$	1σ	$^{207}Pb/^{235}U$	1σ	$^{206}Pb/^{238}U$	1σ	年龄/Ma $^{207}Pb/^{206}Pb$	1σ	$^{207}Pb/^{235}U$	1σ	$^{206}Pb/^{238}U$	1σ	谐和度	最佳年龄/Ma	1σ
J_3w-20	248	289	0.86	0.069 67	0.001 61	1.380 23	0.032 35	0.143 69	0.001 58	920	46	881	14	865	9	98%	865	9
J_3w-21	83	626	0.13	0.072 41	0.001 41	1.415 32	0.029 66	0.140 96	0.001 18	998	35	895	12	850	7	94%	850	7
J_3w-22	229	529	0.43	0.235 75	0.003 61	17.663 15	0.304 78	0.540 31	0.005 32	3092	—9	2972	17	2785	22	93%	3092	(9)
J_3w-23	28	48	0.58	0.185 32	0.005 12	10.556 26	0.290 11	0.412 41	0.005 70	2701	46	2485	26	2226	26	89%	2701	46
J_3w-24	185	223	0.83	0.180 70	0.003 56	12.649 91	0.262 56	0.504 23	0.005 16	2661	32	2654	20	2632	22	99%	2661	32
J_3w-25	124	188	0.66	0.070 42	0.002 06	1.147 06	0.033 45	0.117 75	0.001 38	943	60	776	16	718	8	92%	718	8
J_3w-26	418	400	1.04	0.070 26	0.001 60	1.281 37	0.031 31	0.131 21	0.001 37	1000	47	837	14	795	8	94%	795	8
J_3w-27	41	64	0.64	0.099 59	0.002 75	3.827 62	0.109 86	0.277 50	0.003 11	1617	56	1599	23	1579	16	98%	1617	56
J_3w-28	96	82	1.18	0.058 69	0.002 86	0.690 01	0.036 44	0.084 45	0.001 32	567	101	533	22	523	8	98%	523	8
J_3w-29	43	56	0.76	0.081 58	0.003 05	2.108 16	0.080 00	0.187 21	0.002 36	1235	73	1151	26	1106	13	95%	1235	73
J_3w-30	148	270	0.55	0.069 25	0.001 62	1.386 49	0.034 17	0.144 44	0.001 58	906	48	883	15	870	9	98%	870	9
J_3w-31	105	339	0.31	0.063 63	0.001 70	0.958 58	0.030 01	0.109 03	0.001 20	729	56	683	16	667	13	97%	667	13
J_3w-32	118	919	0.13	0.072 82	0.001 45	1.332 11	0.027 86	0.131 69	0.001 20	1009	41	860	12	797	7	92%	797	7
J_3w-33	146	159	0.92	0.058 27	0.002 12	0.624 12	0.022 96	0.077 32	0.000 91	539	80	492	14	480	5	97%	480	5
J_3w-34	66	110	0.60	0.205 75	0.004 88	14.218 96	0.332 37	0.497 75	0.006 04	2873	39	2764	22	2604	26	94%	2873	39
J_3w-35	49	66	0.75	0.123 37	0.003 20	5.806 88	0.144 84	0.340 16	0.003 66	2005	46	1947	22	1887	18	96%	2005	46
J_3w-36	78	128	0.61	0.071 12	0.002 21	1.447 62	0.047 25	0.146 35	0.001 83	961	69	909	20	880	10	96%	880	10
J_3w-37	38	122	0.31	0.064 47	0.002 41	1.051 90	0.039 81	0.118 18	0.001 84	767	80	730	20	720	11	98%	720	11
J_3w-38	42	57	0.74	0.132 69	0.003 25	7.102 31	0.166 68	0.387 33	0.004 54	2200	43	2124	21	2110	21	99%	2200	43
J_3w-39	171	239	0.72	0.124 04	0.002 23	6.073 38	0.112 14	0.352 87	0.003 37	2017	32	1986	16	1948	16	98%	2017	32
J_3w-40	72	99	0.73	0.074 44	0.002 28	1.629 92	0.050 16	0.158 24	0.001 70	1054	62	982	19	947	9	96%	947	9
J_3w-41	47	187	0.25	0.063 38	0.002 05	0.862 22	0.028 35	0.098 39	0.001 16	720	69	631	15	605	7	95%	605	7

第六章 中生代沉积盆地物源

续表 6-1

编号	$^{232}Th/$ 10^{-6}	$^{238}U/$ 10^{-6}	Th/U	同位素比值						年龄/Ma						谐和度	最佳年龄/ Ma
				$^{207}Pb/^{206}Pb$	1σ	$^{207}Pb/^{235}U$	1σ	$^{206}Pb/^{238}U$	1σ	$^{207}Pb/^{206}Pb$	1σ	$^{207}Pb/^{235}U$	1σ	$^{206}Pb/^{238}U$	1σ		
J_3w-42	103	92	1.12	0.073 73	0.002 20	1.851 38	0.057 95	0.181 45	0.002 23	1035	61	1064	21	1075	12	98%	1035 61
J_3w-43	235	769	0.31	0.054 94	0.001 20	0.636 43	0.015 15	0.083 64	0.000 89	409	48	500	9	518	5	96%	518 5
J_3w-44	50	92	0.55	0.062 74	0.002 50	0.800 80	0.030 86	0.093 14	0.001 20	698	85	597	17	574	7	96%	574 7
J_3w-45	5	83	0.06	0.055 87	0.002 72	0.640 71	0.030 42	0.084 05	0.001 23	456	103	503	19	520	7	96%	520 7
J_3w-46	149	296	0.51	0.063 41	0.001 36	1.141 78	0.024 45	0.130 20	0.001 05	722	46	773	12	789	6	97%	789 6
J_3w-47	129	163	0.79	0.078 22	0.001 99	1.858 47	0.046 89	0.171 89	0.001 55	1154	82	1066	17	1023	9	95%	1154 82
J_3w-48	60	111	0.54	0.079 20	0.002 25	2.140 54	0.063 24	0.195 42	0.002 31	1177	56	1162	20	1151	12	99%	1177 56
J_3w-49	325	334	0.97	0.067 97	0.001 60	1.321 13	0.034 42	0.140 06	0.001 63	878	50	855	15	845	9	98%	845 9
J_3w-50	86	76	1.14	0.054 30	0.003 32	0.613 32	0.037 44	0.082 69	0.001 29	383	139	486	24	512	8	94%	512 8
J_3w-51	33	65	0.51	0.070 96	0.002 85	1.390 71	0.060 24	0.141 79	0.002 34	967	82	885	26	855	13	96%	855 13
J_3w-52	82	191	0.43	0.068 88	0.001 76	1.239 55	0.040 52	0.128 96	0.002 21	894	52	819	18	782	13	95%	782 13
J_3w-53	270	678	0.40	0.164 55	0.002 74	9.561 87	0.172 97	0.419 30	0.004 09	2503	27	2394	17	2257	19	94%	2503 27
J_3w-54	252	102	2.46	0.059 56	0.002 71	0.708 29	0.032 37	0.086 35	0.001 17	587	98	544	19	534	7	98%	534 7
J_3w-55	179	351	0.51	0.075 44	0.001 76	1.706 63	0.043 30	0.163 15	0.001 93	1080	48	1011	16	974	11	96%	974 11
J_3w-56	113	226	0.50	0.142 69	0.002 75	7.764 94	0.160 20	0.392 26	0.003 94	2261	33	2204	19	2133	18	96%	2261 33
J_3w-57	93	105	0.89	0.060 84	0.002 31	0.875 12	0.033 00	0.104 39	0.001 29	635	86	638	18	640	8	99%	640 8
J_3w-58	246	366	0.67	0.076 79	0.001 57	1.757 71	0.037 72	0.164 99	0.001 61	1117	45	1030	14	984	9	95%	984 9
J_3w-59	95	100	0.95	0.057 90	0.002 67	0.645 58	0.030 50	0.080 88	0.001 07	524	106	506	19	501	6	99%	501 6
J_3w-60	85	96	0.89	0.059 68	0.002 52	0.658 88	0.029 23	0.079 57	0.001 20	591	91	514	18	494	7	95%	494 7
J_3w-61	179	163	1.10	0.055 69	0.002 31	0.602 13	0.025 89	0.078 12	0.001 16	439	93	479	16	485	7	98%	485 7
J_3w-62	242	371	0.65	0.078 14	0.001 83	2.052 14	0.046 29	0.189 36	0.001 96	1150	46	1133	15	1118	11	98%	1150 46
J_3w-63	62	72	0.87	0.086 87	0.002 51	2.558 95	0.076 38	0.212 24	0.002 50	1367	56	1289	22	1241	13	96%	1367 56

续表 6-1

编号	^{232}Th/ 10^{-6}	^{238}U/ 10^{-6}	Th/U	同位素比值							年龄/Ma							谐和度	最佳年龄/ Ma	
				$^{207}Pb/^{206}Pb$	1σ	$^{207}Pb/^{235}U$	1σ	$^{206}Pb/^{238}U$	1σ	$^{207}Pb/^{206}Pb$	1σ	$^{207}Pb/^{235}U$	1σ	$^{206}Pb/^{238}U$	1σ			
J_3w-64	60	48	1.26	0.052 95	0.003 40	0.563 09	0.036 15	0.076 87	0.001 40	328	146	454	23	477	8	94%	477	8
J_3w-65	285	250	1.14	0.065 98	0.001 63	1.297 79	0.032 22	0.142 26	0.001 68	806	52	845	14	857	9	98%	857	9
J_3w-66	91	752	0.12	0.069 62	0.001 40	1.304 87	0.027 36	0.134 99	0.001 36	917	45	848	12	816	8	96%	816	8
J_3w-67	97	128	0.76	0.076 10	0.002 01	2.084 41	0.056 71	0.198 11	0.002 39	1098	53	1144	19	1165	13	98%	1098	53
J_3w-68	334	272	1.23	0.055 91	0.001 64	0.618 93	0.018 46	0.079 94	0.000 89	450	69	489	12	496	5	98%	496	5
J_3w-69	193	588	0.33	0.068 90	0.001 25	1.428 81	0.027 62	0.149 69	0.001 39	895	38	901	12	899	8	99%	899	8
J_3w-70	56	78	0.72	0.073 61	0.002 20	1.467 17	0.047 93	0.143 63	0.001 77	1031	66	917	20	865	10	94%	865	10
J_3w-71	39	95	0.41	0.067 80	0.002 10	1.408 76	0.044 43	0.150 56	0.001 81	863	64	893	19	904	10	98%	904	10
J_3w-72	90	202	0.44	0.066 77	0.001 74	1.245 57	0.031 58	0.135 40	0.001 30	831	54	821	14	819	7	99%	819	7
J_3w-73	69	359	0.19	0.060 02	0.001 49	0.809 53	0.021 66	0.097 48	0.001 07	606	54	602	12	600	6	99%	600	6
J_3w-74	54	102	0.53	0.065 02	0.002 09	0.838 06	0.029 77	0.093 05	0.001 44	776	69	618	16	574	8	92%	574	8
J_3w-75	79	333	0.24	0.068 16	0.001 54	1.221 86	0.037 09	0.128 95	0.002 47	873	47	811	17	782	14	96%	782	14
J_3w-76	140	513	0.27	0.061 75	0.001 44	0.800 22	0.023 29	0.093 09	0.001 27	665	51	597	13	574	8	96%	574	8
J_3w-77	89	73	1.22	0.066 03	0.002 13	1.328 22	0.044 97	0.145 43	0.001 72	809	67	858	20	875	10	98%	875	10
J_3w-78	33	699	0.05	0.070 75	0.001 33	1.658 55	0.034 15	0.169 28	0.001 82	950	33	993	13	1008	10	98%	950	33
J_3w-79	89	68	1.30	0.060 01	0.003 38	0.716 44	0.039 16	0.087 70	0.001 40	606	122	549	23	542	8	98%	542	8
J_3w-80	269	493	0.54	0.058 33	0.001 31	0.708 03	0.016 64	0.087 69	0.000 83	543	45	544	10	542	5	99%	542	5
J_3w-81	129	96	1.35	0.058 25	0.002 89	0.633 34	0.033 52	0.078 86	0.001 22	539	108	498	21	489	7	98%	489	7
J_3w-82	418	286	1.46	0.158 27	0.002 50	9.803 91	0.162 62	0.447 69	0.003 86	2439	27	2417	15	2385	17	98%	2439	27
J_3w-83	22	324	0.07	0.058 48	0.001 45	0.674 81	0.017 42	0.083 35	0.000 80	546	56	524	11	516	5	98%	516	5
J_3w-84	110	358	0.31	0.066 92	0.001 62	1.329 27	0.034 31	0.143 71	0.001 74	835	51	859	15	866	10	99%	866	10
J_3w-85	189	469	0.40	0.070 98	0.001 56	1.432 23	0.032 63	0.146 03	0.001 77	967	44	902	14	879	10	97%	879	10

续表 6-1

编号	$^{232}Th/$ 10^{-6}	$^{238}U/$ 10^{-6}	Th/U	同位素比值							年龄/Ma							谐和度	最佳年龄/Ma	1σ
				$^{207}Pb/^{206}Pb$	1σ	$^{207}Pb/^{235}U$	1σ	$^{206}Pb/^{238}U$	1σ	$^{207}Pb/^{206}Pb$	1σ	$^{207}Pb/^{235}U$	1σ	$^{206}Pb/^{238}U$	1σ			
J_3w-86	85	239	0.35	0.068 73	0.001 89	1.271 47	0.033 72	0.134 04	0.001 31	900	57	833	15	811	7	97%	811	7
J_3w-87	235	267	0.88	0.085 48	0.001 85	2.718 04	0.061 16	0.228 83	0.002 15	1328	42	1333	17	1328	11	99%	1328	42
J_3w-88	28	90	0.30	0.059 40	0.002 35	0.787 79	0.029 69	0.095 88	0.001 26	583	85	590	17	590	7	99%	590	7
J_3w-89	71	280	0.25	0.058 34	0.002 37	0.838 73	0.034 15	0.103 19	0.001 23	543	89	618	19	633	7	97%	633	7
J_3w-90	225	541	0.42	0.053 87	0.001 77	0.658 18	0.020 96	0.087 77	0.000 96	365	69	513	13	542	6	94%	542	6
PM11-11-01	81	165	0.49	0.066 94	0.001 95	1.291 77	0.037 47	0.139 26	0.001 60	835	60	842	17	840	9	99%	840	9
PM11-11-02	78	154	0.51	0.089 27	0.002 11	2.785 76	0.064 26	0.225 04	0.002 02	1410	45	1352	17	1308	11	96%	1410	45
PM11-11-03	75	49	1.54	0.074 24	0.002 92	1.864 45	0.072 46	0.182 28	0.002 06	1048	78	1069	26	1079	11	98%	1048	78
PM11-11-04	149	667	0.22	0.057 34	0.001 14	0.699 47	0.014 39	0.087 94	0.000 83	506	43	538	9	543	5	99%	543	5
PM11-11-05	101	119	0.85	0.076 91	0.001 98	2.104 08	0.055 13	0.197 90	0.002 20	1120	52	1150	18	1164	12	98%	1120	52
PM11-11-06	84	139	0.61	0.060 37	0.002 11	0.719 48	0.024 52	0.086 75	0.001 11	617	81	550	14	536	7	97%	536	7
PM11-11-07	133	367	0.36	0.071 64	0.001 61	1.548 48	0.035 98	0.156 08	0.001 46	976	46	950	14	935	8	98%	935	8
PM11-11-08	44	47	0.94	0.077 94	0.003 43	1.973 69	0.084 34	0.186 62	0.002 79	1146	88	1107	29	1103	15	99%	1146	88
PM11-11-09	68	123	0.55	0.078 33	0.002 06	2.248 37	0.056 05	0.209 32	0.002 59	1155	52	1196	18	1225	14	97%	1155	52
PM11-11-10	84	188	0.45	0.063 92	0.001 63	1.224 57	0.030 81	0.139 18	0.001 61	739	54	812	14	840	9	96%	840	9
PM11-11-12	88	89	0.98	0.080 10	0.002 58	2.018 98	0.065 34	0.182 72	0.002 36	1200	59	1122	22	1082	13	96%	1200	59
PM11-11-13	75	470	0.16	0.056 02	0.001 42	0.675 34	0.018 16	0.086 86	0.001 05	454	57	524	11	537	6	97%	537	6
PM11-11-14	212	203	1.05	0.055 01	0.001 72	0.620 35	0.019 47	0.081 63	0.000 93	413	69	490	12	506	6	96%	506	6
PM11-11-15	256	814	0.31	0.056 16	0.001 09	0.668 47	0.014 76	0.085 53	0.000 88	457	43	520	9	529	5	98%	529	5
PM11-11-16	415	544	0.76	0.054 78	0.001 27	0.599 91	0.014 18	0.078 94	0.000 76	467	52	477	9	490	5	97%	490	5
PM11-11-17	151	194	0.78	0.066 87	0.001 82	1.334 49	0.035 53	0.144 29	0.001 57	835	62	861	15	869	9	99%	869	9
PM11-11-18	142	146	0.97	0.057 62	0.002 36	0.694 92	0.027 52	0.091 96	0.005 20	517	89	536	16	567	31	94%	567	31

续表 6-1

编号	$^{232}Th/$ 10^{-6}	$^{238}U/$ 10^{-6}	Th/U	同位素比值						年龄/Ma						谐和度	最佳年龄/ Ma	1σ
				$^{207}Pb/^{206}Pb$	1σ	$^{207}Pb/^{235}U$	1σ	$^{206}Pb/^{238}U$	1σ	$^{207}Pb/^{206}Pb$	1σ	$^{207}Pb/^{235}U$	1σ	$^{206}Pb/^{238}U$	1σ			
PM11-11-19	371	516	0.72	0.153 99	0.002 82	10.001 34	0.199 71	0.467 35	0.005 51	2390	31	2435	19	2472	24	98%	2390	31
PM11-11-20	120	104	1.15	0.056 66	0.002 18	0.658 53	0.025 94	0.083 75	0.001 14	480	85	514	16	518	7	99%	518	7
PM11-11-21	215	463	0.46	0.055 53	0.001 30	0.683 87	0.016 69	0.088 71	0.000 88	435	47	529	10	548	5	96%	548	5
PM11-11-22	369	429	0.86	0.057 46	0.001 42	0.726 10	0.018 32	0.091 13	0.000 92	509	54	554	11	562	5	98%	562	5
PM11-11-23	178	338	0.53	0.088 61	0.001 78	3.142 82	0.067 51	0.255 51	0.002 66	1395	34	1443	17	1467	14	98%	1395	34
PM11-11-24	131	219	0.60	0.100 71	0.002 24	4.283 22	0.096 51	0.307 42	0.003 58	1639	42	1690	19	1728	18	97%	1639	42
PM11-11-25	68	75	0.90	0.063 68	0.003 39	0.816 38	0.041 43	0.093 47	0.001 56	731	113	606	23	576	9	94%	576	9
PM11-11-26	32	78	0.42	0.076 40	0.003 17	1.647 70	0.069 66	0.155 93	0.001 93	1106	83	989	27	934	11	94%	934	11
PM11-11-14	212	203	1.05	0.055 01	0.001 72	0.620 35	0.019 47	0.081 63	0.000 93	413	69	490	12	506	6	96%	506	6
PM11-11-15	256	814	0.31	0.056 16	0.001 09	0.668 47	0.014 76	0.085 53	0.000 88	457	43	520	9	529	5	98%	529	5
PM11-11-16	415	544	0.76	0.054 78	0.001 27	0.599 91	0.014 18	0.078 94	0.000 76	467	52	477	9	490	5	97%	490	5
PM11-11-17	151	194	0.78	0.066 87	0.001 82	1.334 49	0.035 53	0.144 29	0.001 57	835	62	861	15	869	9	99%	869	9
PM11-11-18	142	146	0.97	0.057 62	0.002 36	0.694 92	0.027 52	0.091 96	0.005 20	517	89	536	16	567	31	94%	567	31
PM11-11-19	371	516	0.72	0.153 99	0.002 82	10.001 34	0.199 71	0.467 35	0.005 51	2390	31	2435	19	2472	24	98%	2390	31
PM11-11-20	120	104	1.15	0.056 66	0.002 18	0.658 53	0.025 94	0.083 75	0.001 14	480	85	514	16	518	7	99%	518	7
PM11-11-21	215	463	0.46	0.055 53	0.001 30	0.683 87	0.016 69	0.088 71	0.000 88	435	47	529	10	548	5	96%	548	5
PM11-11-22	369	429	0.86	0.057 46	0.001 42	0.726 10	0.018 32	0.091 13	0.000 92	509	54	554	11	562	5	98%	562	5
PM11-11-23	178	338	0.53	0.088 61	0.001 78	3.142 82	0.067 51	0.255 51	0.002 66	1395	34	1443	17	1467	14	98%	1395	34
PM11-11-24	131	219	0.60	0.100 71	0.002 24	4.283 22	0.096 51	0.307 42	0.003 58	1639	42	1690	19	1728	18	97%	1639	42
PM11-11-25	68	75	0.90	0.063 68	0.003 39	0.816 38	0.041 43	0.093 47	0.001 56	731	113	606	23	576	9	94%	576	9
PM11-11-26	32	78	0.42	0.076 40	0.003 17	1.647 70	0.069 66	0.155 93	0.001 93	1106	83	989	27	934	11	94%	934	11
PM11-11-27	354	655	0.54	0.069 23	0.001 94	1.419 08	0.040 64	0.148 00	0.001 15	906	53	897	17	890	6	99%	890	6

第六章 中生代沉积盆地物源

续表 6-1

编号	$^{232}Th/$ 10^{-6}	$^{238}U/$ 10^{-6}	Th/U	同位素比值							年龄/Ma					谐和度	最佳年龄/ Ma	1σ
				$^{207}Pb/^{206}Pb$	1σ	$^{207}Pb/^{235}U$	1σ	$^{206}Pb/^{238}U$	1σ	$^{207}Pb/^{206}Pb$	1σ	$^{207}Pb/^{235}U$	1σ	$^{206}Pb/^{238}U$	1σ			
PM11-11-28	235	861	0.27	0.058 54	0.002 00	0.734 86	0.025 97	0.090 77	0.000 89	550	81	559	15	560	5	99%	560	5
PM11-11-29	44	42	1.04	0.073 14	0.003 99	1.947 39	0.106 88	0.194 52	0.002 65	1018	110	1098	37	1146	14	95%	1018	110
PM11-11-30	15	32	0.48	0.082 75	0.005 02	2.223 93	0.141 95	0.195 96	0.003 57	1265	119	1189	45	1154	19	97%	1265	119
PM11-11-31	219	468	0.47	0.119 63	0.005 91	5.872 54	0.310 66	0.355 23	0.003 72	1951	88	1957	46	1960	18	99%	1951	88
PM11-11-32	135	352	0.38	0.071 68	0.003 38	1.528 59	0.077 27	0.154 24	0.001 56	976	96	942	31	925	9	98%	925	9
PM11-11-33	115	169	0.68	0.067 33	0.003 06	1.117 38	0.054 79	0.120 09	0.001 46	850	94	762	26	731	8	95%	731	8
PM11-11-34	186	598	0.31	0.057 31	0.002 20	0.680 74	0.028 25	0.085 86	0.000 80	502	85	527	17	531	5	99%	531	5
PM11-11-35	122	133	0.92	0.077 72	0.002 80	2.135 98	0.083 24	0.198 74	0.002 10	1140	72	1161	27	1169	11	99%	1140	72
PM11-11-36	221	459	0.48	0.065 01	0.002 33	0.998 82	0.039 79	0.110 83	0.001 14	776	76	703	20	678	7	96%	678	7
PM11-11-37	81	66	1.23	0.056 44	0.002 87	0.647 46	0.033 43	0.083 77	0.001 28	478	118	507	21	519	8	97%	519	8
PM11-11-38	3032	1297	2.34	0.048 15	0.001 13	0.227 21	0.005 58	0.034 09	0.000 39	106	56	208	5	216	2	96%	216	2
PM11-11-39	124	529	0.23	0.053 90	0.001 17	0.632 63	0.013 55	0.084 84	0.000 81	369	50	498	8	525	5	94%	525	5
PM11-11-40	104	201	0.52	0.055 55	0.001 72	0.663 03	0.019 75	0.086 82	0.001 08	435	69	516	12	537	6	96%	537	6
PM11-11-41	53	75	0.71	0.071 70	0.002 43	1.854 57	0.065 67	0.186 91	0.002 43	977	75	1065	23	1105	13	96%	977	75
PM11-11-42	99	118	0.84	0.056 25	0.001 91	0.852 29	0.029 47	0.109 62	0.001 48	461	108	626	16	671	9	93%	671	9
PM11-11-43	401	348	1.15	0.070 58	0.001 41	1.754 84	0.037 77	0.179 11	0.001 92	946	41	1029	14	1062	10	96%	946	41
PM11-11-44	91	198	0.46	0.092 76	0.001 74	3.581 23	0.074 68	0.278 42	0.00321	1483	35	1545	17	1583	16	97%	1483	35
PM11-11-45	29	165	0.17	0.056 79	0.001 76	0.634 77	0.020 11	0.080 87	0.000 89	483	69	499	12	501	5	99%	501	5
PM11-11-46	157	336	0.47	0.060 01	0.001 51	0.823 20	0.026 12	0.098 49	0.001 72	606	54	610	15	606	10	99%	606	10
PM11-11-47	87	96	0.90	0.053 11	0.002 27	0.595 38	0.024 88	0.082 06	0.001 23	332	96	474	16	508	7	93%	508	7
PM11-11-48	364	716	0.51	0.058 78	0.001 37	0.698 15	0.016 50	0.086 03	0.000 94	567	52	538	10	532	6	98%	532	6
PM11-11-49	299	412	0.73	0.069 59	0.001 49	1.312 11	0.029 17	0.136 20	0.001 19	917	44	851	13	823	7	96%	823	7

续表 6-1

编号	^{232}Th/ 10^{-6}	^{238}U/ 10^{-6}	Th/U	同位素比值							年龄/Ma							谐和度	最佳年龄/Ma
				^{207}Pb/^{206}Pb	1σ	^{207}Pb/^{235}U	1σ	^{206}Pb/^{238}U	1σ	^{207}Pb/^{206}Pb	1σ	^{207}Pb/^{235}U	1σ	^{206}Pb/^{238}U	1σ		
PM11-11-50	151	446	0.34	0.060 49	0.001 44	0.807 82	0.020 60	0.096 71	0.001 15	620	52	601	12	595	7	98%	595	7
PM11-11-51	86	247	0.35	0.060 95	0.001 67	0.831 93	0.024 05	0.098 91	0.001 22	639	59	615	13	608	7	98%	608	7
PM11-11-52	159	267	0.60	0.057 58	0.001 55	0.676 49	0.018 65	0.085 15	0.000 96	522	59	525	11	527	6	99%	527	6
PM11-11-53	83	163	0.51	0.064 87	0.001 92	1.301 16	0.036 93	0.146 23	0.001 52	770	63	846	16	880	9	96%	880	9
PM11-11-54	246	367	0.67	0.056 10	0.001 53	0.695 61	0.019 71	0.089 67	0.001 05	457	61	536	12	554	6	96%	554	9
PM11-11-55	116	174	0.67	0.057 46	0.002 03	0.653 63	0.024 69	0.082 34	0.001 08	509	80	511	15	510	6	99%	510	6
PM11-11-56	267	429	0.62	0.054 49	0.001 23	0.629 91	0.014 88	0.083 50	0.000 91	391	52	496	9	517	5	95%	517	5
PM11-11-57	141	92	1.54	0.059 33	0.002 62	0.687 11	0.029 51	0.084 45	0.001 25	589	96	531	18	523	7	98%	523	7
PM11-11-58	323	495	0.65	0.054 96	0.001 30	0.629 25	0.015 78	0.082 45	0.000 87	409	47	496	10	511	5	97%	511	5
PM11-11-59	184	283	0.65	0.185 92	0.002 99	12.776 41	0.236 31	0.495 16	0.005 87	2706	27	2663	18	2593	25	97%	2706	27
PM11-11-61	116	315	0.37	0.066 49	0.001 41	1.327 01	0.028 76	0.144 07	0.001 43	822	44	858	13	868	8	98%	868	8
PM11-11-62	160	361	0.44	0.066 95	0.001 33	1.357 72	0.029 01	0.146 33	0.001 64	835	41	871	13	880	9	98%	880	9
PM11-11-63	275	276	1.00	0.057 52	0.001 42	0.702 52	0.017 89	0.088 44	0.001 07	522	54	540	11	546	6	98%	546	6
PM11-11-64	53	310	0.17	0.072 89	0.001 56	1.621 67	0.035 85	0.160 56	0.001 45	1011	43	979	14	960	8	98%	960	8
PM11-11-65	93	116	0.80	0.056 63	0.002 28	0.671 68	0.029 52	0.085 09	0.001 12	476	89	522	18	526	7	99%	526	7
PM11-11-66	136	105	1.29	0.058 20	0.002 47	0.909 21	0.038 83	0.113 40	0.001 51	539	93	657	21	692	9	94%	692	9
PM11-11-67	184	176	1.04	0.060 18	0.002 16	0.717 74	0.026 03	0.086 60	0.001 08	609	78	549	15	535	6	97%	535	6
PM11-11-68	35	75	0.46	0.266 97	0.004 84	21.664 56	0.435 69	0.586 69	0.007 05	3289	28	3169	20	2976	29	93%	3289	28
PM11-11-69	205	199	1.03	0.055 58	0.001 76	0.613 53	0.019 78	0.079 80	0.000 88	435	70	486	12	495	5	98%	495	5
PM11-11-70	113	132	0.85	0.052 57	0.003 47	0.270 04	0.016 25	0.038 04	0.000 58	309	150	243	13	241	4	99%	241	4
PM11-11-71	257	303	0.85	0.055 27	0.001 59	0.620 48	0.018 51	0.081 19	0.000 89	433	60	490	12	503	5	97%	503	5
PM11-11-72	213	126	1.69	0.079 07	0.002 33	2.072 11	0.061 63	0.190 00	0.002 49	1174	58	1140	20	1121	13	98%	1174	58

第六章 中生代沉积盆地物源

续表 6-1

编号	$^{232}Th/$ 10^{-6}	$^{238}U/$ 10^{-6}	Th/U	同位素比值							年龄/Ma					谐和度	最佳年龄/ Ma	
				$^{207}Pb/^{206}Pb$	1σ	$^{207}Pb/^{235}U$	1σ	$^{206}Pb/^{238}U$	1σ	$^{207}Pb/^{206}Pb$	1σ	$^{207}Pb/^{235}U$	1σ	$^{206}Pb/^{238}U$	1σ			
PM11-11-73	59	42	1.41	0.077 53	0.004 26	1.954 44	0.107 06	0.184 68	0.003 28	1144	110	1100	37	1093	18	99%	1144	110
PM11-11-74	250	459	0.54	0.074 03	0.001 56	1.784 57	0.037 38	0.174 50	0.001 77	1043	43	1040	14	1037	10	99%	1043	43
PM11-11-75	445	443	1.00	0.086 85	0.001 63	2.597 36	0.051 89	0.216 12	0.002 27	1367	37	1300	15	1261	12	96%	1367	37
PM11-11-76	225	451	0.50	0.072 82	0.001 44	1.745 54	0.036 50	0.173 13	0.002 72	1009	41	1026	14	1029	9	99%	1009	41
PM11-11-77	570	684	0.83	0.085 83	0.001 57	2.503 77	0.052 72	0.210 86	0.002 79	1400	36	1273	15	1233	15	96%	1400	36
PM11-11-78	145	264	0.55	0.071 20	0.001 75	1.567 88	0.045 41	0.159 33	0.002 93	965	45	958	18	953	16	99%	953	16
PM11-11-79	54	48	1.12	0.177 40	0.004 15	11.079 36	0.267 38	0.452 86	0.006 00	2629	71	2530	23	2408	27	95%	2629	71
PM11-11-80	631	404	1.56	0.195 16	0.003 37	13.509 11	0.270 32	0.499 69	0.006 25	2786	28	2716	19	2612	27	96%	2786	28
PM11-11-81	1002	620	1.62	0.077 83	0.001 59	1.594 41	0.037 01	0.147 48	0.001 62	1143	41	968	15	887	9	91%	887	9
PM11-11-82	105	240	0.44	0.076 97	0.002 20	1.554 83	0.046 83	0.146 32	0.001 95	1120	57	952	19	880	11	92%	880	11
PM11-11-83	165	248	0.66	0.092 54	0.002 43	2.533 60	0.071 41	0.197 64	0.002 19	1480	50	1282	21	1163	12	90%	1480	50
PM11-11-85	85	953	0.09	0.072 07	0.002 41	1.194 39	0.039 67	0.120 11	0.001 48	987	68	798	18	731	8	91%	731	8
PM11-11-86	154	564	0.27	0.068 04	0.001 94	0.934 28	0.027 53	0.099 38	0.000 98	870	59	670	14	611	6	90%	611	6
PM11-11-87	163	145	1.12	0.090 35	0.002 43	2.560 42	0.071 67	0.205 63	0.002 44	1433	51	1289	20	1205	13	93%	1433	51
PM11-11-88	323	608	0.53	0.062 64	0.001 78	0.667 95	0.021 13	0.076 93	0.000 78	696	66	519	13	478	5	91%	478	5
PM11-11-89	151	278	0.54	0.103 84	0.002 03	5.250 92	0.101 98	0.367 08	0.003 59	1694	36	1861	17	2016	17	92%	1694	36
PM11-11-90	281	299	0.94	0.061 75	0.001 70	0.711 46	0.020 49	0.083 46	0.001 01	665	59	546	12	517	6	94%	517	6
PM11-11-91	177	73	2.41	0.058 90	0.003 65	0.660 28	0.037 14	0.083 33	0.001 31	565	131	515	23	516	8	99%	516	8
PM11-11-92	225	360	0.62	0.054 43	0.003 89	0.703 91	0.048 22	0.093 53	0.001 03	391	161	541	29	576	6	93%	576	6
PM11-11-93	130	104	1.24	0.060 35	0.006 31	1.161 75	0.117 04	0.138 38	0.001 65	617	228	783	55	835	9	93%	835	9
PM11-11-99	115	115	1.00	0.053 73	0.009 53	0.653 96	0.110 74	0.087 24	0.001 59	361	356	511	68	539	9	94%	539	9
PM11-11-100	77	64	1.21	0.052 01	0.007 45	0.614 34	0.084 67	0.085 06	0.001 46	287	296	486	53	526	9	92%	526	9

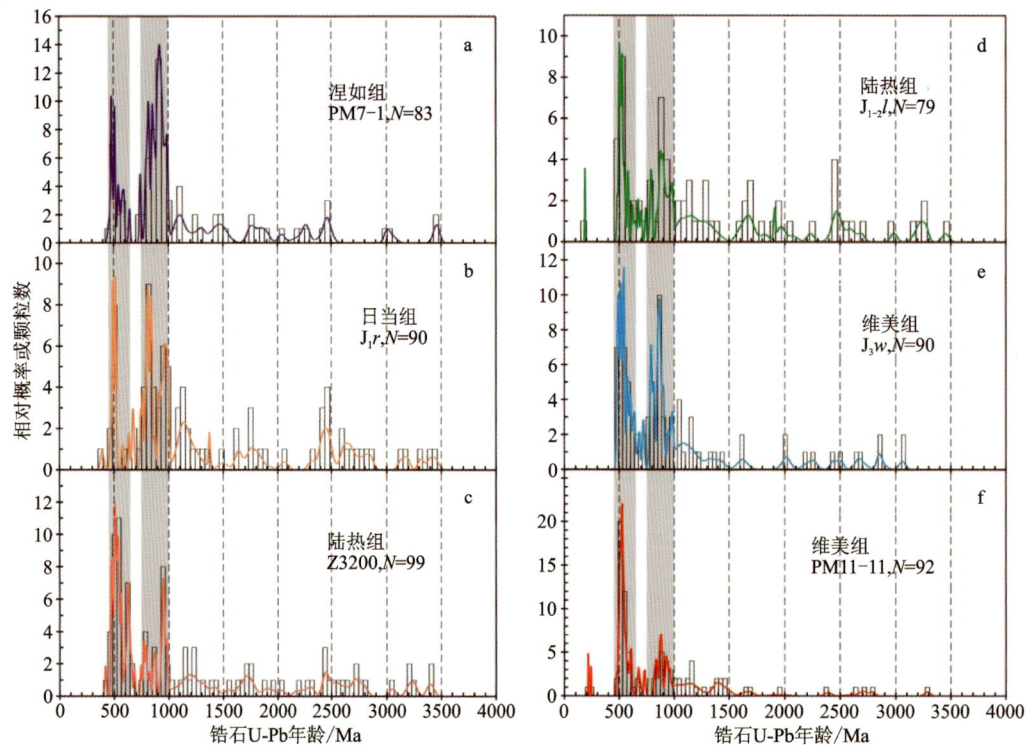

图 6-2 碎屑锆石年龄频谱图

二、碎屑锆石谱系区域对比

本书收集了特提斯喜马拉雅及其邻区已发表的碎屑锆石年龄进行对比分析。对所收集的数据进行了选取,选取数据过程所采用的原则:①只采用谐和度介于 90%～110% 的数据,对于 $^{206}Pb/^{238}U$ 大于 1000Ma 的数据采用 $^{207}Pb/^{206}Pb$ 年龄以及相对应的 1σ,否则采用 $^{206}Pb/^{238}U$ 年龄和对应的 1σ;②谐和度计算统一使用近似计算公式 $100-[(^{207}Pb/^{235}U)/(^{206}Pb/^{238}U)-1]\times 100$,根据原则①再处理;③只采用最佳年龄所对应的 1σ 不大于 10% 的数据;④去除文献中标注红色的、参数不完整的数据。

本书收集的区域碎屑锆石有效年龄如下:拉萨地体元古代—二叠纪地层 1086 个,拉萨南部上三叠统麦隆岗组 951 个,上三叠统朗杰学群 2243 个,特提斯喜马拉雅上三叠统涅如组 1416 个,特提斯喜马拉雅南带上三叠统德日荣组和曲龙共巴组 255 个,特提斯喜马拉雅元古代—二叠纪地层 1677 个,仲巴地体西侧偏吉地区的维美组 90 个,来自高喜马拉雅的特提斯侏罗系 Laptal 组 98 个。区域锆石年龄频谱特征见图 6-3。

拉萨地体元古代—二叠纪地层有两组优势年龄,分别为 650～450Ma 和 1050～1250Ma,750～1000Ma 的碎屑锆石也占一定比例,但不构成显著的峰值(图 6-3a,Leier et al.,2007;Zhu et al.,2011a;Gehrels et al.,2011)。拉萨南部上三叠统麦隆岗组(T_3m)的碎屑锆石具有 4 个优势年龄区间,分别为 250～360Ma、450～650Ma、1050～1250Ma 和 1500～2000Ma(图 6-3b,Li et al.,2014;Li et al.,2016;Cai et al.,2016;Wang et al.,2016),其中,1500～2000Ma 的年龄区间可与特提斯喜马拉雅元古代—奥陶纪地层对比(DeCelles et al.,2000;Gehrels et al.,2006a,2006b,2011;McQuarrie et al.,2008;Myrow et al.,2009,2010),暗示拉萨地体基底岩石的剥蚀。上三叠统朗杰学群(T_3L)的碎屑锆石年龄集中分

第六章 中生代沉积盆地物源

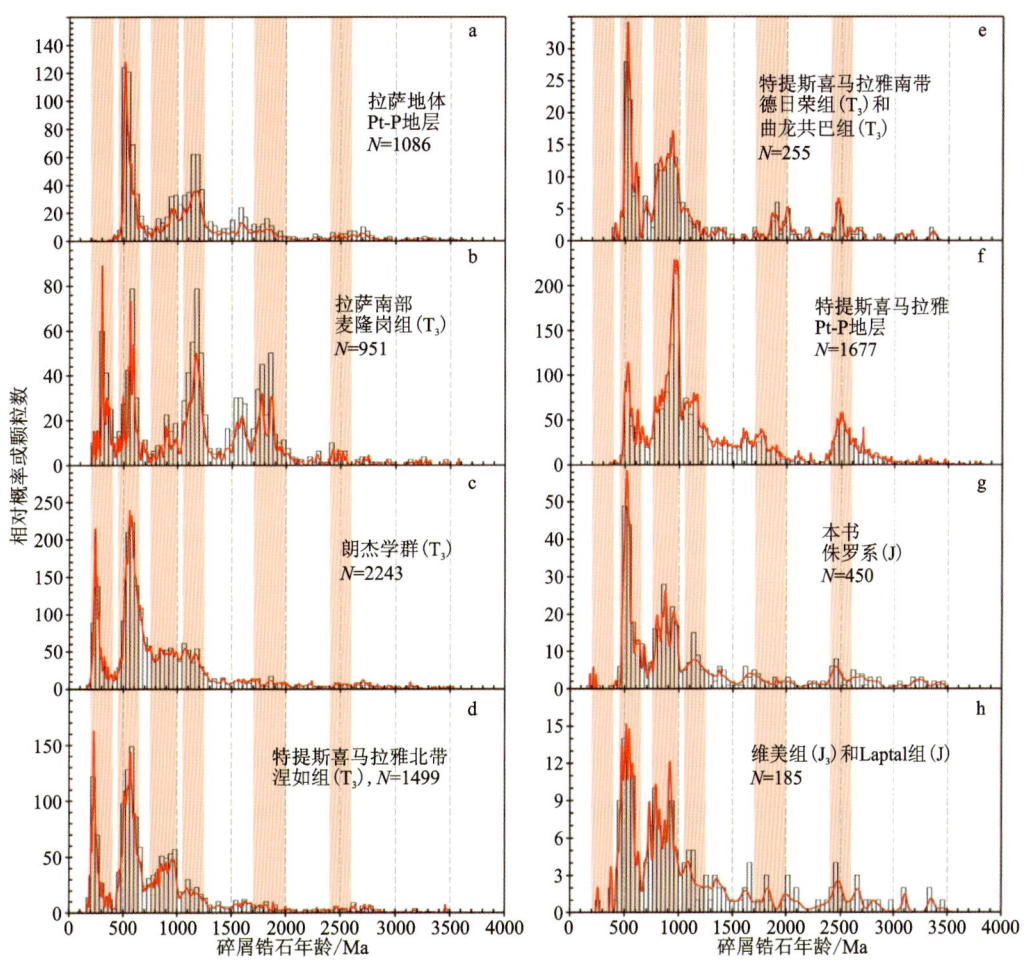

图 6-3 区域碎屑锆石年龄频谱对比图

布在 200～300Ma 和 500～1300Ma(Aikman et al.,2008;Li et al.,2010;Webb et al.,2013;Li et al.,2016;Cai et al.,2016;Wang et al.,2016),与拉萨地体元古代—二叠纪地层和上三叠统麦隆岗组相比,朗杰学群 750～1000Ma 的锆石和 1050～1250Ma 的锆石占比相当(图 6-3a—c)。本书涅如组(T_3n)的碎屑锆石组成与前人发表的数据不同,前者缺乏 200～300Ma 段的锆石年代数据,从区域上来看,涅如组(Aikman et al.,2008;Li et al.,2010;Li et al.,2016;Cai et al.,2016;Wang et al.,2016;本书,下同)与朗杰学群具有可比性,但也存在细微差别,总体上,涅如组 750～1000Ma 的锆石比 1050～1250Ma 的锆石更占优势,而在朗杰学群中这两个年龄区段的锆石所占比例相当(图 6-3c,d)。特提斯喜马拉雅南带的晚三叠世地层以存在 450～650Ma 和 750～1000Ma 的锆石年代峰值为特点(图 6-3e,Li et al.,2016;Wang et al.,2016),与本书涅如组的频谱特征(图 6-2a)相似,暗示两者可能具有相似的印度物源区。特提斯喜马拉雅元古代—二叠纪地层的碎屑锆石集中分布在 500～2000Ma 和 2400～2800Ma,以显著的约 529Ma 和约 972Ma 的峰值为特征(图 6-3f,DeCelles et al.,2000;Gehrels et al.,2006a,2006b,2011;McQuarrie et al.,2008;Myrow et al.,2009,2010;Zhu et al.,2011a),在 450～650Ma、750～1000Ma 和 1050Ma～1250Ma 的锆石分布特征上,这些地层与涅如组相似,指示涅如组存在南部的印度物源区。

本书侏罗系样品具有相似的碎屑锆石频谱,以 450～650Ma 和 750～1000Ma 的锆石为优势(图 6-2b～f、图 6-3g)。仲巴地区上侏罗统维美组和高喜马拉雅的特提斯侏罗系 Laptal 组的年龄主要集中分布在 450～650Ma 和 700～1000Ma(图 6-3h,Gehrels et al.,2011;Du et al.,2015)。对比发现,这些侏罗纪地

· 161 ·

层与特提斯喜马拉雅元古代—二叠纪地层以及藏南特提斯喜马拉雅南带上三叠统具有相似的碎屑锆石频谱特征(图6-3e~h),表明它们均具有印度亲缘性。

第二节 碎屑铬尖晶石矿物化学特征

本书对研究区上侏罗统维美组开展了碎屑铬尖晶石矿物化学分析,碎屑铬尖晶石的电子探针分析在成都理工大学油气藏地质与开发工程国家重点实验室完成,所用分析仪器为日本岛津公司生产的EPMA-1720H Series。测试中加速电压为15kV,激发电流为10nA,束斑直径为1μm,测试结果采用ZAF方法校正。仪器的元素分辨范围为^{5}B—^{92}U,主要元素(含量大于5%)的分析误差不大于1%,次要元素(约1%)的分析误差不大于5%。测试结果中的Fe以FeO^{T}表示,铬尖晶石测试结果使用Excel表格进行处理,其中,铬尖晶石的Fe^{3+}含量计算采用阳离子法和电价法(Barnes and Roeder,2001)。

一、分析结果

研究区上侏罗统维美组的铬尖晶石颗粒主要呈棱角状,单个颗粒发光均一,不存在核-边结构(图6-4),显示铬尖晶石未遭受明显的变质和热液作用改造。对维美组50颗铬尖晶石进行电子探针分析,获得48个有效点,分析结果见表6-2。

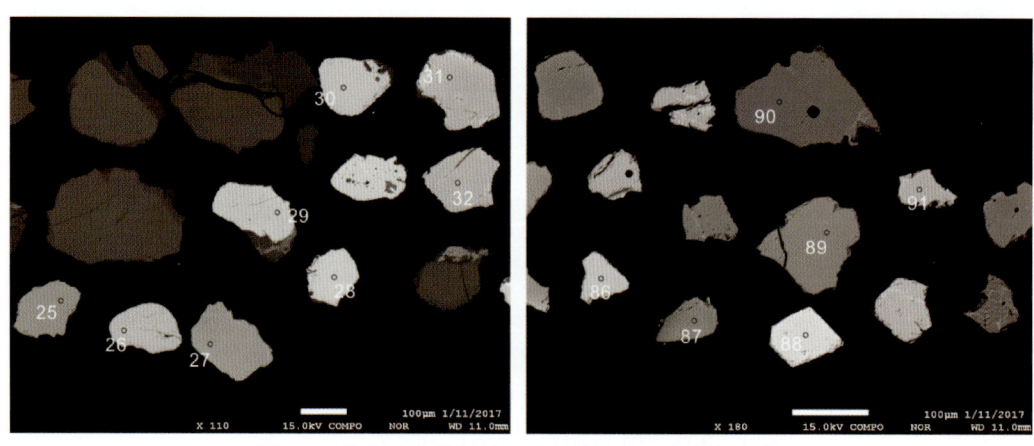

图6-4 研究区维美组砂岩碎屑铬尖晶石背散射图像

二、碎屑铬尖晶石母岩分析

维美组铬尖晶石的Al$_2$O$_3$含量为0.50%~20.82%,平均值为11.16%,TiO$_2$含量介于0.00%~1.95%之间,小于1.0%者占比89.6%,Cr$^\#$为0.51~0.99,平均值为0.75,Mg$^\#$为0.02~0.69,平均值为0.33,Fe^{2+}/Fe^{3+}为1.25~41.27,大于2者占79.2%(表6-2)。

维美组铬尖晶石具有高Fe^{2+}/Fe^{3+}比值、Cr$^\#$,低Al$_2$O$_3$含量和变化的TiO$_2$含量的特征,在Cr$^\#$-TiO$_2$图解(图6-5a)和Al$_2$O$_3$-TiO$_2$图解(图6-5b)上主要落入岛弧火山岩和SSZ型橄榄岩区域(Arai et al.,1992;Kamenetsky et al.,2001),与区域上的朗杰学群(Li et al.,2016)和特提斯喜马拉雅石炭纪—二叠纪地层(Sciunnach and Garzanti,1997)具有相似的特征。

第六章 中生代沉积盆地物源

表6-2 研究区维美组砂岩碎屑铬尖晶石电子探针分析结果

编号	MgO	Al₂O₃	SiO₂	FeOᵀ	MnO	TiO₂	Cr₂O₃	Total	Fe₂O₃	FeO	Cr#	Mg#	Mg²⁺	Al³⁺	Si⁴⁺	Fe²⁺	Fe³⁺	Mn²⁺	Ti⁴⁺	Cr³⁺	SUM
PM11-11-51	6.11	12.53	0.02	34.16	0.34	0.18	48.06	101.41	9.99	25.17	0.72	0.30	0.3007	0.4875	0.0007	0.6950	0.2480	0.0095	0.0045	1.2543	3.0000
PM11-11-52	8.28	6.97	0.04	25.97	0.79	0.19	61.57	103.81	5.24	21.25	0.86	0.41	0.4033	0.2683	0.0019	0.5808	0.1289	0.0219	0.0047	1.5907	3.0000
PM11-11-53	9.75	17.66	0.00	34.28	0.50	0.17	38.16	100.53	15.84	20.03	0.59	0.46	0.4603	0.6591	0.0000	0.5304	0.3774	0.0134	0.0040	0.9554	3.0000
PM11-11-54	6.58	18.11	0.00	38.46	0.37	0.64	37.66	101.82	13.97	25.89	0.58	0.31	0.3134	0.6820	0.0000	0.6919	0.3358	0.0100	0.0154	0.9514	3.0000
PM11-11-55	15.16	16.77	0.01	21.82	0.22	0.92	44.41	99.31	10.80	12.10	0.64	0.69	0.7018	0.6138	0.0003	0.3143	0.2524	0.0058	0.0215	1.0903	3.0000
PM11-11-56	7.43	9.60	0.04	29.46	0.33	0.07	55.24	102.18	7.37	22.83	0.79	0.37	0.3649	0.3727	0.0013	0.6290	0.1826	0.0092	0.0017	1.4386	3.0000
PM11-11-57	12.73	18.51	0.07	28.78	0.32	1.62	37.29	99.31	13.37	16.75	0.57	0.58	0.5936	0.6824	0.0022	0.4382	0.3147	0.0085	0.0381	0.9223	3.0000
PM11-11-58	3.91	6.20	0.03	40.75	0.34	0.33	52.96	104.52	13.33	28.75	0.85	0.20	0.1950	0.2446	0.0011	0.8046	0.3357	0.0096	0.0083	1.4011	3.0000
PM11-11-59	5.43	9.04	0.02	38.86	0.67	0.00	48.95	102.96	14.57	25.75	0.78	0.27	0.2682	0.3530	0.0007	0.7136	0.3632	0.0188	0.0000	1.2824	3.0000
PM11-11-60	3.92	11.26	0.00	40.08	0.33	0.20	47.91	103.70	12.20	29.11	0.74	0.19	0.1922	0.4378	0.0000	0.8038	0.3028	0.0092	0.0050	1.2495	3.0000
PM11-11-61	7.75	17.01	0.03	32.62	0.39	0.12	42.42	100.32	10.75	22.95	0.63	0.38	0.3732	0.6470	0.0013	0.6200	0.2612	0.0107	0.0029	1.0834	3.0000
PM11-11-62	8.42	14.37	0.04	36.37	0.52	0.67	40.92	101.31	15.66	22.28	0.66	0.40	0.4039	0.5449	0.0013	0.5995	0.3792	0.0142	0.0162	1.0409	3.0000
PM11-11-63	3.08	7.83	0.03	43.96	0.45	0.17	48.56	104.07	15.60	29.92	0.81	0.16	0.1539	0.3099	0.0013	0.8386	0.3935	0.0128	0.0043	1.2867	3.0000
PM11-11-64	5.81	11.09	0.01	35.00	0.40	0.28	49.53	102.11	10.38	25.66	0.75	0.29	0.2864	0.4322	0.0003	0.7097	0.2583	0.0112	0.0070	1.2949	3.0000
PM11-11-65	12.73	8.91	0.06	20.11	0.31	0.12	59.95	102.18	6.03	14.68	0.82	0.61	0.6050	0.3348	0.0019	0.3915	0.1447	0.0084	0.0029	1.5114	3.0000
PM11-11-66	0.46	7.08	0.00	37.01	3.42	0.07	51.78	99.81	8.67	29.21	0.83	0.03	0.0245	0.2987	0.0000	0.8735	0.2337	0.1036	0.0019	1.4644	3.0000
PM11-11-67	9.28	10.00	0.05	20.42	0.37	0.18	61.61	101.90	0.54	19.94	0.81	0.45	0.4516	0.3842	0.0016	0.5442	0.0132	0.0102	0.0044	1.5900	3.0000
PM11-11-68	11.34	15.78	0.02	25.52	0.34	0.13	46.76	99.88	9.32	17.14	0.67	0.54	0.5383	0.5922	0.0006	0.4563	0.2231	0.0092	0.0031	1.1771	3.0000
PM11-11-69	7.98	10.47	0.01	34.81	0.39	1.08	48.18	102.91	12.83	23.27	0.76	0.38	0.3854	0.3998	0.0003	0.6305	0.3127	0.0107	0.0263	1.2342	3.0000
PM11-11-70	10.56	13.88	0.00	24.82	0.35	0.25	52.15	101.99	6.76	18.74	0.72	0.50	0.4994	0.5189	0.0000	0.4974	0.1612	0.0094	0.0060	1.3070	3.0000
PM11-11-71	8.84	12.73	0.03	28.20	0.32	1.09	50.17	101.38	7.09	21.82	0.73	0.42	0.4272	0.4862	0.0016	0.5916	0.1728	0.0088	0.0266	1.2856	3.0000
PM11-11-72	6.46	15.36	0.01	40.11	0.38	0.46	38.90	101.69	16.26	25.48	0.63	0.31	0.3116	0.5855	0.0003	0.6895	0.3963	0.0104	0.0112	0.9952	3.0000
PM11-11-73	2.83	7.78	0.03	36.67	0.48	0.36	55.53	103.67	7.22	30.17	0.83	0.14	0.1427	0.3107	0.0013	0.8537	0.1839	0.0138	0.0098	1.4855	3.0000
PM11-11-74	3.27	7.60	0.04	39.58	0.64	0.51	51.63	103.25	11.32	29.39	0.82	0.17	0.1648	0.3029	0.0014	0.8312	0.2881	0.0183	0.0130	1.3803	3.0000

续表 6-2

编号	MgO	Al_2O_3	SiO_2	FeO^T	MnO	TiO_2	Cr_2O_3	Total	Fe_2O_3	FeO	$Cr^{\#}$	$Mg^{\#}$	Mg^{2+}	Al^{3+}	Si^{4+}	Fe^{2+}	Fe^{3+}	Mn^{2+}	Ti^{4+}	Cr^{3+}	SUM
PM11-11-75	8.77	9.95	0.00	29.94	0.29	0.43	53.08	102.45	9.63	21.28	0.78	0.42	0.424 6	0.380 8	0.000 8	0.577 9	0.235 2	0.008 0	0.010 5	1.362 9	3.000 0
PM11-11-76	8.99	18.58	0.03	29.37	0.39	0.21	42.88	100.45	8.88	21.38	0.61	0.43	0.426 4	0.696 8	0.001 0	0.569 0	0.212 5	0.010 5	0.005 0	1.078 7	3.000 0
PM11-12-78	7.92	10.45	0.03	32.00	0.31	0.54	51.32	102.59	10.20	22.82	0.77	0.38	0.384 3	0.400 9	0.001 0	0.621 3	0.249 9	0.008 5	0.013 2	1.320 8	3.000 0
PM11-12-79	2.00	3.87	0.00	48.34	0.57	0.22	49.42	104.43	19.26	31.01	0.90	0.10	0.102 0	0.156 0	0.000 0	0.887 1	0.495 9	0.016 5	0.005 7	1.336 7	3.000 0
PM11-12-81	6.09	11.01	0.00	33.76	0.45	0.33	50.36	102.00	9.57	25.15	0.75	0.30	0.300 2	0.429 0	0.000 0	0.695 4	0.238 1	0.012 6	0.008 2	1.316 6	3.000 0
PM11-12-82	6.76	10.55	0.01	35.77	0.40	0.08	48.73	102.30	13.03	24.04	0.76	0.33	0.330 9	0.408 3	0.000 3	0.660 3	0.322 0	0.011 1	0.002 0	1.265 1	3.000 0
PM11-12-83	2.48	9.87	0.05	42.35	0.44	0.24	47.11	102.53	12.92	30.72	0.76	0.13	0.125 2	0.393 9	0.001 7	0.870 0	0.329 3	0.012 6	0.006 1	1.261 2	3.000 0
PM11-12-84	6.04	10.39	0.00	29.54	0.56	0.00	55.69	102.22	5.36	24.72	0.78	0.30	0.298 6	0.406 1	0.000 0	0.685 7	0.133 7	0.015 7	0.000 0	1.460 0	3.000 0
PM11-12-85	8.08	8.27	0.06	34.88	0.69	1.95	48.92	102.85	12.88	23.29	0.80	0.38	0.393 8	0.318 7	0.002 0	0.637 0	0.316 8	0.019 1	0.048 0	1.264 6	3.000 0
PM11-12-86	4.93	0.50	0.02	31.36	0.73	0.00	68.81	106.35	5.90	26.05	0.99	0.25	0.247 3	0.019 8	0.000 7	0.732 7	0.149 3	0.020 8	0.000 0	1.829 6	3.000 0
PM11-12-87	6.03	12.60	0.03	34.22	0.29	0.20	47.71	101.09	9.93	25.29	0.72	0.30	0.297 6	0.491 7	0.001 0	0.700 2	0.247 4	0.008 1	0.005 0	1.249 2	3.000 0
PM11-12-88	0.43	4.32	0.02	42.79	0.75	0.11	56.12	104.54	10.74	33.12	0.90	0.02	0.022 2	0.176 3	0.000 7	0.959 4	0.280 0	0.022 9	0.002 9	1.536 5	3.000 0
PM11-12-89	0.91	20.82	0.00	44.20	1.87	0.07	32.74	100.61	12.92	32.57	0.51	0.05	0.045 1	0.814 5	0.000 0	0.904 1	0.322 8	0.052 6	0.001 7	0.859 2	3.000 0
PM11-12-90	8.76	18.93	0.00	33.67	0.37	0.26	38.57	100.55	13.06	21.92	0.58	0.42	0.414 4	0.708 0	0.000 0	0.581 8	0.311 8	0.009 9	0.006 0	0.967 2	3.000 0
PM11-12-91	2.80	7.93	0.11	40.47	0.53	0.01	52.38	104.24	11.39	30.22	0.82	0.14	0.140 2	0.313 3	0.003 8	0.848 7	0.287 7	0.015 1	0.000 3	1.390 6	3.000 0
PM11-12-92	12.76	9.92	0.15	19.66	0.30	0.24	59.47	102.50	5.05	15.11	0.80	0.60	0.602 2	0.370 2	0.004 7	0.400 2	0.120 3	0.008 0	0.005 0	1.488 0	3.000 0
PM11-12-93	5.69	13.84	0.02	32.03	1.73	0.61	47.84	101.75	7.72	25.09	0.70	0.29	0.278 6	0.535 7	0.000 7	0.689 0	0.190 7	0.048 1	0.015 2	1.242 2	3.000 0
PM11-12-94	11.00	3.69	0.01	25.75	0.35	0.17	62.83	103.79	9.69	17.03	0.92	0.54	0.532 5	0.141 2	0.000 2	0.462 4	0.236 3	0.009 6	0.004 2	1.613 0	3.000 0
PM11-12-95	10.14	16.77	0.02	32.62	0.40	1.24	39.48	100.68	13.59	20.39	0.61	0.47	0.479 0	0.626 3	0.000 6	0.540 4	0.324 1	0.010 7	0.029 6	0.989 0	3.000 0
PM11-12-96	2.15	9.66	0.00	37.95	0.46	0.22	52.84	103.28	7.46	31.24	0.79	0.11	0.108 5	0.385 2	0.000 0	0.884 0	0.190 6	0.013 2	0.005 6	1.413 6	3.000 0
PM11-12-97	11.77	13.01	0.06	21.94	0.29	0.09	54.48	101.64	5.92	16.61	0.74	0.56	0.556 0	0.485 9	0.001 9	0.440 3	0.141 2	0.007 8	0.002 8	1.364 3	3.000 0
PM11-12-98	3.39	1.11	0.00	40.55	0.62	0.43	59.87	105.97	12.87	28.97	0.97	0.17	0.171 4	0.044 4	0.000 0	0.821 8	0.328 3	0.017 8	0.011 8	1.605 3	3.000 0
PM11-12-99	5.45	12.58	0.10	38.58	0.50	0.99	44.60	102.80	12.47	27.36	0.70	0.26	0.265 7	0.484 8	0.003 3	0.748 1	0.306 9	0.013 8	0.024 4	1.153 8	3.000 0
PM11-12-100	4.89	10.63	0.00	34.69	0.43	0.15	51.37	102.17	8.74	26.82	0.76	0.25	0.243 2	0.418 0	0.000 0	0.748 4	0.219 5	0.012 2	0.003 8	1.355 0	3.000 0

第六章 中生代沉积盆地物源

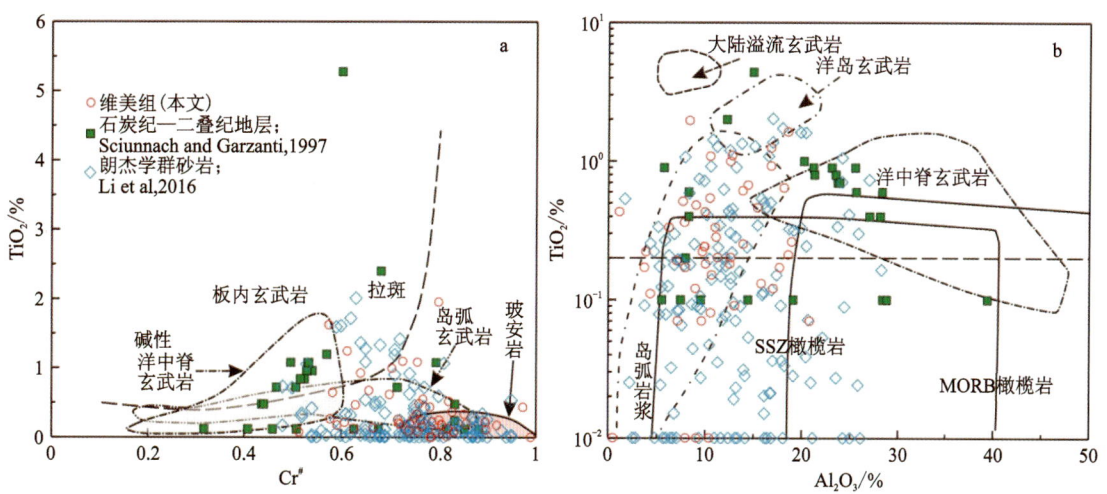

图 6-5 研究区维美组碎屑铬尖晶石的 $Cr^\#$-TiO_2 图解（据 Arai，1992）和 Al_2O_3-TiO_2 图解（据 Kamenetsky et al.，2001）

印度北缘在晚古生代—侏罗纪期间总体上处于被动大陆边缘环境，沿特提斯喜马拉雅带展布的石炭纪—二叠纪火山岩为大陆裂谷环境下的产物（Garzanti et al.，1999；朱同兴等，2002；Chauvet et al.，2008；曾令森等，2012），藏南特提斯喜马拉雅东段三叠纪—侏罗纪地层中的火山岩夹层为裂谷型火山岩（朱弟成等，2004，2005a，2005b，2006；Zhu et al.，2007；吕晓春等，2016；董磊等，2016），印度北缘地区不存在与俯冲相关的岛弧火山岩和橄榄岩，研究区维美组的铬尖晶石与朗杰学群（Li et al.，2016）和特提斯喜马拉雅石炭纪—二叠纪地层（Sciunnach and Garzanti，1997）相似，说明三者可能具有相似的物源区。

第三节 中生代盆地物源讨论

对沉积盆地中沉积物的来源问题的研究受到来自沉积盆地和相关造山带两方面认知的约束。地层是沉积盆地信息的核心载体，地层划分、时代归属等问题直接影响盆地信息提取的可靠性。

研究区在中生代位于冈瓦纳大陆北缘，北侧与雅鲁藏布结合带相邻，处于相对活动的构造背景下，区域上的中生代地层横向变化大，对一些地层的划分与对比问题存在异议，如本书对研究区中生代地层统一采用了研究区中东部地层方案进行对比讨论，但研究区西部相邻的区调工作因火山岩发育较少或缺失，采用的地层划分方案与本书有所差异。对研究区东北侧上三叠统朗杰学群的调查将其解体，南部变质与变形弱地层保留朗杰学群一名，而北部被传统划分为朗杰学群的地层为一套构造混杂岩，与雅鲁藏布结合带的形成密切相关（韩芳林等，2015；唐宇等，2023）。

盆地相关造山带的认识是影响盆地物源分析的另一关键因素。上三叠统麦隆岗组传统划归拉萨地体，前文对麦隆岗组与拉萨地体元古代—二叠纪地层的碎屑锆石年龄谱系对比发现两者差异较大，若将麦隆岗组置于晚古生代直孔-松多洋闭合增生的背景下则具合理性（李楠等，2020；Zhong et al.，2021；Xie et al.，2021）。

本书在对前人数据选取上参照了近年区域地质研究成果，尽量避免地层归属、区域构造格局等问题在区域前人数据应用上的影响。研究区中生代地层的碎屑锆石年代频率曲线特征具有相似性，区域对比显示与南侧的印度具有亲缘性，维美组铬尖晶石矿物化学也具有这一特征，这与研究区在中生代位于冈底斯北缘是一致的。从晚三叠世到晚侏罗世地层的锆石年代谱系特征相似，结合这一阶段各地层单元间的整合接触关系，说明在晚三叠世至晚侏罗世期间盆地的构造背景相对统一，未发生控盆构造的转换，研究区地层单元内部的横向变化反映了在同一控盆构造背景下沉积环境、火山活动中心、火山-沉积旋回在空间上的差异。

第七章 中生代盆地构造-沉积演化

前人对东特提斯喜马拉雅晚三叠世沉积盆地的构造属性存在较大争议,可归纳为归属特提斯喜马拉雅、亲拉萨板块和外来块体3种观点。

归属特提斯喜马拉雅的观点包括：来自碎屑锆石年龄谱系的分析认为(山南地区涅如组和朗杰学群)物源来自南侧的印度与喜马拉雅(Cao et al.,2018),物源来自印度东部Ghats活动带和南极Rayner造山带(Zhang et al.,2019;Zhang et al.,2020),盆地具有印度大陆北部被动边缘的特提斯喜马拉雅基底(Zhang et al.,2020),与中西特提斯喜马拉雅同时代曲龙贡巴组均属特提斯喜马拉雅原地沉积序列(Wang et al.,2019)。Liu(2022)认为隆子地区涅如组与朗杰学群碎屑锆石U-Pb年代谱系特征反映了这套浊积岩物源分别来自印度与拉萨地体,属印度被动大陆边缘的海相裂谷盆地,(Liu et al.,2020)。

亲拉萨板块的观点：Dai(2008)对羊卓雍错—错美一带上三叠统(涅如组)的Nd同位素分析认为与拉萨地块的一致(Dai et al.,2008),Webb(2013)认为朗杰学群物源来自拉萨地体北缘发育的岛弧(Webb et al.,2013),仁布地区上三叠统松日组和涅如组碎屑锆石U-Pb年龄与Hf同位素具有非亲印度特提斯属性,可能来自拉萨地体的火成岩或与假定新特提斯洋内弧(Li et al.,2010),冈底斯中三叠世辉长岩-闪长岩形成于俯冲相关火山弧,与喜马拉雅仁布地区朗杰学群300～200Ma锆石峰相亲(Ma et al.,2020)。

归属外来块体的观点：物源非印度次大陆(李祥辉等,2003,2011;张朝凯等,2014),也与羌塘地块、拉萨地块或印度次大陆不相容,与冈瓦纳造山带关系紧密(Wang et al.,2016;Fang et al.,2019),属于拉萨、印度和澳大利亚之间的残余盆地(Li et al.,2016;Zhang et al.,2017;Li,2019)。Zhang(2022)认为"隆子地块"属155Ma冈瓦纳大陆北缘分裂出的阿尔戈兰微板块(Argoland)(Zhang et al.,2022),Cai等(2016)通过对上三叠统涅如组、朗杰学群和麦隆岗组碎屑锆石U-Pb年龄谱系特征的研究认为：涅如组具有特提斯喜马拉雅层序特征,朗杰学群及康马镇的涅如组无印度来源；麦隆岗组来源于拉萨地体,提出朗杰学群和涅如组均源自澳大利亚西北边缘的大陆地壳碎片,Ao等(2018)通过对特提斯喜马拉雅东部构造剖面研究,认为整个东特提斯中生界都是一套增生杂岩,而不是印度板块被动边缘。

相比对研究区晚三叠世盆地属性的争议,对区域侏罗纪—白垩纪盆地的大地构造属性则少有争议,除Ao等(2018)将这一区域的整个中生界划归增生杂岩而非属印度板块北部被动边缘外,多数学者均将其划归冈瓦纳大陆北缘的特提斯喜马拉雅区域,对该区域大面积分布的火山岩多解释为与地幔柱活动有关(朱弟成,2004,2005;Zhu et al.,2007,2009;Chen et al.,2018,2021),为裂谷活动的火山记录(吕晓春等,2016;Wei et al.,2017;黄勇等,2018;Tian et al.,2019;Yang et al.,2023)。

第一节 中生代盆地大地构造背景

沉积盆地基底属性是约束盆地充填样式和充填过程的重要因素,本节从区域基底属性和喜马拉雅裂谷活动记录两个方面分析探讨研究区中生代盆地的大地构造背景。

第七章 中生代盆地构造-沉积演化

一、区域基底属性分析

喜马拉雅地区的前寒武系变质基底出露于高喜马拉雅带及其北部的核杂岩中,这套基底地层在研究区出露于雅拉香波核杂岩和拉隆核杂岩内(图4-2),古生代地层主要分布于特提斯喜马拉雅的西部,东部出露于核杂岩的拆离系中,研究区的古生代见于雅拉香波、达拉和拉隆核杂岩拆离系内,为一套变质沉积地层。

泛非造山运动与冈瓦纳大陆和潘诺西亚大陆的形成密切相关。"泛非"(Pan-African)一词由Kennedy(1964)创名,指非洲约500Ma的构造热事件,板块构造出现后"泛非"便用于指整个冈瓦纳大陆上发生的构造事件。泛非造山运动的岩浆热事件在喜马拉雅地区普遍存在,喜马拉雅地区前寒武系变质基底的形成与泛非造山运动密切相关,研究区雅拉香波核杂岩及拉隆核杂岩内的晚寒武世—早奥陶世花岗岩为泛非构造运动晚期的岩浆活动记录。

喜马拉雅发育统一的前寒武系变质基底及古生代盖层,反映了包括高喜马拉雅和特提斯喜马拉雅在内的区域同属一个大地构造背景,泛非造山运动地质记录在喜马拉雅地区的广泛分布说明喜马拉雅与冈瓦纳大陆的紧密关系,综合前人的认识,作者认为东特提斯喜马拉雅中生代盆地发育的大地构造背景为冈瓦纳大陆的北缘。

二、区域裂谷岩浆活动记录

喜马拉雅地区火山岩主要分布3个区域:西部Panjal火山岩、中部吉隆和尼泊尔中部NarIsum Spilites火山岩及东部Abor火山岩(图1-2)。Panjal火山岩分布于特提斯喜马拉雅带的西部,发育于新生代Kashmier盆地基底地层中,Shellnutt等(2011)在该火山岩获得289Ma年龄。吉隆-色龙基性火山岩和尼泊尔中部NarIsum Spilites火山岩分布在特提斯喜马拉雅南缘和高喜马拉雅北侧(Garzantia et al.,1999;朱同兴等,2002),形成时代为早二叠世晚期,Garzantia等(1999)认为其与西部Panjal火山岩及东部Abor二叠纪火山岩特征相似,均为新特提斯洋早期岩浆活动记录。Abor火山岩分布在小喜马拉雅东部,除二叠纪火山活动外,还发育两个时代岩浆活动记录:500～473Ma镁铁质侵入岩和145～132Ma长英质岩、铁镁质侵入岩地球化学具有伸展的被动大陆边缘特征(Oinam et al.,2022),长英质岩是Kerguelen地幔柱活动的产物(Singh et al.,2020;Oinam et al.,2022)。

近年国内学者对特提斯喜马拉雅中东部的岩浆活动记录开展了研究。曾令森等(2012)在雅拉香波地区发现形成于273Ma的辉绿岩脉,认为是冈瓦纳大陆北缘裂解和新特提斯洋初始张开的岩浆作用的产物。Huang等(2018)对朗杰学南部雅朗杰学群铁镁质岩分析获得230～227Ma的平均年龄,认为这一区域的中—晚三叠世岩浆活动与新特提斯洋形成有关,Wang等(2022)则认为这套中—晚三叠世铁镁质岩是特提斯喜马拉雅从晚二叠世开始大陆裂谷的持续记录。Lin等(2020)对藏南康巴地区尼鲁组晚三叠世玄武岩的研究认为与新特提斯洋的初始张开及班公湖-怒江洋向南俯冲的弧后盆地扩张有关。

从喜马拉雅地区火山岩的分析发现,特提斯喜马拉雅二叠纪火山岩以中西部最为发育,东特提斯喜马拉雅有少量岩脉记录,小喜马拉雅东南部火山记录时代跨度大,区内二叠纪火山岩均显示出张性的陆缘裂谷构造背景。

喜马拉雅地区三叠纪及其之后的中生代岩浆活动记录分布于特提斯喜马拉雅东部,中西部未见报道,东特提斯喜马拉雅中生代火山岩为裂谷岩浆活动记录(详见本书第三章)。

从喜马拉雅地区二叠纪至中生代的岩浆活动特征分析,两者的构造背景相似,但分布范围呈现自二叠纪到中生代由特提斯喜马拉雅中西部向东部、由小喜马拉雅东部向北侧东特提斯喜马拉雅迁移的趋势,东特斯喜马拉雅仅有的雅拉香波地区二叠纪岩浆活动记录反映了东特提斯喜马拉雅存在裂谷活动的迹象,但在发育规模上无法与中西特提斯喜马拉雅及小喜马拉雅东部相比。

第二节 中生代裂谷火山活动特征

近二十年国内外学者对东特提斯喜马拉雅地区中生代岩浆活动记录开展了很多研究,深化了区域中生代岩浆-火山活动的展布、产出层位与部位的认识,丰富了年代学数据,开展了成因分析。前人的认识可归纳为特提斯喜马拉雅中生代岩浆活动受地幔柱活动影响,主要以裂谷火山活动形式记录下来,这与作者的观点是统一的。

前人的研究主要依托1:25万区调资料及其后的资料挖掘和研究,面积性调查研究限于1:25万精度,其实测剖面与调查路线对地质体的区域变化约束较为宽泛。本书以区域1:5万区域地质调查资料为基础,以实测剖面与路线调查相结合的方法开展研究区地层对比,精细刻画各地层单元内火山活动的范围和厚度变化特征,为深入探讨东特提斯喜马拉雅中生代大陆边缘裂谷盆地演化提供翔实资料。

一、盆地裂谷-火山活动响应关系

以实测剖面对比为基础,结合路线调查认识编制的研究区中生代地层分组火山岩厚度等值线具有以下特征(图 5-1d—图 5-6d):

(1)以最大火山岩厚度分布区呈东向分布,构成近东西向展布的火山中心带。

(2)东西向火山中心大带多呈现向北厚度递减缓慢、向南快速尖灭特征。

(3)各地层单元的火山岩分布区与火山中心带范围、数量有所差异,但火山中心带的展布方向均呈近东西向。

本书第三章对区域中生代火山岩的成因分析认为研究区晚三叠世至早白垩世火山活动的构造背景均为裂谷环境,具有双峰式火山活动特征。从火山岩具有自喷发中心向外扩散、厚度递减的特征分析,受控裂谷活动的带状展布火山中心带与张性裂谷成因断裂密切相关:

(1)控制火山活动的张性裂谷成因断裂的分布和走向与火山中心带相对应,走向近东西向。

(2)火山中心带厚度向北缓慢递减与向南快速尖灭特征反映了控制火山活动的断裂位于火山岩分布区南缘,为北倾正断层性质。

(3)与火山活动相关的裂谷断裂活动在不同地层单元的分布和规模有所差异。

二、盆地裂谷-火山活动趋势演变

综合研究区火山地层特征与裂谷构造活动分析的中生界各组裂谷-火山活动特征如图7-1所示。研究区中生代裂谷-火山作用具有以下特征:

(1)研究区裂谷-火山作用的范围与规模在不同地层单元变化明显。

(2)裂谷-火山作用下部地层(上三叠统涅如组、下侏罗统日当组和中下侏罗统陆热组)对应的晚三叠世—中侏罗世早期阶段的裂谷-火山作用中心位于研究区西部(图7-1a—c),上部地层(中侏罗统遮拉组、上侏罗统维美组和上侏罗统—下白垩统桑秀组)对应中侏罗世晚期—早白垩世阶段的裂谷-火山中心位于研究区东部(图7-1d—f)。

第七章 中生代盆地构造-沉积演化

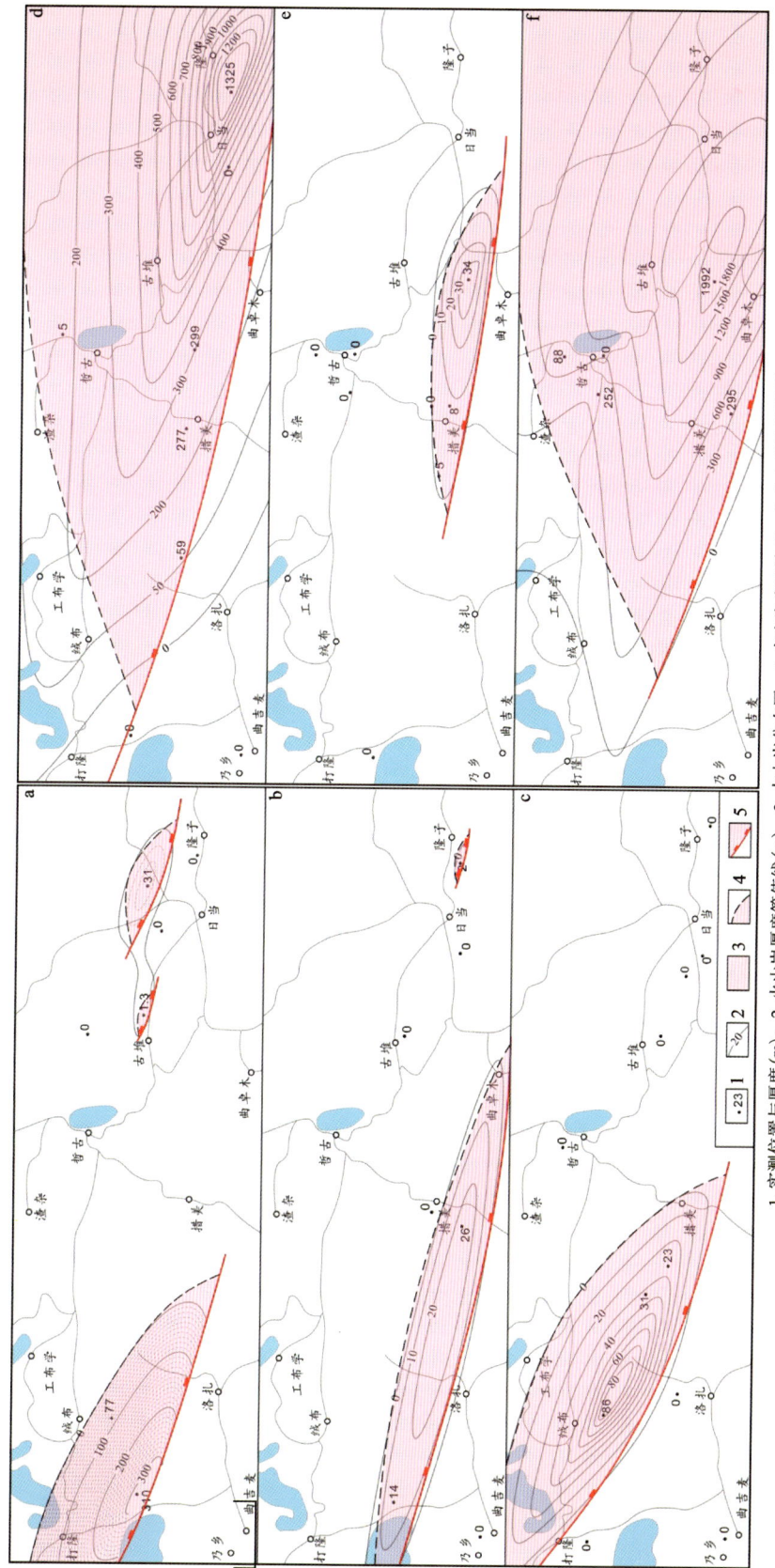

图 7-1 研究区中生代裂谷-火山作用时空变化

a.涅如组(T_3n)；b.日当组(J_1r)；c.陆热组($J_{1-2}l$)；d.遮拉组(J_2z)；e.维美组(J_3w)；f.桑秀组(J_3K_1s)。

1. 实测位置与厚度(m)；2. 火山岩厚度等值线(m)；3. 火山岩分布区；4. 火山岩尖灭边界；5. 火山岩边界断裂。

(3)早期阶段(晚三叠世—中侏罗世早期)裂谷-火山活动具有"强—弱—强"的变化,上三叠统涅如组(T_3n)裂谷-火山活动在这一阶段表现最强,火山岩最大厚度达310m,其后的火山岩最大厚度为26m(日当组,J_1r)和86m(陆热组,$J_{1-2}l$)。该阶段早中期在研究区东部出现小范围裂谷-火山活动(图7-1a—c)。

(4)晚期阶段(中侏罗世晚期—早白垩世)裂谷-火山活动中心位于研究区东部,展布范围向西至中部、中西部,在时间序列上具有与早期阶段相似的"强—弱—强"变化特征,中侏罗统遮拉组(J_2z)火山岩最大厚度达1992m,上侏罗统维美组(J_3w)火山岩最大厚度在该阶段最薄,仅为34m,其上的桑秀组(J_3K_1s)火山岩最大厚度为1325m。该阶段研究区西部普姆雍错地区未见火山岩出露(图7-1d—f)。

研究区中生代裂谷-火山活动的向东迁移演变趋势特征与喜马拉雅地区二叠纪至中生代裂谷-火山活动向东变迁的趋势演变特征雷同,似为裂谷-火山活动的区域性大尺度、大周期趋势演进在研究区短周期演进过程的响应。

第三节 盆地构造-沉积演化

本书对研究区所处大地构造环境、中生代地层与火山岩特征、盆地充填样式及物源等方面的分析结果可凝缩为以下关键词:冈瓦纳大陆北缘,东特提斯喜马拉雅,中生代裂谷盆地。

沉积盆地演化过程受控于基底构造、海平面(基准面)变化、气候条件及物源条件等因素,这些控盆因素对不同类型盆地演化过程的影响存在差异,海平面(基准面)变化在构造稳定区的沉积盆地分析中发挥了关键作用,如陆棚环境。对东特提斯喜马拉雅中生代大陆边缘裂谷盆地这样以裂谷-火山活动强烈的盆地,构造-岩浆活动是控制盆地充填演化的核心因素。盆地北侧与雅鲁藏布洋盆地相邻,总体呈向北变深的陆棚环境,海平面的变化对盆地演化也发挥着重要作用。

裂谷盆地演化的构造-火山活动影响有以下几个方面:

(1)裂谷断裂活动对地形的影响。张性正断层上盘的下降在断裂两侧形成地势差,相对其他区域形成与其相关的"陡坡带",进而诱发沉积物的再搬运沉积。

(2)火山作用对地形的影响。与源自相关造山带的正常沉积不同,火山堆积源自深部,堆积过程由火山中心带向外扩散,火山物质的堆积速率与相邻正断层运动速率的差异产生地形的差异性变化,火山堆积速率低于断陷沉降速率减小断裂形成的"陡坡带"影响,前者高于后者则形成以火山活动中心带为高点的隆起地貌。

(3)与张性正断层活动导致上升盘沉积物向下降盘再搬运沉积不同,火山活动中心带形成的隆起区物质在波浪和重力作用下可向四周搬运再沉积。

(4)张性正断层上升盘与火山活动中心带隆起区存再于深水背景下发育浅水沉积的潜力。

一、早—中三叠世(吕村组,$T_{1-2}l$)沉积特征

中下三叠统吕村组($T_{1-2}l$)仅见于研究区西南端,岩石组合为一套碳泥质板岩偶夹薄层硅质岩与薄层细砂岩,岩石组合在区域上较为稳定,反映了一套远岸深水盆地环境沉积。

二、晚三叠世(涅如组,T_3n)沉积特征

上三叠统涅如组(T_3n)与下伏吕村组($T_{1-2}l$)以中厚层砂岩出现为标志(图2-16c,d),涅如组的岩石

组合以发育递变层理、底模构造为特征的复理石沉积为主体,沉积厚度在研究区的变化呈现向北快速增加的特征,结合该阶段研究区北侧雅鲁藏布洋盆处于快速扩张的特征,研究区上三叠统涅如组的沉积环境属于冈瓦纳大陆北缘的斜坡环境,与雅鲁藏布洋中生代快速扩张,东特提斯喜马拉雅大陆边缘裂谷活动相伴启动,其标志是东特提斯喜马拉雅中生代盆地的最早裂谷火山活动记录(图7-2)。

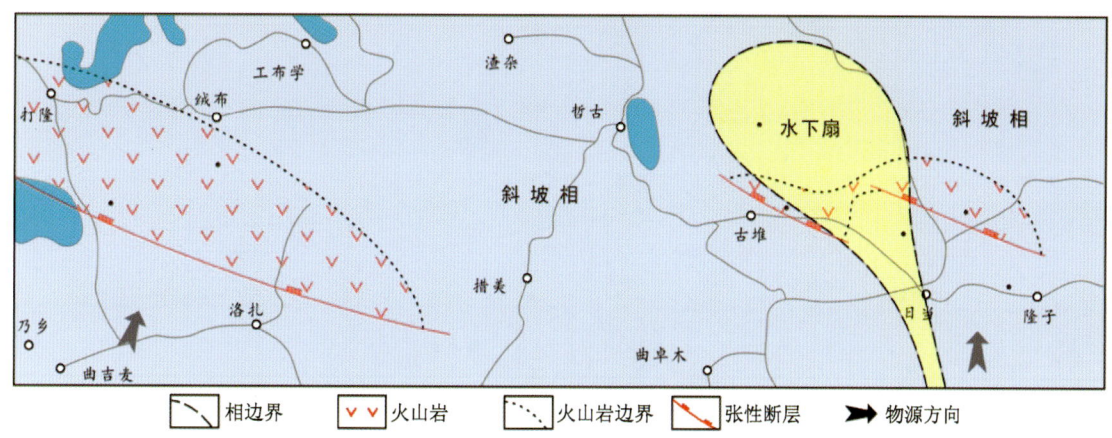

图 7-2　上三叠统涅如组(T_3n)构造-沉积古地理特征

在涅如组大陆斜坡复理石沉积的背景下发育有水下扇沉积,水下扇核心区位于研究区东部的日当—古堆北一带,水下扇发育的位置与泥岩/砂岩的低值区相对应(图5-1),水下扇前端与同期东部裂谷-火山活动区的北侧,反映了裂谷-火山活动的地貌改造对水下扇发育区域的影响(图7-2)。

水下扇沉积的地层记录以该地区涅如组四段底部发育厚层、巨厚层砂岩为标志,砂岩中常见槽状交错层理(图2-27a)。槽状交错层理砂岩横向厚度变化较大,底部发育冲刷面,为水下扇的河道沉积(CH),水下扇河道之间为复理石特征的斜坡背景沉积(BS),期间可见中粒—细砾薄层状发育平行层理与低角度斜层理砂岩,为越岸砂岩沉积(OB)(图7-3)。

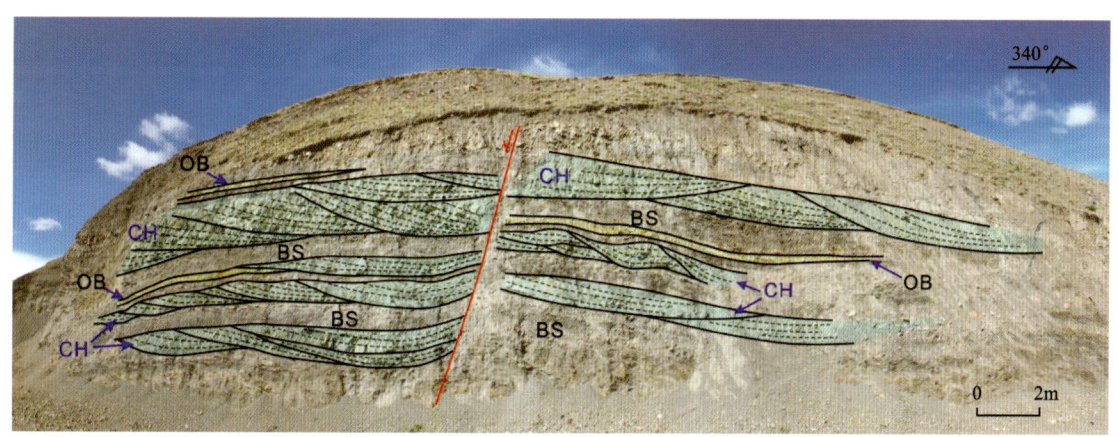

CH. 水下扇河道;OB. 越岸沉积;BS. 背景沉积。
图 7-3　日当下达木地区涅如组四段水下扇沉积成因解释

三、早侏罗世早期(日当组,J_1r)沉积特征

下侏罗统日当组(日当组,J_1r)在研究区以暗色碳质板岩为特征。日当组在研究区西部砂岩夹层较多,向东和向北方向灰岩夹层呈增加趋势(图2-34、图2-38b),与下伏涅如组界面为复理石砂泥岩与碳质板岩转换面(图2-36)。日当组的厚度变化呈向北向东低缓增加变化,火山岩以西南部为中心,东部的

隆子地区少量分布,火山岩最大厚度为26m(图5-2)。

日当组的岩石组合与区域变化特征反映了低能的缓坡沉积环境,近岸的内缓坡带位于西部和南部,其南缘发育两处三角洲沉积,三角洲沉积区砂岩较为发育。对应于涅如组灰岩分布带(图5-2c)的区域为浅滩环境,其北侧为外缓坡(图7-4)。

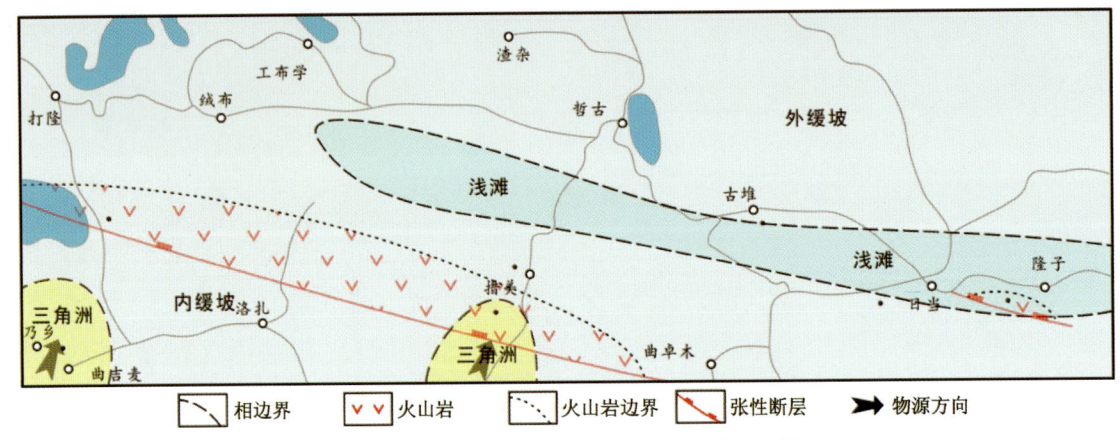

图7-4　下侏罗统日当组(J_1r)构造-沉积古地理特征

日当组浅滩分布区与其下伏涅如组沉积阶段古堆—隆子地区张性断层活动的上升区(上升盘边缘带)相对应(图7-2、图7-4),反映了这一区域构造活动的持续表现,或为早期构造地貌在日当组沉积阶段的影响。

四、早侏罗世晚期—中侏罗世早期(陆热组,$J_{1-2}l$)沉积特征

中下侏罗统陆热组($J_{1-2}l$)在研究区为一套泥灰岩与钙质泥岩的岩石组合,与下伏日当组界线为日当组上部灰岩夹层增多向灰岩与钙质页岩互层的过渡关系。陆热组灰岩常见底栖类双壳化石及遗迹化石(潜穴与爬行迹,图2-43b),砂屑灰岩上层面发育干涉波痕。

陆热组的岩石组合特征与区域变化反映了水体较浅的缓坡沉积环境(图7-5),与下伏日当组细碎屑为主的缓坡环境沉积相比灰岩居多,反映了由涅如组碎屑缓坡沉积环境到陆热组碳酸盐缓坡沉积环境的演变。

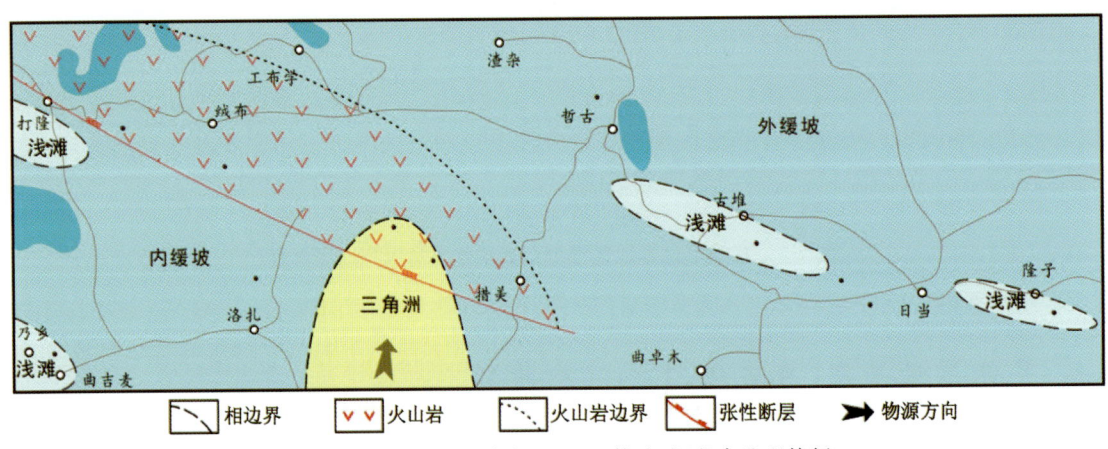

图7-5　中下侏罗统陆热组($J_{1-2}l$)构造-沉积古地理特征

陆热组内缓坡和外缓坡的分布与日当组相近,内缓坡区内的裂谷-火山活动较日当组有所增强,表现为火山岩的范围与厚度增大,以发育波痕砂屑灰岩为特征的浅滩环境沉积以内外缓坡相接带多见,但

第七章 中生代盆地构造-沉积演化

发育区不稳定,多见砂屑滩与滩间钙泥质沉积交互出现的特征。措美西侧发育三角洲沉积,表现为该区砂岩夹层较发育(图 2-42)和灰岩厚度减薄(图 5-3c),与泥岩/砂岩低值区范围相对应(图 5-3b、图 7-5)。

五、中侏罗世晚期(遮拉组,J_2z)沉积特征

研究区中三叠统遮拉组(J_2z)以火山岩分布广泛、火山岩与碎屑岩夹少量灰岩的岩石组合为特征,岩石组合面貌的横向变化大(图 2-48)。遮拉组火山岩的累计厚度与地层总厚度的空间展布特征趋同(图 5-4a,d),反映了这一时期强烈的裂谷-火山活动对区域沉积环境的重要影响。

遮拉组主体为陆棚沉积环境,外陆棚区位于中东部,以发育细碎屑岩为特征,在远离裂谷-火山活动中心区外陆棚区的哲古北部,遮拉组底部以薄层硅质岩超覆于陆热组灰岩为特征(图 2-51),呈现开放浅水环境向半开放-封闭的环境转换特征。在裂谷-火山活动中心带外陆棚区的日当地区,遮拉组底部以陆热组顶部泥灰岩滑塌搬运再沉积为特征(图 2-52),其上发育一套泥岩与粉砂岩构成的类复理石间水下扇河道砂岩透镜体沉积(图 2-49)。日当地区遮拉组底部沉积特征和垂向变化反映了裂谷张性断裂活动对地貌改变,形成陡坡环境的沉积响应。外陆棚西侧和南侧为滨岸-内陆棚沉积环境,内、外陆棚区分界线中、东段与裂谷-火山活动南部断裂边界平行展布,西部和西南部未见火山活动记录(图 7-6)。

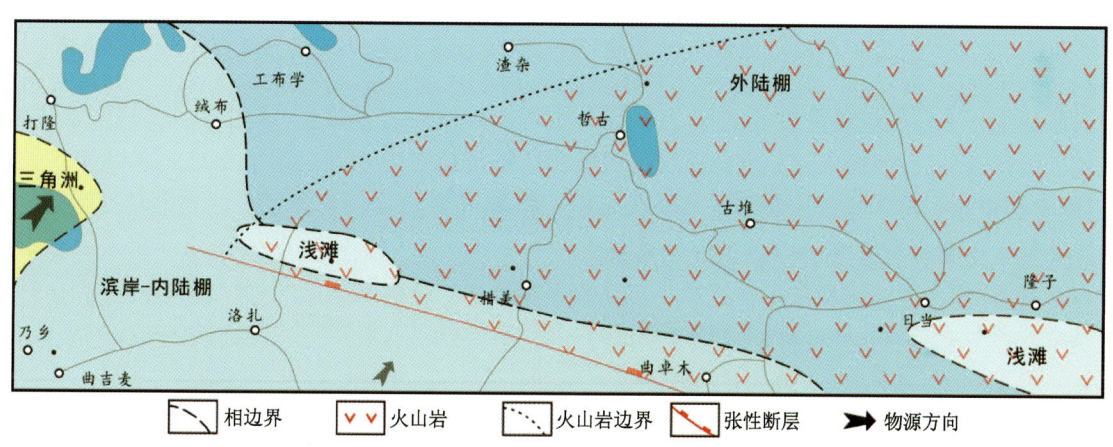

图 7-6 中侏罗统遮拉组(J_2z)构造-沉积古地理特征

以砂屑灰岩、灰岩为标志的浅滩环境沉积分布于内陆棚外侧和外陆棚内测,均位于裂谷-火山活动区内(图 7-6),垂向上以夹层分布于火山岩之间,为火山活动间歇期沉积(图 2-48、图 2-50),其发育层位和空间分布显示其形成原因与火山喷发堆积形成的水下隆起区相关。

遮拉组的三角洲沉积发育于研究区西部普姆雍错一带(图 7-6),以中层砂岩夹页岩与粉砂岩透镜体为特征(图 2-48)。

六、晚侏罗世早期(维美组,J_3w)沉积特征

研究区上侏罗统维美组(J_3w)以发育石英砂岩的碎屑岩组合为特征,局部见火山岩与灰岩(图 2-57、图 5-5),为一套滨岸与浅海陆棚环境沉积。滨岸分布于研究区南部和西部(图 7-7),以石英砂岩、含砾石英砂岩为标志,发育平行层理和低角度斜层理(图 2-55a、图 2-56a)。浅海陆棚沉积分布在研究区东北部,以该地区维美组上部一套泥岩、粉砂岩夹薄层砂岩与灰岩为特征(图 2-57),为浅海碎屑陆棚沉积,在哲古地区发育一套厚达 90m 浅滩环境灰岩沉积(图 7-7)。

维美组三角洲沉积分布于措美地区(图 7-7),以发育槽状交错层理砂岩夹发育硅质结核粉砂质泥岩为标志,砂岩底面见重荷模(图 2-56b—d)。

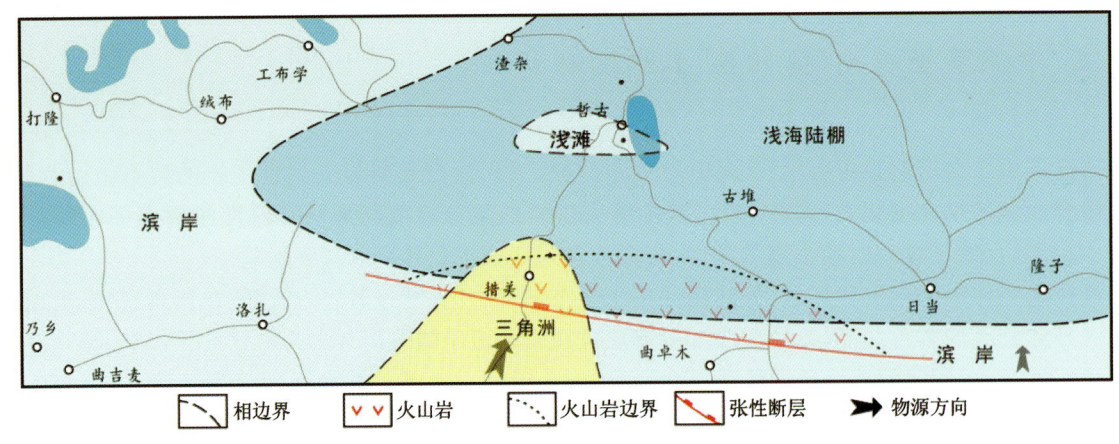

图 7-7　上侏罗统维美组(J_3w)构造-沉积古地理特征

七、晚侏罗世晚期—早白垩世早期(桑秀组,J_3K_1s)沉积特征

上侏罗统—下白垩统桑秀组(J_3K_1s)为一套火山岩与碎屑岩岩石组合,该组在研究区西部未出露,从区域上分析,研究区西侧未划分出桑秀组的同时代地层可能对应于维美组上部或还包括甲不拉组的下部,因未获得化石资料和年代学数据无法确定其关系,参考哲古西侧桑秀组底部火山岩与维美组之间的喷发不整合接触关系属性(图 2-60b),本书暂将其作为向西尖灭处理,将研究区西部缺失桑秀组的区域划为隆起区(图 7-8)。由西部隆起区向东依次为滨岸沉积和浅海陆棚沉积,滨岸沉积以火山活动间歇期发育砂岩夹粉砂岩为特征,浅海陆棚区则以泥岩与粉砂岩沉积为主(图 2-57、图 7-8)。

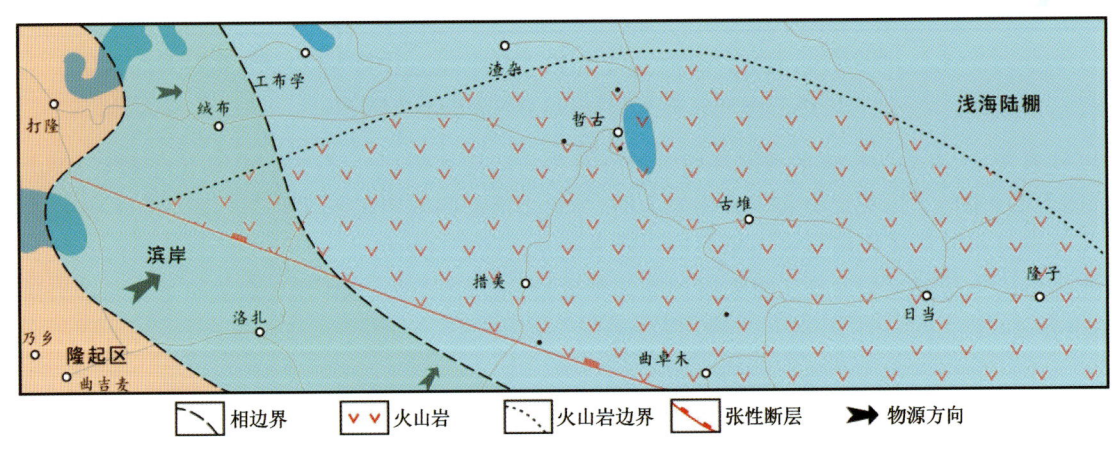

图 7-8　上侏罗统—下白垩统桑秀组(J_3K_1s)构造-沉积古地理特征

研究区桑秀组裂谷-火山活动强烈,地层总厚度与火山岩累计厚度的特征相似(图 5-6a,d)。这一时期反映盆地活动性的沉积记录在哲古镇西北侧记录较为完整,表现为一套页岩夹粉砂岩的背景沉积中的透镜状发育底冲刷面与槽状交错层理砂岩、含砾砂岩沉积(图 2-60),砂岩与含砾砂岩具有水下扇河道沉积特征,其发育部位在裂谷-火山活动区和远离隆起区的浅海陆棚内(图 7-8)。

八、早白垩世晚期(甲不拉组，K_1j)沉积特征

下白垩统甲不拉组(K_1j)为一套碎屑岩夹灰岩、硅质岩组合，与下伏桑秀组整合接触，在研究区分布局限，结合区域资料分析，甲不拉组沉积环境为滨浅海。甲不拉组下部的暗色页岩、钙质页岩夹灰岩与硅质岩岩石组合具有浅海陆棚沉积特征，甲不拉组上部的大套石英砂岩为滨岸高能环境沉积(图2-61)，结合桑秀组沉积环境分析，甲不拉组沉积阶段经历了早期浅海陆棚向晚期滨岸沉积的近积演化过程。

九、晚白垩世(宗卓组，K_2z)沉积特征

上白垩统宗卓组(K_2z)为一套泥页岩夹砂岩的碎屑岩组合，角度不整合于老地层之上，区域上以发育含"漂砾"细碎屑岩沉积为标志，宗卓组在研究区西北部出露，出露面积小但地层厚度达2700m。综合研究区与区域的宗卓组地层特征分析，宗卓组的细碎屑沉积具有复理石沉积特征，细碎屑岩发育变形层理，以及"漂砾"顺层分散沉积(图2-62)，反映了其沉积混杂成因。结合宗卓组底部发育不整合面及晚白垩世阶段印度板块与拉萨板块之间的雅鲁藏布洋进入俯冲末期向碰撞阶段转换的构造环境分析，宗卓组应为邻近海沟的斜坡带环境沉积，也称斜坡盆地，含"漂砾"沉积混杂岩解释为海沟斜坡上部浅海沉积失稳向下滑落，在沉积区带动细复理石形成变形层理。

第四节 中生代盆地构造-沉积演化模式

综合中生代盆地构造属性及构造背景转换的地质记录分析，研究区中生代盆地为张性的三叠纪至早白垩世大陆边缘裂谷与压性晚白垩世斜坡的叠合盆地，盆地属性转换对应着两套地层间的角度不整合接触面。结合火山岩发育特征，本书将研究区中生代盆地划分为3个阶段：①早中三叠世坳陷盆地阶段；②晚三叠世—早白垩世裂谷盆地阶段；③晚白垩世海沟斜坡盆地阶段(图7-9)。

一、早—中三叠世坳陷盆地阶段(T_{1-2})

该阶段冈底斯与冈瓦纳大陆相接，中生代雅鲁藏布洋尚未出现。冈瓦纳大陆北部处于张性构造背景下发育早中三叠世坳陷盆地，研究区中下三叠统吕村组($T_{1-2}l$)形成于这一构造背景下(图7-9a)。

二、晚三叠世—早白垩世裂谷盆地阶段(T_3—K_1)

中三叠世末冈底斯与冈瓦纳大陆分离，雅鲁藏布洋形成，冈瓦纳大陆北缘喜马拉雅地区受地幔柱活动持续影响，自晚三叠世进入大陆边缘裂谷盆地阶段(图7-9b)。该阶段依据裂谷-火山活动特征进一步分为裂谷活动初始、裂谷活动高峰和裂谷活动消退3个时期。

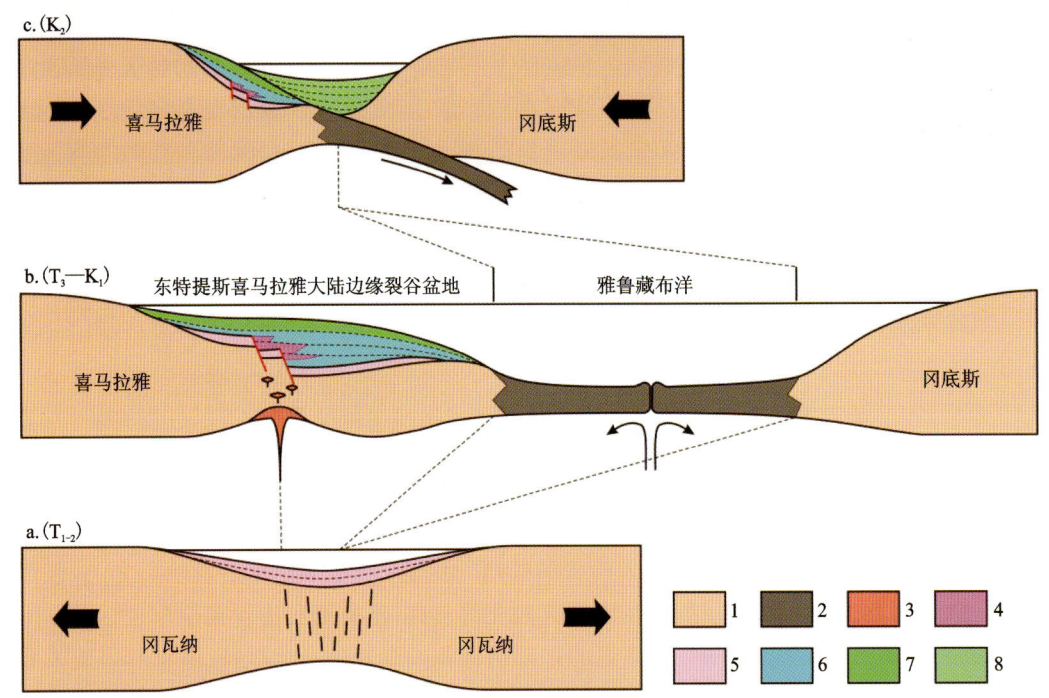

1.大陆壳；2.洋壳；3.地幔柱；4.火山岩；5.早—中三叠世沉积；6.晚三叠世—侏罗纪沉积；7.早白垩世沉积；8.晚白垩世沉积。

图 7-9　东特提斯喜马拉雅中生代盆地构造-沉积演化

1. 裂谷活动初始期（$T_3—J_2^1$）

裂谷活动初始期自晚三叠世至中侏罗世早期（$T_3—J_2^1$），盆地记录对应的地层包括上三叠统涅如组（T_3n）、下侏罗统日当组（J_1r）和中—下侏罗统陆热组（$J_{1-2}l$）。这一时期的裂谷-火山活动记录主要分布在研究区的西部，规模有限。

2. 裂谷活动高峰期（$J_2^2—K_1^1$）

裂谷活动高峰期从中侏罗世晚期到早白垩世早期（$J_2^2—K_1^1$），对应的盆地地层单元包括中侏罗统遮拉组（J_2z）、上侏罗统维美组（J_3w）和上侏罗统—下白垩统桑秀组（J_3K_1s）。该时期裂谷-火山活动中心位于研究区中东部，火山岩在遮拉组和桑秀组的厚度大、范围广，其间的维美组火山活动记录的规模有限。

3. 裂谷活动消退期（K_1^2）

裂谷活动消退期为早白垩世晚期（K_1^2），盆地内对应的地层为下白垩统甲不拉组（K_1j）。甲不拉组无火山岩出露，沉积序列下细上粗，具有水体向上变迁、水动力增强的趋势变化，具有火山活动结束、裂谷活动逐渐消退的特征。

三、晚白垩世海沟斜坡盆地阶段（K_2）

早白垩世末期冈瓦纳大陆与冈底斯之间的雅鲁藏布洋从俯冲向碰撞阶段转换，位于冈瓦纳大陆北缘的东特提斯大陆边缘裂谷活动结束，受区域构造活动影响，早三叠世至早白垩世地层发生变形，晚白垩世开始海沟斜坡盆地阶段演化。这一阶段对应的盆地记录为上白垩统宗卓组（K_2z），其特征为一套具有复理石特征碎屑岩与含"漂砾"沉积混杂岩岩石组合。

主要参考文献

安徽省地质调查院,2002.中华人民共和国1∶25万区域地质调查报告:洛扎县幅[M].北京:地质出版社.

陈曦,王成善,胡修棉,等,2008.西藏南部江孜盆地上侏罗统至古近系沉积岩石学特征与盆地演化[J].岩石学报,24(3):616-624.

程俊,石卫刚,翟杰,等,2016.西藏白朗南部地区三叠纪地层沉积环境及物源[J].地质通报,35(9):1472-1478.

董磊,李光明,李应栩,等,2016.藏南马扎拉地区玄武岩地球化学特征、成因及其地质意义[J].沉积与特提斯地质,36(3):16-24.

董昕,张泽明,2013.拉萨地体南部早侏罗世岩浆岩的成因和构造意义[J].岩石学报,29(6):1933-1948.

董昕,张泽明,耿官升,等,2010.青藏高原拉萨地体南部的泥盆纪花岗岩[J].岩石学报,26(7):2226-2232.

耿全如,李文昌,王立全,等,2021.特提斯中西段古生代洋陆格局与构造演化[J].沉积与特提斯地质,41(2):297-315.

耿全如,潘桂棠,郑来林,等,2004.藏东南雅鲁藏布蛇绿混杂岩带的物质组成及形成环境[J].地质科学,39(3):388-406.

耿全如,彭智敏,张璋,2011.喜马拉雅东构造结地区雅鲁藏布江蛇绿岩地质年代学研究[J].地质学报,85(7):1116-1127.

耿全如,王立全,潘桂棠,等,2007.西藏冈底斯带洛巴堆组火山岩地球化学及构造意义[J].岩石学报,23(11):2699-2714.

韩芳林,王秦伟,王卓胜,2015.西藏加查地区4幅1∶5万区域地质调查[R].兰州:甘肃省地质调查院.

胡修棉,王成善,李祥辉,等,2006.藏南古错地区上侏罗统上部和下白垩统沉积相[J].古地理学报,8(2):175-186.

黄汲清,陈炳蔚,1987.中国及邻区特提斯海的演化[M].北京:地质出版社.

江思宏,聂凤军,胡朋,等,2007.藏南基性岩墙群的地球化学特征[J].地质学报,81(1):60-71.

江新胜,颜仰基,潘桂棠,等,2003a.藏南特提斯晚侏罗世维美组的沉积环境[J].地质通报,22(11-12):900-907.

江新胜,朱同兴,冯心涛,等,2003b.藏南特提斯晚三叠世海岸风成沙丘的发现及其意义[J].成都理工大学学报(自然科学版),30(5):447-452.

李才,王天武,李惠民,等,2003.冈底斯地区发现印支期巨斑花岗闪长岩:古冈底斯造山的存在证据[J].地质通报,22(5):364-366.

李娟,胡修棉,2013.藏南定日地区上三叠统—古近系构造沉降分析与沉积盆地特征[J].岩石学报,29(11):3843-3851.

李楠,朱利东,杨文光,等,2020.西藏冲尼中二叠世岛弧玄武岩的发现及意义[J].地质与勘探,56(4):722-731.

李献华,祁昌实,刘颖,等,2005.扬子块体西缘新元古代双峰式火山岩成因:Hf同位素和Fe/Mn新制约[J].科学通报,50(19):2155-2160.

李献华,周汉文,李正祥,等,2002.川西新元古代双峰式火山岩成因的微量元素和Sm-Nd同位素制约及其大地构造意义[J].地质科学,37(3):264-276.

李祥辉,万晓樵,1999.藏南江孜县床得剖面侏罗—白垩纪地层层序及地层划分[J].地层学杂志,23(4):303-309.

李祥辉,王成善,胡修棉,2000.深海相中的砂质碎屑流沉积:以西藏特提斯喜马拉雅侏罗—白垩系为例[J].矿物岩石,20(1):45-51.

李祥辉,王尹,徐文礼,等,2011.试论西藏南部上三叠统复理石郎杰学群与涅如组[J].地质学报,85(10):1551-1562.

李祥辉,曾庆高,王成善,2003.西藏南部郎杰学群碎屑物质来源的古水流证据[J].地质论评,49(2):132-137.

李祥辉,曾庆高,王成善,等,2004.西藏南部上三叠统郎杰学群物源分析[J].沉积学报,22(4):553-559.

廖群安,李德威,袁晏明,等,2007.西藏高喜马拉雅定结和北喜马拉雅拉轨岗日古元古花岗质片麻岩的年代学及其意义[J].中国科学:地球科学,37(12):1579-1587.

刘宝珺,余光明,王成善,等,1983a.珠穆朗玛峰地区侏罗纪沉积环境[J].沉积学报,1(2):1-16.

刘宝珺,余光明,徐强,等,1993b.雅鲁藏布中新生代深水沉积盆地形成和演化(Ⅰ):喜马拉雅造山带沉积特征及演化[J].岩相古地理,13(1):32-49.

陆松年,2001.从罗迪尼亚到冈瓦纳超大陆:对新元古代超大陆研究几个问题的思考[J].地学前缘,8(4):441-448.

吕晓春,任冲,武睿,等,2016.藏南隆子地区早白垩世双峰式火山岩的发现:来自SHRIMP锆石U-Pb年代学和岩石地球化学的证据[J].地质论评,62(4):945-954.

麦源君,朱利东,杨文光,等,2021.西藏东南缘早二叠世长英质凝灰岩锆石U-Pb年龄和Hf同位素特征[J].地球科学,46(11):3880-3891.

潘桂棠,陈智梁,李兴振,等,1996.东特提斯多弧-盆系统演化模式[J].岩相古地理,16(2):52-65.

潘桂棠,陈智梁,李兴振,等,1997.东特提斯地质构造形成演化[M].北京:地质出版社.

潘桂棠,李兴振,王立全,等,2002.青藏高原及邻区大地构造单元初步划分[J].地质通报,21(11):701-707.

潘桂棠,陆松年,肖庆辉,等,2016.中国大地构造阶段划分和演化[J].地学前缘,23(6):1-23.

潘桂棠,莫宣学,侯增谦,等,2006.冈底斯造山带的时空结构及演化[J].岩石学报,22(3):521-533.

潘桂棠,肖庆辉,尹福光,等,2015.中国大地构造图(1:250万)说明书[M].北京:地质出版社.

潘桂棠,徐强,王立全,2001.青藏高原多岛弧-盆系格局机制[J].矿物岩石,21(3):186-189.

史晓颖,2001.藏南珠穆朗玛峰地区三叠系层序地层及沉积演化:从陆表海盆地到裂谷盆地[J].地质学报,75(3):293-14.

史晓颖,雷振宇,阴家润,1996.珠穆朗玛峰北坡下侏罗统层序地层及沉积相研究[J].地质学报,70(1):73-83.

唐宇,王根厚,韩芳林,等,2023.西藏加查地区特提斯喜马拉雅带晚三叠世地层重新厘定及构造变形研究[J].地学前缘,30(2):35-56.

童劲松,刘俊,钟华明,等,2007.藏南洛扎地区基性岩墙群锆石U-Pb定年、地球化学特征及构造意义[J].地质通报,26(12):1654-1664.

主要参考文献

万博,吴福元,陈凌,等,2019.重力驱动的特提斯单向裂解-聚合动力学[J].中国科学(地球科学),49(12):2004-2017.

万晓樵,高莲凤,李国彪,等,2005.西藏江孜-浪卡子一带的侏罗—白垩纪界线地层[J].现代地质,19(4):479-487.

王成善,戴紧根,刘志飞,等,2009.西藏高原与喜马拉雅的隆升历史和研究方法:回顾与进展[J].地学前缘,16(3):1-30.

王成善,李祥辉,胡修棉,等,2005.特提斯喜马拉雅沉积地质与大陆古海洋学[M].北京:地质出版社.

王成善,李祥辉,万晓樵,等,2000.西藏南部江孜地区白垩系的厘定[J].地质学报,74(2):97-107.

王成善,夏代洋,周详,等,1999.雅鲁藏布江缝合带-喜马拉雅山地质[M].北京:地质出版社.

王建刚,胡修棉,2008.砂岩副矿物的物源区分析新进展[J].地质论评,54(5):670-678.

王金荣,李泰德,田黎萍,等,2010.新疆博格达造山带晚古生代构造-岩浆演化过程:火山岩组合及地球化学证据[J].岩石学报,26(4):1103-1115.

王立全,潘桂棠,丁俊,等,2013.青藏高原及邻区地质图及说明书(1:500 000)[M].北京:地质出版社.

王立全,潘桂棠,朱弟成,等,2008.西藏冈底斯带石炭纪—二叠纪岛弧造山作用:火山岩和地球化学证据[J].地质通报,27(9):1509-1534.

王焰,钱青,刘良,等,2000.不同构造环境中双峰式火山岩的主要特征[J].岩石学报,16(2):169-173.

吴福元,万博,赵亮,等,2020.特提斯地球动力学[J].岩石学报,36(6):1627-1674.

吴浩若,1987.西藏南部江孜地区晚白垩世晚期及早第三纪(?)地层[J].地层学杂志,11(2):73-75.

吴浩若,2000.对"西藏南部江孜地区白垩系的厘定"一文的商榷[J].地质论评,46(6):587.

吴浩若,王东安,王连城,1977.西藏南部拉孜—江孜一带的白垩系[J].地质科学(3):250-262.

吴年文,江拓,徐琼,等,2021.南秦岭随枣地块耀岭河组双峰式火山岩:对扬子克拉通北缘大陆裂解过程的约束[J].地质通报,40(6):920-929.

吴兴源,王青,朱弟成,等,2013.拉萨地体南缘早石炭世花岗岩类的起源及其对松多特提斯洋开启的意义[J].岩石学报,29(11):3716-3730.

吴元保,郑永飞,2004.锆石成因矿物学研究及其对U-Pb年龄解释的制约[J].科学通报,49(16):1589-1604.

西藏自治区地质局综合地质大队,1984.中华人民共和国1:100万区域地质调查报告:日喀则幅[M].北京:地质出版社.

西藏自治区地质局综合普查大队,1979.中华人民共和国1:100万区域地质调查报告:拉萨幅[M].北京:地质出版社.

夏军,钟华明,童劲松,等,2005.藏南洛扎地区侏罗、白垩纪岩相古地理特征[J].沉积与特提斯地质,25(3):8-17.

徐强,刘宝珺,余光明,等,1993a.雅鲁藏布中新生代深水沉积盆地形成和演化(Ⅱ):喜马拉雅碳酸盐台地动力演化[J].岩相古地理,13(1):50-57.

徐强,刘宝珺,余光明,等,1993b.雅鲁藏布中新生代深水沉积盆地形成和演化(Ⅲ):喜马拉雅被动大陆边缘构造沉降分析[J].岩相古地理,13(1):58-65.

徐文礼,李祥辉,王尹,等,2011.西藏仁布地区上三叠统复理石物源分析[J].高校地质学报,17(2):220-230.

徐向珍,杨经绥,李天福,等,2007.青藏高原拉萨地块松多榴辉岩的锆石SHRIMP U-Pb年龄及锆石中的包裹体[J].地质通报,26(10):1340-1355.

尹安,2001.喜马拉雅-青藏高原造山带地质演化:显生宙亚洲大陆生长[J].地球学报,22(3):193-230.

尹安,2006.喜马拉雅造山带新生代构造演化:沿走向变化的构造几何形态、剥露历史和前陆沉积的约束[J].地学前缘,13(5):416-515.

余光明,王成善,1990.西藏特提斯沉积地质[M].北京:地质出版社.

余光明,王成善,张哨楠,1989.西藏地区特提斯中生代沉积特征及沉积盆地演化[J].中国科学:(B辑)(9):982-990.

云南省地质调查院,2004.中华人民共和国1:25万区域地质调查报告:隆子县幅[R].昆明:云南省地质调查院.

曾令森,高利娥,侯可军,等,2012.藏南特提斯喜马拉雅带晚二叠纪基性岩浆作用及其构造地质意义[J].岩石学报,28(6):1731-1740.

曾庆高,李祥辉,夏斌,等,2009.西藏仁布地区上三叠统重矿物组合与物源分析[J].地质通报,28(1):38-44.

张朝凯,2016.喜马拉雅造山带东段上三叠统复理石沉积地质研究[D].南京:南京大学.

张朝凯,李祥辉,王尹,等,2014.西藏山南地区上三叠统复理石郎杰学群岩性分布样式及其意义[J].沉积学报,32(1):36-43.

张宏飞,徐旺春,郭建秋,等,2007a.冈底斯南缘变形花岗岩锆石U-Pb年龄和Hf同位素组成:新特提斯洋早侏罗世俯冲作用的证据[J].岩石学报,23(6):1347-1353.

张宏飞,徐旺春,郭建秋,等,2007b.冈底斯印支期造山事件:花岗岩类锆石U-Pb年代学和岩石成因证据[J].地球科学——中国地质大学学报,32(2):155-166.

张万平,莫宣学,朱弟成,等,2011.西藏朗县蛇绿混杂岩中变辉绿岩和变玄武岩的年代学和地球化学[J].成都理工大学学报(自然科学版),38(5):538-548.

朱弟成,潘桂棠,莫宣学,等,2003.特提斯喜马拉雅二叠纪—白垩纪中—基性火山岩研究进展[J].地质科技情报,22(2):6-12.

朱弟成,潘桂棠,莫宣学,等,2005a.特提斯喜马拉雅带中段桑秀组玄武岩的地球化学和岩石成因[J].地球化学,34(1):7-19.

朱弟成,潘桂棠,莫宣学,等,2005b.特提斯喜马拉雅桑秀组英安岩锆石SHRIMP年龄及其意义[J].科学通报,50(4):375-379.

朱弟成,潘桂棠,莫宣学,等,2006.特提斯喜马拉雅带中段东部三叠纪火山岩的地球化学和岩石成因[J].岩石学报,22(4):804-816.

朱弟成,王立全,潘桂棠,等,2004.藏南特提斯喜马拉雅带中段中侏罗统遮拉组OIB型玄武岩浆的识别及其意义[J].地质科技情报,23(3):15-24.

朱弟成,赵志丹,牛耀龄,等,2012.拉萨地体的起源和古生代构造演化[J].高校地质学报,18(1):1-15.

朱杰,杜远生,刘早学,等,2005.西藏雅鲁藏布江缝合带中段中生代放射虫硅质岩成因及其大地构造意义[J].中国科学:地球科学,35(12):1131-1139.

朱利东,王成善,伊海生,等,2004.青藏高原盆地系统演化与高原形成时间[J].成都理工大学学报(自然科学版),31(3):249-255.

朱同兴,江新胜,冯心涛,等,2013.青藏高原及邻区中生代构造岩相古地理图及说明书[M].北京:地质出版社.

朱同兴,潘桂棠,冯心涛,等,2002.藏南喜马拉雅北坡色龙地区二叠系基性火山岩的发现及其构造意义[J].地质通报,21(11):717-722.

朱同兴,周铭魁,冯心涛,等,2007.西藏南部聂拉木地区侏罗纪—白垩纪盆-山转换过程中的沉积学响应[J].沉积学报,25(2):293-297.

朱同兴,周铭魁,邹光富,等,2004.聂拉木县幅地质调查新成果及主要进展[J].地质通报,23(5-6):433-437.

AIKMAN A B,HARRISON T M,DING L,2008. Evidence for Early (>44Ma) Himalayan Crustal Thickening,Tethyan Himalaya,southeastern Tibet[J]. Earth and Planetary Science Letters,274:14-23.

AITCHISON J C,ZHU B D,DAVIS A M,et al.,2000. Remnants of a Cretaceous intra-oceanic subduction system within the Yarlung-Zangbo suture (southern Tibet)[J]. Earth and Planetary Science Letters,183:231-244.

AITCHISON J C,MCDERMID I R C,ALI J R,et al.,2007. Shoshonites in Southern Tibet Record Late Jurassic Rifting of a Tethyan Intraoceanic Island Arc[J]. The Journal of Geology,115(2):197-213.

ALDANMAZ E,PEARCE J A,THIRLWALL M F,et al.,2000. Petrogenetic evolution of late Cenozoic, post-collision volcanism in Western Anatolia, Turkey[J]. Journal of Volcanology and Geothermal Research,102(1-2):67-95.

ANDERSEN T,2002. Correction of common lead in U-Pb analyses that do not report ^{204}Pb[J]. Chemical Geology,192:59-79.

ANTOLIN B,APPEL E,MONTOMOLI C,et al.,2011. Kinematic evolution of the eastern Tethyan Himalaya:Constraints from magnetic fabric and structural properties of the Triassic flysch in SE Tibet[J]. Geological Society London Special Publications,349:99-121.

AO S J,XIAO W J,WINDLEY B F,et al.,2018. Components and structures of the eastern Tethyan Himalayan Sequence in SW China:Not a passive margin shelf but a mélange accretionary prism[J]. Geological Journal,53(6):2665-2689.

ARAI S,1992. Chemistry of Chromian Spinel in Volcanic Rocks as a Potential Guide to Magma Chemistry[J]. Mineralogical Magazine,56:173-184.

ATHERTON M P,PETFORD N,1993. Generation of sodium-rich magmas from newly underplated basaltic crust[J]. Nature,362(6416):144-146.

BARNES S J,ROEDER P L,2001. The Range of Spinel Compositions in Terrestrial Mafic and Ultramafic Rocks[J]. Journal of Petrology,42:2279-2302.

BAUD A,GAETANI M,GARZANTI E,et al.,1984. Geological observations in southeastern Zanskar and adjacent Lahul Area (northwestern Himalaya)[J]. Eclogae Geologicae Helvetiae,77:171-197.

BHAT M,1984. Abor volcanics:Further evidence for the birth of the Tethys Ocean in the Himalayan segment[J]. Journal of the Geological Society,141(4):763-775.

BLACK L P. Metamorphic zircon formation by solid:tate recrystallization of protolith igneous zircon[J]. Journal of Metamorphic Geology,18(4):423-439.

BLAKEY R C,2008. Gondwana paleogeography from assembly to breakup - A 500 m.y. odyssey [J]. Geological Society of America Special Papers,441:1-28.

BROOKFIELD M E,1993. The Himalayan passive margin from Precambrian to Cretaceous times [J]. Sedimentary Geology,84:1-35.

CAI F L,DING L,LASKOWSKI A K,et al.,2016. Late Triassic paleogeographic reconstruction along the Neo-Tethyan Ocean margins,southern Tibet[J]. Earth and Planetary Science Letters,435:105-114.

CAO H W, HUANG Y, LI G M, et al., 2018. Late Triassic sedimentary records in the northern Tethyan Himalaya: Tectonic link with Greater India[J]. Geoscience Frontiers, 9(1): 273-291.

CHAUVET F, LAPIERRE H, BOSCH D, et al., 2008. Geochemistry of the Panjal Traps basalts (NW Himalaya): Records of the Pangea Permian break-up[J]. Bulletin De La Societe Geologique De France, 179(4): 383-395.

CHEN S S, FAN W M, SHI R D, et al., 2021. The Tethyan Himalaya igneous province: Early melting products of the Kerguelen mantle plume[J]. Journal of Petrology, 62(11): 1-22.

CHEN S Y, YANG J S, LI Y, et al., 2009. Ultramafic Blocks in Sumdo Region, Lhasa Block, Eastern Tibet Plateau: An Ophiolite Unit[J]. Journal of Earth Science, 20(2): 332-347.

CHEN W Y, SHELLNUTT J G, BHAT G M, et al., 2023. Geochronology and geochemistry of the Panjal Traps from the southern Pir Panjal Range, Kashmir, India[J]. Lithos, 436: 106967.

COFFIN M F, PRINGLE M S, DUNCAN R A, et al., 2002. Kerguelen hotspot magma output since 130 Ma[J]. Journal of Petrology, 43(7): 1121-1139.

COTTLE J M, SEARLE M P, HORSTWOOD M S A, et al., 2009. Timing of midcrustal metamorphism, melting, and deformation in the Mount Everest Region of Southern Tibet revealed by U(-Th)-Pb geochronology[J]. The Journal of Geology: a semi-quarterly magazine of geology and related sciences(6): 117.

DAI J G, WANG C S, POLAT A, et al., 2013. Rapid forearc spreading between 130 and 120 Ma: Evidence from geochronology and geochemistry of the Xigaze ophiolite, southern Tibet[J]. Lithos, s172-173: 1-16.

DAI J G, YIN A, LIU W C, et al., 2008. Nd isotopic compositions of the Tethyan Himalayan Sequence in southeastern Tibet[J]. Science in China Series D: Earth Sciences, 51(9): 1306-1316.

DAN W, WANG Q, MURPHY J B, et al., 2021. Short duration of Early Permian Qiangtang-Panjal large igneous province: Implications for origin of the Neo-Tethys Ocean[J]. Earth Planetary Science. Letters, 568: 117054.

DECELLES P G, GEHRELS G E, QUADE J, et al., 2000. Tectonic implications of U-Pb zircon ages of the Himalayan Orogenic Belt in Nepal[J]. Science, 288(5465): 497-499.

DECELLES P G, ROBINSON D M, QUADE J, et al., 2001. Stratigraphy, structure, and tectonic evolution of the Himalayan fold-thrust belt in western Nepal. Tectonics, 20: 487-509.

DEWEY J F, CANDE S, PITMAN W C, 1989. Tectonic evolution of the India-Eurasia collision zone[J]. Eclogae Geologicae Helvetiae, 82: 717-734.

DICK H J B, BULLEN T, 1984. Chromian spinel as a petrogenetic indicator in abyssal and alpine-type peridotites and spatially associated lavas[J]. Contributions to Mineralogy and Petrology, 86: 54-76.

DONG X, ZHANG Z M, LIU F, et al., 2011. Zircon U-Pb geochronology of the Nyainqentanglha Group from the Lhasa terrane: New constraints on the Triassic orogeny of the south Tibet[J]. Journal of Asian Earth Sciences, 42: 732-739.

DONG X, ZHANG Z M, SANTOSH M, 2010. Zircon U-Pb Chronology of the Nyingtri Group, Southern Lhasa Terrane, Tibetan Plateau: Implications for Grenvillian and Pan-African Provenance and Mesozoic-Cenozoic Metamorphism[J]. The Journal of Geology, 118(6): 677-690.

DU X J, CHEN X, WANG C S, et al., 2015. Geochemistry and detrital zircon U-Pb dating of Lower Cretaceous volcaniclastics in the Babazhadong section, Northern Tethyan Himalaya: Implications for the breakup of Eastern Gondwana[J]. Cretaceous Research, 52: 127-137.

主要参考文献

DUNKL I, ANTOLIN B, WEMMER K, et al., 2011. Metamorphic evolution of the Tethyan Himalayan flysch in SE Tibet[J]. Geological Society London Special Publications, 353: 45-69.

EAGLES G, KONIG M, 2008. Amodel of plate kinematics in Gondwana breakup[J]. Geophysical Journal of the Royal Astronomical Society, 173(2): 703-717.

FAN J J, LI C, XIE C M, et al., 2015. Petrology and U-Pb zircon geochronology of bimodal volcanic rocks from the Maierze Group, northern Tibet: Constraunts on the timing of closure of the Bangong-Nujiang Ocean[J]. Lithos, 227: 148-160.

FANG D R, WANG G H, HISADA K, et al., 2019. Provenance of the Langjiexue Group to the south of the Yarlung-Tsangpo Suture Zone in southeastern Tibet: Insights on the evolution of the Neo-Tethys Ocean in the Late Triassic[J]. International Geology Review, 61(3): 341-360.

FRANK W, GRASEMANN B, GUNTLI P, et al., 1995. Geological map ofthe Kishwar Chamba Kulu region (NW Himalayas India)[J]. Jahr-buch der Geologischen Bundesanstalt, 138: 299-308.

GAETANI M, GARZANTI E, 1991. Multicyclic History of the Northern India Continental Margin (Northwestern Himalaya)[J]. Aapg Bulletin, 75: 1427-1446.

GARLAND F, HAWKESWORTH C J, MANTOVANI M S M, 1995. Description and Petrogenesis of the Parana Rzhyolites, Southern Brazil[J]. Journal of Petrology, 36(5): 1193-1227.

GARZANTI E, 1999. Stratigraphy and sedimentary history of the Nepal Tethys Himalaya passive margin[J]. Journal of Asian Earth Sciences, 17: 805-827.

GARZANTI E, LEFORT P, SCIUNNACH D, 1999. First report of Lower Permian basalts in South Tibet: tholeiitic magmatism during break-up and incipient opening of Neotethys[J]. Journal of Asian Earth Sciences, 17: 533-546.

GARZANTI E, NICORA A, RETTORI R, 1998. Permo-Triassic boundary and Lower to Middle Triassic in South Tibet[J]. Journal of Asian Earth Sciences, 16(2-3): 143-157.

GARZANTIA E, FORTB P LE, SCIUNNACH D, 1999. First report of Lower Permian basalts in South Tibet: tholeiitic magmatism during break-up and incipient opening of Neotethys[J]. Journal of Asian Earth Sciences, 17: 533-546.

GEHRELS G E, DECELLES P G, OJHA T P, et al., 2006a. Geologic and U-Th-Pb geochronologic evidence for early Paleozoic tectonism in the Kathmandu thrust sheet, central Nepal Himalaya[J]. Geological Society of America Bulletin, 118(1/2): 185-198.

GEHRELS G E, DECELLES P G, OJHA T P, et al., 2006b. Geologic and U-Pb geochronologic evidence for early Paleozoic tectonism in the Dadeldhura thrust sheet, far-west Nepal Himalaya[J]. Journal of Asian Earth Sciences, 28: 385-408.

GEHRELS G E, KAPP P, DECELLES P G, et al., 2011. Detrital zircon geochronology of pre-Tertiary strata in the Tibetan-Himalayan orogen[J]. Tectonics, 30(5): 1-27.

GEIST D, HOWARD K A, LARSON P, et al., 1995. The Generation of Oceanic Rhyolites by Crystal Fractionation: the Basalt-Rhyolite Association at Volcán Alcedo, Galápagos Archipelago[J]. Journal of Petrology, 4: 965-982.

GOLONKA J, 2007. Late Triassic and Early Jurassic palaeogeography of the world [J]. Palaeogeography, Palaeoclimatology, Palaeoecology, 244: 297-307.

GREEN D H, 1976. Experimental petrology in Australia-A review[J]. Earth-Science Reviews, 12 (2-3): 99-138.

GUO L, ZHANG H F, HARRIS N, et al., 2015. Detrital zircon U-Pb geochronology, trace-element and Hf isotope geochemistry of the metasedimentary rocks in the Eastern Himalayan syntaxis: Tectonic and paleogeographic implications[J]. Gondwana Research,41:207-221.

GUO L,ZHANG H F,HARRIS N,et al. ,2016. Late Devonian-Early Carboniferous magmatism in the Lhasa terrane and its tectonic implications: Evidences from detrital zircons in the Nyingchi Complex[J]. Lithos,245:47-59.

HASTIE A R,KERR A C,PEARCE J A,et al. ,2007. Classification of altered volcanic island arc rocks using immobile trace elements: Development of the Th-Co discrimination diagram[J]. Journal of Petrology,48(12):2341-2357.

HEIM A,GANSSER A,1939. Central Himalaya geological observations of the Swiss Expedition 1936[M]. Zurich:Gebrüder Fretz.

HINSBERGEN D J J,2011. The Formation and Evolution of Africa: A Synopsis of 3.8 Ga of Earth History[M]. Geological Society of London.

HODGES K V,2000. Tectonics of the Himalaya and southern Tibet from two perspectives[J]. Geological Society of America Bulletin,112:324-350.

HONEGGER K,DIETRICH V,FRANK W,et al. ,1982. Magmatism andmetamorphism in the Ladakh Himalayas (the Indus-Tsangpo suture zone)[J]. Earth Plan. Sci. Lett,60:253-292.

HUANG Y,CAO H W,LI G M,et al. ,2018. Middle-Late Triassic bimodal intrusive rocks from the Tethyan Himalayain South Tibet: Geochronology, petrogenesis and tectonic implications [J]. Lithos,318-319:78-90.

JADOUL F,BERRA F,GARZANTI E,1998. The Tethys Himalayan passive margin from Late Triassic to Early Cretaceous (South Tibet)[J]. Journal of Asian Earth Sciences,16(2-3):173-194.

JI W Q,WU F Y,CHUNG S L,et al. ,2009. Zircon U-Pb geochronology and Hf isotopic constraints on petrogenesis of the Gangdese batholith, southern Tibet[J]. Chemical Geology, 262: 229-245.

JI W Q,WU F Y,CHUNG S L,et al. ,2012. Identification of Early Carboniferous Granitoids from Southern Tibet and Implications for Terrane Assembly Related to the Paleo-Tethyan Evolution[J]. The Journal of Geology,120(5):531-541.

KAMENETSKY V S,CRAWFORD A J,MEFFRE S,2001. Factors Controlling Chemistry of Magmatic Spinel: an Empirical Study of Associated Olivine, Cr-spinel and Melt Inclusions from Primitive Rocks[J]. Journal of Petrology,42(4):655-671.

KANG Z Q,XU J F,WILDE S A,et al. ,2014. Geochronology and geochemistry of the Sangri Group Volcanic Rocks, Southern Lhasa Terrane: Implications for the early subduction history of the Neo-Tethys and Gangdese Magmatic Arc[J]. Lithos,200(1):157-168.

KRÖNER A,STERN R J,2004. Pan-African Orogeny[J]. Encyclopedia of Geology,1:1-12.

KUSKY T M,ABDELSALAM M,STERN R J,et al. ,2003. Evolution of the East African and related orogens, and the assembly of Gondwana[J]. Precambrian Res,123:82-85.

LAWVER L A,SCOTESE C R,1987. A Revised Reconstruction of Gondwanaland [J]. Gondwana Six:Structure,Tectonics,and Geophysics,40:17-23.

LEFORT P,1975. Himalayas-collided range-present knowledge of continental arc[J]. American Journal of Science,A275:1-44.

LE MAILTRE R W,BATEMAN P,DUDEK A,et al. ,1989. A classification of igneous rocks and glossary of terms:recommendations of the international union of geological sciences subcommission on the systematics of igneous rocks[M]. Oxford:Blackwell.

主要参考文献

LEE Y II,1999. Geotectonic significance of detrital chromian spinel:a review[J]. Geosciences Journal,3(1):23-29.

LEFORT P,1996. Evolution of the Himalaya[C]//Yin A,Harrison T M (Eds). The tectonics of Asia. New York:Cambridge University Press:95-106.

LENAZ D,KAMENETSKY V S,Crawford A J,et al.,2000. Melt inclusions in detrital spinel from the SE Alps (Italy-Slovenia):a new approach to provenance studies of sedimentary basins[J]. Contributions to Mineralogy and Petrology,139:748-758.

LI G W,2019. The provenance analysis of Late Triassic sedimentary sequences in Tethyan Himalaya:The tectonic attribute of materials at the convergent margin[J]. Science China Earth Sciences,62(10):1659-1661.

LI G W,LIU X H,ALEX P,et al.,2010. In-situ detrital zircon geochronology and Hf isotopic analyses from Upper Triassic Tethys sequence strata[J]. Earth and Planetary Science Letters,297(3-4):461-470.

LI G W,SANDIFORD M,LIU X H,et al.,2014. Provenance of Late Triassic sediments in central Lhasa terrane,Tibet and its implication[J]. Gondwana Research,25:1680-1689.

LI N,YANG W G,ZHU L D,et al.,2022. Permian arc magmatism in southern Tibet:Implications for the subduction and accretion of the Zhikong-Sumdo Paleo-Tethys Ocean[J]. Gondwana Research,111:265-279.

LI X H,LI W X,LI Z W,et al.,2008. 850-790 Ma bimodal volcanic and intrusive rocks in northern Zhejiang,South China:A major episode of continental rift magmatism during the breakup of Rodinia[J]. Lithos,102(1-2):341-357.

LI X H,LI Z X,ZHOU H W,et al.,2002. U-Pb zircon geocronology,geochemistry and Nd isotopic study of Neoproterozoic bimodal volcanic rocks in the Kangdian Rift of South China:implications for the initial rifting of Rodinia[J]. Precambrian Research,113(1):135-154.

LI X H,MATTERN F,ZHANG C K,et al.,2016. Multiple sources of the Upper Triassic flysch in the eastern Himalaya Orogen,Tibet,China:Implications to palaeogeography and palaeotectonic evolution[J]. Tectonophysics,666:12-22.

LIU C F,ZHOU Z G,WANG G S,et al.,2018. Geochronology and geochemistry of the Late Jurassic bimodal volcanic rocks from Hailisen area,central-southern Great Xing'an Range,Northeast China[J]. Geological Journal,53(5):2099-2117.

LIU G H,EINSELE G,1994. Sedimentary history of the Tethyan basin in the Tibetan Himalayas[J]. Geologische Rundschau,83:32-61.

LIU Y M,DAI J G,WANG C S,et al.,2020. Provenance and tectonic setting of Upper Triassic turbidites in the eastern Tethyan Himalaya:Implications for early-stage evolution of the Neo-Tethys[J]. Earth-Science Reviews,200:103030.

LIU Y S,GAO S,HU Z C,et al.,2010. Continental and oceanic crust recycling-induced melt-peridotite interactions in the Trans-North China Orogen:U-Pb dating,Hf isotopes and trace elements in zircons of mantle xenoliths[J]. Journal of Petrology,51:537-571.

MA S W,MENG Y K,XU Z Q,et al.,2017. The discovery of late Triassic mylonitic granite and geologic significance in the middle Gangdese batholiths,southern Tibet[J]. Journal of Geodynamics,104:49-64.

MA X X,XU Z Q,ZHAO Z B,et al.,2020. Identification of a new source for the Triassic

Langjiexue Group:Evidence from a gabbro-diorite complex in the Gangdese magmatic belt and zircon microstructures from sandstones in the Tethyan Himalaya, southern Tibet[J]. Geosphere,16(1):407-434.

MANIAR AND PICCOLI,1989. Maniar P D,Piccoli P M. Tectonic discrimination of granitoids[J]. Geological Society of America Bulletin,101(5):635-643.

MANU PRASPNTH M P,SHELLNUTT J G,LEE T Y,2022,Secular variability of the thermal regimes of continental flood basalts in large igneous provinces since the late Paleozoic:Implications for the supercontinent cycle[J]. Earth-Science Reviews,226:103928.

MCDERMID I R C,AITCHISON J C,DAVIS A M,et al.,2002. The Zedong terrane:a Late Jurassic intra-oceanic magmatic arc within the Yarlung-Tsangpo suture zone,southeastern Tibet[J]. Chemical Geology,187:267-277.

MCQUARRIE N,ROBINSON D,LONG S,et al.,2008. Preliminary stratigraphic and structural architecture of Bhutan:Implications for the along strike architecture of the Himalayan system[J]. Earth and Planetary Science Letters,272:105-117.

MEERT J G,2003. "A synopsis of events related to the assembly of eastern Gondwana"[J]. Tectonophysics,362(1-4):1-40.

MENG Y K,DONG H W,CONG Y,et al.,2016a. The early-stage evolution of the Neo-Tethys ocean:Evidence from granitoids in the middle Gangdese batholith,southern Tibet[J]. Journal of Geodynamics,94-95:34-49.

MENG Y K, XU Z Q,SANTOSH M,et al.,2016b. Late Triassic crustal growth in southern Tibet:Evidence from the Gangdese magmatic belt[J]. Gondwana Research,37:449-464.

METCALFE I,2011a. Tectonic framework and Phanerozoic evolution of Sundaland[J]. Gondwana Research,19:3-21.

METCALFE I,2011b. Palaeozoic-Mesozoic history of SE Asia[J]. Geological Society London Special Publications,355:7-35.

METCALFE I,2013. Gondwana dispersion and Asian accretion:Tectonic and palaeogeographic evolution of eastern Tethys[J]. Journal of Asian Earth Sciences,66:1-33.

MILLER C,KLOTZLI U,FRANK W,et al.,2000. Proterozoic crustal evolution in the NW Himalaya (India) as recorded by circa l.80 Ga mafic and l 84 Ga granitic magmatism[J]. Precambrian Research.103 (3/4):191-206.

MILLER C,THÖNI M,FRANK,W,et al.,2001. "The early Palaeozoic magmatic event in the Northwest Himalaya,India:source,tectonic setting and age of emplacement"[J]. Geological Magazine,138 (3):237-251.

MYROW P M,HUGHES N C,GOODGE J W,et al.,2010. Extraordinary transport and mixing of sediment across Himalayan central Gondwana during the Cambrian-Ordovician[J]. Geological Society of America Bulletin,122(9/10):1660-1670.

MYROW P M,HUGHES N C,SEARLE M P,et al.,2009. Stratigraphic correlation of Cambrian-Ordovician deposits along the Himalaya:Implications for the age and nature of rocks in the Mount Everest region[J]. Geological Society of America Bulletin,121(3/4):323-332.

NIU Y,REGELOUS M,WENDT I J,et al.,2002. Geochemistry of near-EPR seamounts: Importance of source vs. process and the origin of enriched mantle component[J]. Earth and Planetary Science Letters,199:327-345.

NORTON I O, SCLATER J G, 1979. A model for the evolution of the Indian Ocean and the breakup of Gondwanaland[J]. Journal of Geophysical Research Atmospheres, 1979, 84 (NB12): 6803-6830.

OINAM G, KRISHNAKANTA A S, DUTT A, et al., 2022. Magmatic records of Gondwana assembly and break-up in the eastern Himalayan syntaxis, northeast India[J]. Gondwana Research, 112: 126-146.

OLIEROOK H K H, JIANG Q, JOURDAN F, et al., 2019. Greater Kerguelen large igneous province reveals no role for Kerguelen mantle plume in the continental breakup of eastern Gondwana[J]. Earth and Planetary Science Letters, 511: 244-255.

PAN G T, WANG L Q, LI R S, et al., 2012. Tectonic evolution of the Qinghai-Tibet Plateau[J]. Journal of Asian Earth Sciences, 53: 3-14.

PAPRITZ K, REY R, 1989. Evidence for the occurrence of Perimian Panjal Trap basalts in the Lesser and Higher Himalayas of Western Syntaxis Area, NE Pakistan[J]. Eclogae Geologicae Helvetiae, 82: 603-627.

PEARCE J A, 1982. Trace element characteristics of lavas from destructive plate boundaries. In: Thorpe RS. Andesites[M]. New York: John Wiley.

Pearce J A, 2008. Geochemical fngerprinting of oceanic basalts with applications to ophiolite classifcation and the search for Archean oceanic crust[J]. Lithos, 100(1-4): 14-48.

PEARCE J A, HARRIS N B W, TINDLE A G, et al., 1984. Trace element discrimination diagrams for the tectonic interpretation of granitic rocks[J]. Journal of Petrology, 25(4): 956-983.

PECCERILLO A, TAYLOR S R, 1976. Geochemistry of Eocene calc-alkaline volcanic rocks from the Kastamonu area, northern Turkey[J]. Contributions to Mineralogy and Petrology, 58: 63-81.

PENG W X, YANG T S, SHI Y R, et al., 2022. Role of the Kerguelen mantle plume in breakup of eastern Gondwana: Evidence from Early Cretaceous volcanic rocks in the eastern Tethyan Himalaya[J]. Palaeogeography, Palaeoclimatology, Palaeoecology, 588: 110823.

RAUMER J F, STAMPFLI G M, 2008. The birth of the Rheic Ocean-Early Palaeozoic subsidence patterns and subsequent tectonic plate scenarios[J]. Tectonophysics, 461 (1): 9-20.

RINO S, KON Y, SATO W, et al., 2008. The Grenvillian and Pan-African orogens: World's largest orogenies through geologic time, and their implications on the origin of superplume[J]. Gondwana Research, 14 (1-2): 51-72.

RUDNICK R L, GAO S, 2003. Composition of the continental crust[J]. Treatise Geochemistry, 3: 1-64.

SCIUNNACH D, GARZANTI E, 2012. Subsidence history of the Tethys Himalaya[J]. Earth-Science Reviews, 111: 179-198.

SENGÖR A M C, CIN A, ROWLEY D B, et al., 1991. Magmatic evolutionof the Tethysides: a guide to reconstruction of collage history[J]. Palaeogeography, Palaeoclimatology, Palaeoecology, 87 (1-4): 411-440.

SENGÖR A M C, NATAL' IN B A, SUNAL G, et al., 2018. The tectonics ofthe altaids: crustal growth during the construction of the continentallithosphere of central Asia between ～750 and ～130 Ma Ago[J]. Annaal Review of Earth and Planetary Sciences 46(1): 439-494.

SEVASTJANOVA I, HALL R, RITTNER M, et al., 2016. Myanmar and Asia united, Australia left behind long ago[J]. Gondwana Research, 32: 24-40.

SHELLNUTT J G, BHAT G M, WANG K L, et al., 2014. Petrogenesis of the flood basalts from the early Permian Panjal Traps,Kashmir[J]. India: geochemical evidence for shallow melting of the mantle,Lithos,204:159-171.

SHELLNUTT J G,BHAT G M,BROOKFIELD M E,et al.,2011. No link between the Panjal Traps (Kashmir) and the Late Permian mass extinctions[J]. Geophys. Res. Lett,38:L19308.

STAMPFLI G M,VON RAUMER J F,BOREL G D,2002. Paleozoic evolution of pre-Variscan terranes:From Gondwana to the Variscan collision[J]. Geological Society of America Special Paper, 364:263-280.

STORSVIK T H,COCKS L R M,2009. "The Lower Palaeozoic palaeogeographical evolution of the northeastern and eastern peri-Gondwanan margin from Turkey to New Zealand"[J]. Geological Society,London,Special Publications,325 (1):3-21.

STÖCKLIN J,1968. Structural history and tectonics of Iran:a review[J]. AAPG Bulletin,52(7): 1229-1258.

SUESS E, 1893. Arc great oceandepths permanent [M]. Pennsylvansa: Hutchinson Ross Publishing Company.

SVENSEN H H, TORSVIK T H, CALLEGARO S, et al., 2017. Gondwana large igneous provinces: Platereconstructions, volcanic basins and sill volumes [J]. Geological Society, London, Special Publications,463:17-40.

TIAN Y H,GONG J F,CHEN H L,et al.,2019. Early Cretaceous bimodal magmatism in the eastern Tethyan Himalayas, Tibet: Indicative of records on precursory continental rifting and initial breakup of eastern Gondwana[J]. Lithos,324-325:699-715.

TORSVIK T H, COCKS, L R M, 2013. Gondwana from top to base in space and time [J]. Gondwana Research,24:999-1030.

WANG C,DING L,CAI F L,et al.,2022. Rifting of the Indian passive continental margin: Insights from the Langjiexue basalts in the central Tethyan Himalaya,southern Tibet[J]. Geological Society of America Bulletin,134(9-10):2633-2648.

WANG C,DING L,ZHANG L Y,et al.,2019. Early Jurassic highly fractioned rhyolites and associated sedimentary rocks in southern Tibet:constraints on the early evolution of the Neo-Tethyan Ocean[J]. International Journal of Earth Sciences,108(1):137-154.

WANG J G,WU F Y,GARZANTI E,et al.,2016. Upper Triassic turbidites of the northern Tethyan Himalaya (Langjiexue Group): The terminal of a sediment-routing system sourced in the Gondwanide Orogen[J]. Gondwana Research,34:84-98.

WANG K,PLANK T,WALKER J D,et al.,2002. A mantle melting profile across the basin and range,SW USA[J]. Journal of Geophysical Research:Solid Earth,107(B1):1-21.

WEAVER B L,1991. The origin of ocean island basalt endmember compositions:Trace-element and isotopic constraints[J]. Earth and Planetary Science Letters,104:381-397.

WEBB A A G,YIN A,DUBEY C S,2013. U-Pb zircon geochronology of major lithologic units in the eastern Himalaya:Implications for the origin and assembly of Himalayan rocks[J]. Bulletin of the Geological Society of America,125:499-522.

WEBB A, ALEXANDER G, 2013. Preliminary balanced palinspastic reconstruction of Cenozoic deformation across the Himachal Himalaya (northwestern India)[J]. Geosphere,9(3):572-587.

WHALEN J B,CURRIE K L,CHAPPELL B W,1987. A-type granites:Geochemical characteristics, discrimination and petrogenesis[J]. Contributions to Mineralogy and Petrology,95(4):407-419.

WOPFNER H,JIN X C,2009. Pangea megasequences of Tethyan Gondwana-margin reflect global changes of climate and tectonism in late Palaeozoic and early Triassic times-a review[J]. Palaeoworld,18(2-3):169-192.

WORKMAN R K,HART S R,2005. Major and trace element composition of the depleted MORB mantle (DMM)[J]. Earth and Planetary Science Letters,231:53-72.

XIE L,ZHU L D,YANG W G,et al.,2021. Discovery of ~409 Ma Amphibolite in the Zhikong-Songduo subduction complex,Southern Tibet[J]. Acta Geologica Sinica (English Edition),95(2):699-701.

YANG J S,XU Z Q,LI Z L,et al.,2009. Discovery of an eclogite belt in the Lhasa block,Tibet:A new border for Paleo-Tethys? [J]. Journal of Asian Earth Sciences,34:76-89.

YIN A,2006. Cenozoic tectonic evolution of the Himalayan orogen as constrained by along-strike variation of structural geometry, exhumation history, and foreland sedimentation[J]. Earth-Science Reviews,76(1):1-131.

YIN A,DUBEY C S,KELTY T K,et al.,2010. Geologic correlation of the Himalayan orogen and Indian craton: Part 2. Structural geology, geochronology, and tectonic evolution of the Eastern Himalaya[J]. Geological Society of America Bulletin,122(3-4):336-359.

YIN A,HARRISON T M,2000. Geologic Evolution of the Himalayan-Tibetan Orogen[J]. Annual Review of Earth and Planetary Sciences,28:211-280.

ZHAI,Q G,JAHN B M,WANG,et al.,2015. Oldest Paleo-Tethyan ophiolitic mélange in the Tibetan Plateau[J]. Geological Society of America Bulletin. 128:355-373.

ZHANG B S,WEI Y S,GARZANTI E,et al.,2019. Sedimentologic and stratigraphic constraints on the orientation of the Late Triassic northern Indian passive continental margin [J]. Palaeogeography,Palaeoclimatology,Palaeoecology,533:109234.

ZHANG C K,LI X H,MATTERN F,et al.,2015. Deposystem architectures and lithofacies of a submarine fan-dominated deep sea succession in an orogen: A case study from the Upper Triassic Langjiexue Group of southern Tibet[J]. Journal of Asian Earth Sciences,111:222-243.

ZHANG C K,LI X H,MATTERN F,et al.,2017. Composition and sediment dispersal pattern of the Upper Triassic flysch in the eastern Himalayas, China: significance to provenance and basin analysis[J]. International Journal of Earth Sciences,106:1257-1276.

ZHANG L,WANG G H,PARK C,et al.,2020. Tectonic evolution of north-eastern Tethyan Himalaya:Evidence from U-Pb geochronology and Hf isotopic geochemistry of detrital zircons[J]. Geological Journal,55(5):3694-3715.

ZHANG Y X,ZHANG K J,2017. Early Permian Qiangtang flood basalts,northern Tibet,China:A mantle plume that disintegrated northern Gondwana? [J]. Gondwana Research,44:96-108.

ZHANG Z,LI G M,HE X Z,et al.,2023. The evolution of Kerguelen mantle plume and breakup of eastern Gondwana:New insights from multistage Cretaceous magmatism in the Tethyan Himalaya[J]. Gondwana Research,119:68-85.

ZHONG X Y,LI Z H,2019. Forced subduction initiation at passive continental margins:velocity-driven versus stress-driven [J]. Geophysical Research Letters,46(20):11054-11064.

ZHONG X Y,LI Z H,2020. Subduction initiation during collision induced subduction transference: numerical modeling and implications for the Tethyan evolution [J]. Journal of Geophysical Research: Solid Earth,125(2):e2019JB019288.

ZHONG Y,ZHU L D,YANG W G,et al.,2021. Geological significance of the newly discovered

Middle Permian ocean island basalt-type gabbros in Ewulang, Nianqing-Sumdo area, Tibet[J]. Geological Journal,56(9):4523-4537.

ZHOU X,ZHENG J P,XIONG Q,et al.,2017. Early Mesozoic deep-crust reworking beneath the central Lhasa terrane (South Tibet): Evidence from intermediate gneiss xenoliths in granites[J]. Lithos,274-275:225-239.

ZHU D C,CHUNG S L,MO X X,et al.,2009a. The 132 Ma Comei-Bunbury large igneous province: Remnants identified in present-day southeastern Tibet and southwestern Australia[J]. Geology,37(7):583-586.

ZHU D C,MO X X,NIU Y L,et al.,2009b. Zircon U-Pb dating and in-situ, Hf isotopic analysis of Permian peraluminous granite in the Lhasa terrane, southern Tibet: Implications for Permian collisional orogeny and paleogeography[J]. Tectonophysics,469:48-60.

ZHU D C,MO X X,PAN G T,et al.,2008a. Petrogenesis of the earliest Early Cretaceous mafic rocks from the Cona area of the eastern Tethyan Himalaya in south Tibet: Interaction between the incubating Kerguelen plume and the eastern Greater India lithosphere? [J]. Lithos,100 (1-4): 147-173.

ZHU D C, PAN G T, CHUNG S L, et al., 2008b. SHRIMP Zircon Age and Geochemical Constraints on the Origin of Lower Jurassic Volcanic Rocks from the Yeba Formation, Southern Gangdese, South Tibet[J]. International Geology Review,50(5):442-471.

ZHU D C, PAN G T, MO X X, et al., 2007. Petrogenesis of volcanic rocks in the Sangxiu Formation, central segment of Tethyan Himalaya: A probable example of plume-lithosphere interaction [J]. Journal of Asian Earth Sciences,29:320-335.

ZHU D C, ZHAO Z D, NIU Y L, et al., 2011a. Lhasa terrane in southern Tibet came from Australia[J]. Geology,39(8):727-730.

ZHU D C,ZHAO Z D,NIU Y L,et al.,2011b. The Lhasa Terrane: Record of a microcontinent and its histories of drift and growth[J]. Earth and Planetary Science Letters,301:241-255.